# 本书大型交互式、专业级、同步教学演示多媒体DVD说明

1.将光盘放入电脑的DVD光驱中，双击光驱盘符，双击Autorun.exe文件，即进入主播放界面。（注意：CD光驱或者家用DVD机不能播放此光盘）

主界面

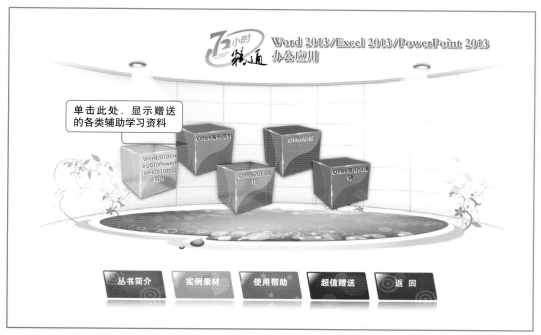

辅助学习资料界面

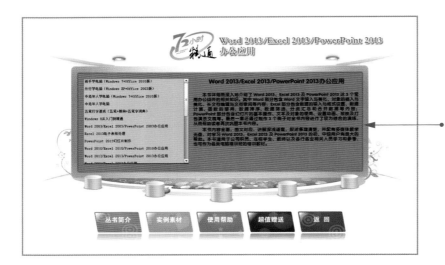

"丛书简介"显示了本丛书各个品种的相关介绍，左侧是丛书每个种类的名称，共计26种；右侧则是对应的内容简介。

"使用帮助"是本多媒体光盘的帮助文档，详细介绍了光盘的内容和各个按钮的用途。

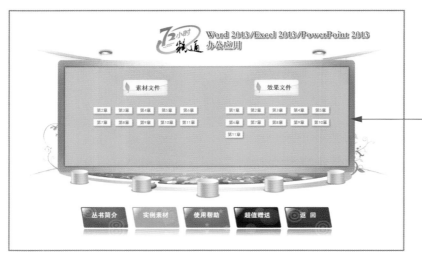

"实例素材"界面图中是各章节实例的素材、源文件或者效果图。读者在阅读过程中可按相应的操作打开，并根据书中的实例步骤进行操作。

2.单击"阅读互动电子书"按钮进入互动电子书界面。

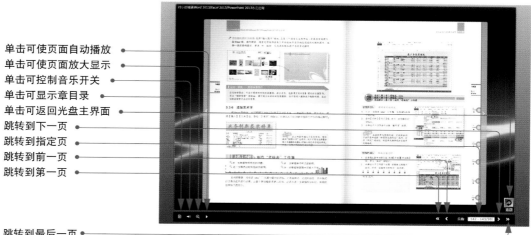

单击可使页面自动播放
单击可使页面放大显示
单击可控制音乐开关
单击可显示章目录
单击可返回光盘主界面
跳转到下一页
跳转到指定页
跳转到前一页
跳转到第一页
跳转到最后一页

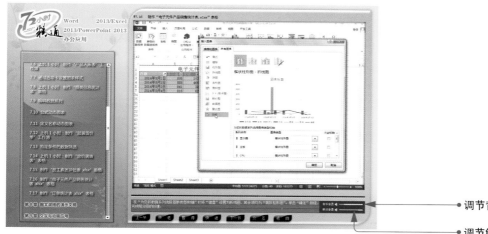

调节背景音乐音量大小。
调节解说音量大小。

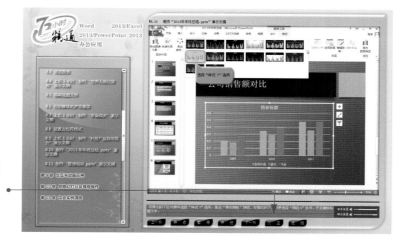

单击"交互"按钮后,进入模拟操作,读者须按光标指示亲自操作,才能继续向下进行。

## 2013-2015年的日历

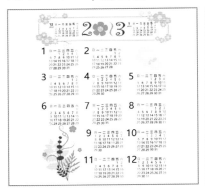
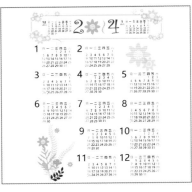

## 工作界面

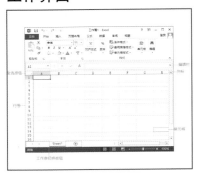

## 主屏幕

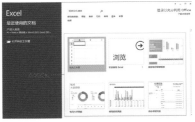
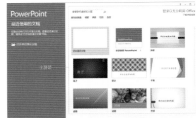

## 调研工作总结　　　　　　　　　　　　旅游景区

## 公司会议

华室奇销售有限责任公司

年度总结会议

### 会议主要内容

➢2014年议程
➢2013年工作报告
➢2013年财务预算方案
➢2013年利润分配方案

### 议程

听取2014工作报告
审定通过2014年度财务决算方案
讨论决定公司2014年利润分配方案
2014年度财务预算方案

### 2013工作报告

2013年公司在执行总裁和总经理的领导下，在华派通讯集团的指导帮助和关爱、市原局县政府及各级领导单位的支持配合下，经过公司全体员工的精诚协作，奋勉工作，完成了重重困难，各项工作全面跨上新台阶，为各股东获得了回报。

### 2013年利润分配方案

按原投资比例和利润分配办法，2013年度实现的利润，称补上年度亏损，计提应交纳所得税，提取法定公积金和公益金，剩余去分配给股东单位利润105万元，暂分配给各股东单位100万元。

谢谢观赏！

## 项目报告

（项目报告文档内容）

## 成绩表

**2013年下期高三·三班成绩册**

**2013年下期高三·三班成绩册**

## 考核表

### 员工年度考核表

| 部门 | 职务 | 姓名 | 月平均工资 | 年终奖 | 补贴 | 通讯费 | 交通费 | 全年总收入 |
|---|---|---|---|---|---|---|---|---|
| 技术部 | 部门经理 | 刘恬 | 5000 | 40000 | 3200 | 3200 | 3200 | 109600 |
| 技术部 | 员工 | 冯丽丽 | 3250 | 25000 | 3000 | 2600 | 2600 | 72200 |
| 技术部 | 员工 | 王小燕 | 3300 | 25000 | 3000 | 2600 | 2600 | 72800 |
| 技术部总收入 | | | | | | | | 254600 |
| 生产部 | 部门经理 | 刘长青 | 5000 | 41000 | 3200 | 3200 | 3200 | 110600 |
| 生产部 | 员工 | 刘红 | 3870 | 15000 | 3000 | 2600 | 2600 | 69640 |
| 生产部 | 员工 | 刘小丽 | 3900 | 15000 | 3000 | 2600 | 2600 | 70000 |
| 生产部 | 员工 | 刘晓鸥 | 3970 | 15000 | 3000 | 2600 | 2600 | 70840 |
| 生产部总收入 | | | | | | | | 321080 |
| 市场部 | 部门经理 | 王小蒙 | 5500 | 45000 | 3200 | 3200 | 3200 | 120600 |
| 市场部 | 员工 | 刘成 | 3050 | 20000 | 3000 | 2800 | 2600 | 65000 |
| 市场部 | 员工 | 卢月 | 3150 | 15000 | 3000 | 2800 | 2600 | 61200 |
| 市场部总收入 | | | | | | | | 246800 |
| 质量部 | 部门经理 | 冯云胜 | 5500 | 43000 | 3000 | 3200 | 3200 | 118600 |
| 质量部 | 员工 | 常雯 | 3700 | 25000 | 3200 | 2600 | 2600 | 77800 |
| 质量部 | 员工 | 仇琳 | 3400 | 20000 | 3000 | 2600 | 2600 | 69000 |
| 质量部总收入 | | | | | | | | 265400 |
| 总计 | | | | | | | | 1087880 |

## 业务统计

**员工业务统计明细**

| 编号 | 姓名 | 应完成业务 | 已完成业务 | 是否安排加班 |
|---|---|---|---|---|
| JK001 | 张春峰 | 1000KP | 1000KP | × |
| JK002 | 罗亮 | 800KP | 800KP | × |
| JK003 | 孙琦 | 2000KP | 1800KP | × |
| JK004 | 赵芝芝 | 1500KP | 1000KP | × |
| JK005 | 刘健 | 1800KP | 1800KP | × |
| JK006 | 陈明 | 1500KP | 1400KP | × |
| JK007 | 顾晓鸣 | 1200KP | 1100KP | × |
| JK008 | 李虹 | 1500KP | 1400KP | × |
| JK009 | 周晓佳 | 2000KP | 1000KP | ✓ |
| JK010 | 万科 | 2000KP | 1200KP | ✓ |
| JK011 | 何静 | 2000KP | 1800KP | × |
| JK012 | 陈婷婷 | 1500KP | 1000KP | ✓ |
| JK013 | 毛凯健 | 1700KP | 1700KP | × |
| JK014 | 夏雨 | 1300KP | 1000KP | × |
| JK015 | 董方海 | 1400KP | 1000KP | × |
| JK016 | 汪建明 | 1200KP | 1200KP | × |
| JK017 | 赵珍珍 | 2000KP | 1500KP | × |
| JK018 | 于军 | 1400KP | 1200KP | × |
| JK019 | 李良 | 1500KP | 1500KP | × |
| JK020 | 马娟 | 1900KP | 1500KP | ✓ |
| JK021 | 杨洪涛 | 1800KP | 1000KP | ✓ |
| JK022 | 蔡亚茹 | 1700KP | 1300KP | ✓ |

**员工业务统计明细**

| 编号 | 姓名 | 应完成业务 | 已完成业务 | 是否安排加班 |
|---|---|---|---|---|
| JK001 | 张春峰 | 1000KP | 1000KP | × |
| JK002 | 罗亮 | 800KP | 800KP | × |
| JK003 | 孙琦 | 2000KP | 1800KP | × |
| JK004 | 赵芝芝 | 1500KP | 1000KP | × |
| JK005 | 刘健 | 1800KP | 1800KP | × |
| JK006 | 陈明 | 1500KP | 1400KP | × |
| JK007 | 顾晓鸣 | 1200KP | 1100KP | × |
| JK008 | 李虹 | 1500KP | 1400KP | × |
| JK009 | 周晓佳 | 2000KP | 1000KP | ✓ |
| JK010 | 万科 | 2000KP | 1200KP | ✓ |
| JK011 | 何静 | 2000KP | 1800KP | × |
| JK012 | 陈婷婷 | 1500KP | 1000KP | ✓ |
| JK013 | 毛凯健 | 1700KP | 1700KP | × |
| JK014 | 夏雨 | 1300KP | 1000KP | × |
| JK015 | 董方海 | 1400KP | 1000KP | × |
| JK016 | 汪建明 | 1200KP | 1200KP | × |
| JK017 | 赵珍珍 | 2000KP | 1500KP | × |
| JK018 | 于军 | 1400KP | 1200KP | × |
| JK019 | 李良 | 1500KP | 1500KP | × |
| JK020 | 马娟 | 1900KP | 1500KP | ✓ |
| JK021 | 杨洪涛 | 1800KP | 1000KP | ✓ |
| JK022 | 蔡亚茹 | 1700KP | 1300KP | ✓ |

## 化妆品库存表效果

**化妆品库存表**

| 产品名 | 规格 | 单价 | 上月库存 | 进货数量 | 出货数量 | 本月库存 | 货物金额 |
|---|---|---|---|---|---|---|---|
| 精华霜 | 50g | 25 | 423 | 456 | 567 | 312 | 7800 |
| 再生霜 | 50g | 20 | 224 | 767 | 684 | 307 | 6140 |
| 养颜露 | 30ml | 30 | 235 | 426 | 324 | 337 | 10110 |
| 补水露 | 100ml | 45 | 456 | 743 | 634 | 565 | 25425 |
| 眼霜 | 20g | 35 | 784 | 834 | 653 | 965 | 33775 |
| 粉底 | 30ml | 40 | 377 | 363 | 558 | 182 | 7280 |
| 质地粉底 | 5g | 30 | 843 | 534 | 742 | 635 | 19050 |
| 亮彩组合 | 3g | 20 | 266 | 345 | 395 | 216 | 4320 |
| 彩腮脂 | 3g | 40 | 747 | 646 | 954 | 439 | 17560 |
| 睫毛膏 | 5ml | 30 | 953 | 645 | 973 | 625 | 18750 |
| 眼影 | 1.4g | 20 | 262 | 163 | 254 | 171 | 3420 |

## 商品库存表效果

**飞扬化妆品公司商品库存表**

| 产品名称 | 规格 | 上月库存 | 进货数量 | 出货数量 | 本月库存 |
|---|---|---|---|---|---|
| 柔润眼霜 | 20g | 784 | 834 | 653 | 965 |
| 影彩粉底 | 30ml | 377 | 363 | 558 | 182 |
| 透明质感粉底 | 5g | 843 | 534 | 742 | 635 |
| 亮鲜组合 | 3g | 266 | 345 | 395 | 216 |
| 精华素 | 50g | 423 | 456 | 567 | 312 |
| 隔离霜 | 50g | 224 | 767 | 684 | 307 |
| 柔白养颜露 | 30ml | 235 | 426 | 324 | 337 |
| 柔白补水露 | 100ml | 456 | 743 | 634 | 565 |
| 柔彩腮脂 | 3g | 747 | 646 | 954 | 439 |
| 纤长睫毛膏 | 5ml | 953 | 645 | 973 | 625 |
| 眼景粉 | 1.4g | 262 | 163 | 254 | 171 |
| 结算 | | 5570 | 5922 | 6738 | 4754 |

## 宿舍卫生评估表效果

**宿舍评估表**

日期： 2013 年 11 月 30 日

| | 清洁卫生 | | | 物品摆放 | |
|---|---|---|---|---|---|
| 编号 | 得分 | 名次 | 编号 | 得分 | 名次 |
| C01 | 9 | 1 | A01 | 8.00 | 3 |
| C02 | 8.5 | 2 | A02 | 7.00 | 5 |
| C03 | 6.00 | 6 | A03 | 7.50 | 4 |
| C04 | 5.00 | 8 | A04 | 9.5 | 1 |
| C05 | 8.00 | 3 | A05 | 3.50 | 10 |
| C06 | 5.50 | 7 | A06 | 6.00 | 6 |
| C07 | 7.50 | 4 | A07 | 9 | 2 |
| C08 | 4.00 | 9 | A08 | 4.00 | 9 |
| C09 | 7.00 | 5 | A09 | 5.00 | 7 |
| C10 | 4.00 | 9 | A10 | 5.50 | 7 |

## 应聘考试成绩表效果

**应聘考试成绩表**

| 姓名 | 性别 | 笔试 | 上机 | 总成绩 | 是否录取 | 排名 |
|---|---|---|---|---|---|---|
| 张菁 | 女 | 35 | 37 | 72 | 淘汰 | 9 |
| 陈爱仙 | 女 | 48 | 39 | 87 | 淘汰 | 2 |
| 李银川 | 男 | 40 | 46 | 86 | 淘汰 | 3 |
| 沈鹏 | 男 | 41 | 41 | 82 | 录取 | 5 |
| 孙子伍 | 男 | 32 | 41 | 73 | 淘汰 | 8 |
| 陈琳 | 女 | 47 | 36 | 83 | 淘汰 | 4 |
| 王莎莎 | 女 | 39 | 40 | 79 | 淘汰 | 6 |
| 田恬 | 女 | 45 | 46 | 91 | 录取 | 1 |
| 梁家雯 | 女 | 28 | 46 | 74 | 淘汰 | 7 |
| 李强 | 男 | 34 | 42 | 42 | 淘汰 | 10 |

## 市场调查表

**市场份额调查表**

| 品牌名 | 规格 | 适合人群 | 单位 | 价格 | 调整后的价格 |
|---|---|---|---|---|---|
| 施恩 | 500g/全脂高锌铁 | 儿童 | 袋 | 22 | 25 |
| 蒙牛 | 500g/全脂高钙 | 青少年 | 袋 | 19.9 | 24 |
| 三鹿 | 500g/无糖 | 中老年 | 袋 | 19.8 | 23 |
| 南山 | 500g/全脂高钙 | 儿童 | 袋 | 19.8 | 23 |
| 雅士利 | 500g/无糖 | 女士 | 袋 | 18.9 | 20 |
| 伊利 | 500g/无糖 | 中老年 | 袋 | 18.4 | 20 |
| 雀巢 | 500g/全脂 | 适用所有人群 | 袋 | 17.9 | 19 |
| 金星 | 500g/全脂高锌 | 青少年 | 袋 | 15.1 | 18 |
| 完达山 | 500g/全脂 | 中老年 | 袋 | 14.7 | 16 |
| 光明 | 500g/全脂 | 适用所有人群 | 袋 | 13.2 | 15 |

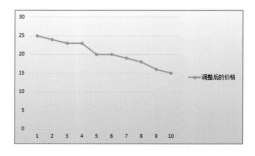

OK

## 各部门员工资料表

| 员工编号 | 姓名 | 性别 | 出生日期 | 部门 | 职务 |
|---|---|---|---|---|---|
| 01 | 张力 | 男 | 1981/6/12 | 行政人事部 | 部门经理 |
| 02 | 孙费位 | 男 | 1986/10/10 | 财务部 | 部门经理 |
| 03 | 赵方 | 男 | 1986/2/12 | 市场部 | 部门经理 |
| 04 | 李市芬 | 女 | 1982/3/15 | 技术支持部 | 部门经理 |
| 05 | 王号弥 | 男 | 1986/5/8 | 开发部 | 项目经理 |
| 06 | 周二亭 | 女 | 1987/9/19 | 财务部 | 会计 |
| 07 | 程丽 | 女 | 1988/4/30 | 总经理办公室 | 文秘 |
| 08 | 胡委航 | 男 | 1985/8/19 | 技术支持部 | 工程师 |
| 09 | 郑同 | 男 | 1975/6/30 | 开发部 | 高级工程师 |
| 10 | 马品刚 | 男 | 1984/12/5 | 销售部 | 业务员 |
| 11 | 张思意 | 男 | 1982/5/14 | 行政人事部 | 业务员 |
| 12 | 李东梅 | 女 | 1981/1/22 | 财务部 | 出纳 |
| 13 | 常承 | 男 | 1979/5/4 | 开发部 | 工程师 |
| 14 | 王莹科 | 男 | 1980/10/6 | 市场部 | 业务员 |
| 15 | 吴风 | 男 | 1981/11/16 | 市场部 | 项目经理 |
| 16 | 黄京超 | 男 | 1984/1/18 | 市场部 | 业务员 |
| 17 | 冯大可 | 男 | 1978/6/5 | 市场部 | 业务员 |
| 18 | 宋疆 | 男 | 1989/5/24 | 总经理办公室 | 总经理 |
| 19 | 冯红 | 女 | 1990/5/5 | 市场部 | 业务员 |
| 20 | 孙汉 | 男 | 1978/6/5 | 销售部 | 业务员 |
| 21 | 童心米 | 女 | 1989/4/8 | 销售部 | 项目经理 |
| 22 | 宝山浪 | 男 | 1991/12/18 | 市场部 | 业务员 |
| 23 | 裴余刚 | 男 | 1991/7/14 | 行政人事部 | 业务员 |
| 24 | 黄秋殊 | 女 | 1990/4/22 | 技术支持部 | 业务员 |
| 25 | 张辉 | 男 | 1990/9/30 | 开发部 | 业务员 |
| 26 | 张德加 | 男 | 1992/2/3 | 销售部 | 部门经理 |
| 27 | 李示瑾 | 女 | 1993/12/25 | 销售部 | 项目经理 |

| 员工编号 | 姓名 | 性别 | 出生日期 | 部门 | 职务 |
|---|---|---|---|---|---|
| 01 | 张力 | 男 | 1981/6/12 | 行政人事部 | 部门经理 |
| 04 | 李市芬 | 女 | 1982/3/15 | 技术支持部 | 部门经理 |
| 11 | 张思意 | 男 | 1982/5/14 | 行政人事部 | 业务员 |
| 12 | 李东梅 | 女 | 1981/1/22 | 财务部 | 出纳 |
| 25 | 张辉 | 男 | 1990/9/30 | 开发部 | 业务员 |
| 26 | 张德加 | 男 | 1992/2/3 | 销售部 | 部门经理 |
| 27 | 李示瑾 | 女 | 1993/12/25 | 销售部 | 项目经理 |

## 生产量统计表

### 2013年可乐生产量统计

单位：箱

| 小组 | 9月 | 10月 | 11月 | 12月 |
|---|---|---|---|---|
| 一组 | 938000 | 231400 | 465200 | 523000 |
| 二组 | 154630 | 460000 | 300000 | 450300 |
| 三组 | 350940 | 458020 | 546000 | 658000 |
| 四组 | 250300 | 350700 | 450670 | 580600 |
| 五组 | 808000 | 152300 | 205400 | 354600 |
| 六组 | 156200 | 256040 | 450800 | 356000 |
| 七组 | 256040 | 354600 | 564030 | 524000 |
| 八组 | 257000 | 546000 | 450870 | 652000 |

## 糖类信息统计表

### 超市糖类信息统计表

| 商品条码号 | 商品名称 | 单位 | 零售价 |
|---|---|---|---|
| 20130007 | 上好佳青苹果硬糖 | 包 | ¥2.80 |
| 20130008 | 上好佳什锦果糖 | 包 | ¥2.80 |
| 20130009 | 上好佳牛奶软糖 | 包 | ¥4.20 |
| 20130010 | 上好佳缤纷什锦软糖 | 包 | ¥4.15 |
| 20130011 | 王老吉润喉糖 | 盒 | ¥4.80 |
| 20130012 | 旺仔牛奶糖 | 包 | ¥1.00 |
| 20130013 | 上好佳提子硬糖 | 包 | ¥2.80 |
| 20130014 | 大大切切乐泡泡糖蜜瓜味 | 袋 | ¥2.40 |
| 20130015 | 瑞士糖草莓味（条装） | 条 | ¥1.80 |
| 20130016 | 瑞士青苹果味（条装） | 条 | ¥1.80 |
| 20130017 | 瑞士糖柠檬味（条装） | 条 | ¥1.80 |
| 20130018 | 瑞士糖香橙味（条装） | 条 | ¥1.80 |
| 20130019 | 瑞士糖黑加仑子味(条装) | 条 | ¥1.80 |
| 20130020 | 大大卷切切乐草莓味12卷 | 盒 | ¥2.40 |
| 20130021 | 大大卷切切乐青柠味12卷 | 盒 | ¥2.40 |
| 20130022 | 绿箭薄荷糖原味 | 包 | ¥3.50 |
| 20130023 | 绿箭薄荷糖茉莉花茶 | 包 | ¥3.50 |

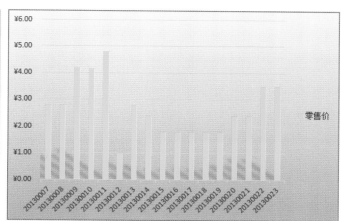

## 放飞汽球

## 员工能力考核表

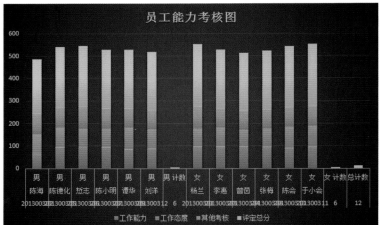

## 企业文化

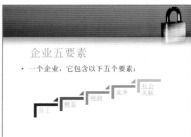

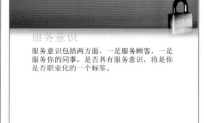

# 科技产品宣传简介

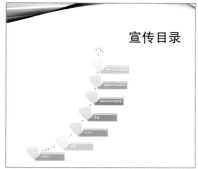

# 庆典策划案

## 销售计划

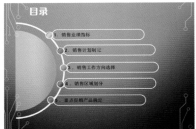
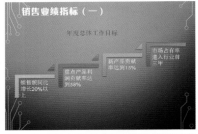

## 广告计划

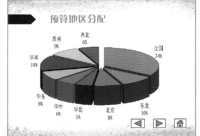

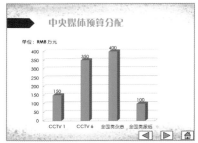

**水果与健康专题**

## 幸福婚庆

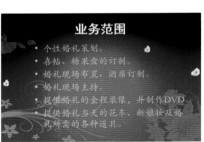

## 2013年年终总结

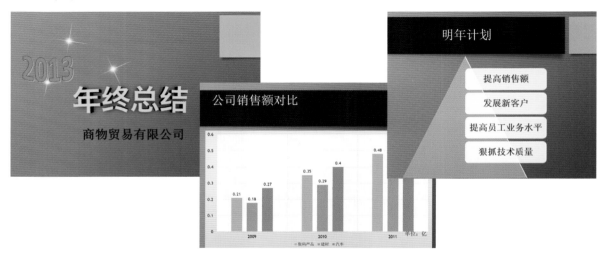

72 小时精通

Word 2013/Excel 2013/PowerPoint 2013 办公应用

九州书源 / 编著

清华大学出版社

北 京

# 内容简介

《Word 2013/Excel 2013/PowerPoint 2013办公应用》一书详细而深入地介绍了Word 2013、Excel 2013及PowerPoint 2013这3个常用办公组件的相关知识。其中Word部分主要介绍Word 文字输入与编辑、对象的插入与美化、长文档编辑与文档审阅等内容；Excel部分主要介绍数据的输入与格式设置、数据计算、函数的使用、数据排序和筛选、分类汇总和合并数据等内容；PowerPoint部分主要介绍幻灯片的基本操作、文本及对象的使用、设置动画、放映及打包演示文稿等内容。最后一章还通过制作3个例子对全书内容进行了较为综合的演练，从而帮助读者再次巩固本书内容。

本书内容全面，图文对应，讲解深浅适宜，叙述条理清楚，并配有多媒体教学光盘，对学习Word 2013、Excel 2013及PowerPoint 2013的初、中级用户有很大的帮助。

本书适用于公司职员、在校学生、教师以及各行各业相关人员进行学习和参考，也可作为各类电脑培训班的培训教材。

本书和光盘有以下显著特点：

118节交互式视频讲解，可模拟操作和上机练习，边学边练更快捷！

实例素材及效果文件，实例及练习操作，直接调用更方便！

全彩印刷，炫彩效果，像电视一样，摒弃"黑白"，进入"全彩"新时代！

372页数字图书，在电脑上轻松翻页阅读，不一样的感受！

图书在版编目（CIP）数据

Word 2013/Excel 2013/PowerPoint 2013办公应用/ 九州书源编著．—北京：清华大学出版社，2015
（72小时精通）

ISBN 978-7-302-38528-8

Ⅰ．①W…　Ⅱ．①九…　Ⅲ．①文字处理系统②表处理软件③图形软件　Ⅳ．①TP391.1

中国版本图书馆CIP数据核字（2014）第269417号

责任编辑：赵洛育
封面设计：李志伟
版式设计：文森时代
责任校对：马军令
责任印制：宋林

出版发行：清华大学出版社
　　　　　网　　　址：http://www.tup.com.cn，http://www.wqbook.com
　　　　　地　　　址：北京清华大学学研大厦A座　　　　邮　　编：100084
　　　　　社 总 机：010-62770175　　　　　　　　　邮　　购：010-62786544
　　　　　投稿与读者服务：010-62776969，c-service@tup.tsinghua.edu.cn
　　　　　质 量 反 馈：010-62772015，zhiliang@tup.tsinghua.edu.cn
印 刷 者：三河市君旺印务有限公司
装 订 者：三河市新茂装订有限公司
经　　销：全国新华书店
开　　本：185mm×260mm　印　张：24　插页：6　字　数：614千字
　　　　　（附DVD光盘1张）
版　　次：2015年10月第1版　　　　　　　　　　　印　　次：2015年10月第1次印刷
印　　数：1～4000
定　　价：69.80元

产品编号：062158-01

# PREFACE 前言

Office 2013 中汇集了各种强大的办公组件，本书所介绍的就是其中三大办公组件，分别为 Word 文档编辑软件、Excel 电子表格处理软件以及 PowerPoint 演示文稿制作软件，它们被广泛应用于各行各业的办公领域，成为人们生活和办公不可或缺的一部分。尽管如此，还是有很多用户并不太了解这三大组件的强大之处，仅仅将其作为制作简单的文档、表格及幻灯片的工具，忽略了其更实用、强大的功能。本书将针对这些情况，以目前最新的 Word 2013、Excel 2013 及 PowerPoint 2013 版本为例，为广大办公应用的初学者、爱好者讲解各种文档、电子表格及演示文稿的制作方法、文档内容的编辑、数据的处理与分析、演示文稿的动画及媒体链接等，从全面和实用的角度出发，让用户在最短的时间内达到从初学者变为办公应用高手的目的。

## ■ 本书的特点

当您在茫茫书海中看到本书时，不妨翻开它看看，关注一下它的特点，相信它一定会带给您惊喜。

**28 小时学知识，44 小时上机：** 本书以实用功能讲解为核心，每小节下面分为学习和上机两个部分。学习部分以操作为主，讲解每个知识点的操作和用法，操作步骤详细、目标明确；上机部分相当于一个学习任务或案例制作，同时在每章最后提供有视频上机任务，书中给出操作要求和关键步骤，具体操作过程放在光盘演示中。

**知识丰富，简单易学：** 书中讲解由浅入深，操作步骤目标明确，并分小步讲解，与图中的操作提示相对应，并穿插了"提个醒"、"问题小贴士"和"经验一箩筐"等小栏目。其中，"提个醒"主要是对操作步骤中的一些方法进行补充或说明；"问题小贴士"是对用户在学习知识过程中产生疑惑的解答；"经验一箩筐"则是对知识的总结，以提高读者对软件的掌握程度。

**技巧总结与提高：** 本书以"秘技连连看"列出了学习办公应用的技巧，并以索引目录的形式指出其具体的位置，使读者能更方便地对知识进行查找。最后还在"72 小时后该如何提升"栏目中列出了学习本书过程中应该注意的地方，以提高用户的学习效果。

※ 如果您还在为制作一篇专业的宣传文档或长文档而发愁；

※ 如果您还在为大量的数据分析及计算而苦恼；

※ 如果您还因演讲教案一筹莫展；

※ 请翻开《Word 2013/Excel 2013/PowerPoint 2013 办公应用》；

※ 这些问题都能在其中找到并得到解决的办法；

※ 它将帮您快速地解决办公应用中所遇到的问题；

※ 帮助您在办公领域中如鱼得水。

**书与光盘演示相结合：** 本书的操作部分均在光盘中提供了视频演示，并在书中指出了相对应的路径和视频文件名称，可以打开视频文件对某一个知识点进行学习。

**排版美观，全彩印刷：** 本书采用双栏图解排版，一步一图，图文对应，并在图中添加了操作提示标注，以便于读者快速学习。

**配超值多媒体教学光盘：** 本书配有一张多媒体教学光盘，提供有书中操作所需素材、效果和视频演示文件，同时光盘中还赠送了大量相关的教学教程。

**赠电子版阅读图书：** 本书制作有实用、精美的电子版放置在光盘中，在光盘主界面中单击"电子书"按钮可阅读电子图书，单击"返回"按钮可返回光盘主界面，单击"观看多媒体演示"按钮可打开光盘中对应的视频演示，也可一边阅读一边进行上机操作。

## ■ 本书的内容

本书共分为 5 部分，用户在学习的过程中可循序渐进，也可根据自身的需求，选择需要的部分进行学习。各部分的主要内容介绍如下。

**Office 2013 的基础知识（第 1 章）：** 主要介绍 Office 2013 的基础知识，包括认识三大组件的工作界面、视图操作、启动与退出工作界面以及三大组件的各种基本操作等内容。

**Word 2013 的相关操作及高级应用（第 2~4 章）：** 主要介绍 Word 2013 的相关操作知识，包括在文档中输入并编辑文本的各种设置、在文档中插入各种对象（图片、形状及 SmartArt 图形）、长文档的编辑、审阅及应用等，以制作丰富且满足需求的文档。

**Excel 2013 的相关操作及高级应用（第 5~7 章）：** 主要介绍 Excel 2013 的数据输入，计算和管理表格数据以及使用图表分析数据的知识，包括公式和函数的使用、单元格的引用、数据排序、数据筛选、数据分类汇总以及图表的创建与美化等内容。

**PowerPoint 2013 的相关操作及高级应用（第 8~10 章）：** 主要介绍 PowerPoint 2013 的图文混搭操作、媒体对象的使用、交互与动画的应用，最后讲解了演示文稿的放映及打包等操作。

**综合实例演练（第 11 章）：** 综合运用本书所学的 Word 2013、Excel 2013 及 PowerPoint 2013 的知识，分别制作了不同的例子。最后以练习制作"市场规划倡导书"文档、"迪家空调销售情况"工作簿和"招聘宣讲会"演示文稿结尾。

## ■ 联系我们

本书由九州书源组织编写，由王利主编，其他参与编写、排版和校对的工作人员还有刘霞、曾福全、陈晓颖、向萍、廖宵、李星、贺丽娟、彭小霞、何晓琴、蔡雪梅、包金凤、杨怡、李冰、张丽丽、张鑫、张良军、简超、朱非、付琦、何周、董莉莉、张娟。

如果您在学习的过程中遇到困难或疑惑，可以联系我们，我们会尽快为您解答，联系方式为：

**QQ 群：** 122144955、120241301（注：请只选择一个 QQ 群加入，不重复加入多个群）。

**网址：** http://www.jzbooks.com。

由于作者水平有限，书中疏漏和不足之处在所难免，欢迎读者不吝赐教。

九州书源

# CONTENTS 录

72 HOURS

# 全新体验 Office 2013

第 **1** 章

学习 **2** 小时

- 初识 Office 2013
- 三大组件的操作界面及基本操作

　　随着 Office 办公软件的不断升级，越来越多的人开始使用 Office 2013 办公软件，为了更好地使用该全新的升级软件，就需要先认识并熟悉其三大办公组件。

上机 **3** 小时

# 1.1　初识 Office 2013

Office 2013 是 Microsoft 公司推出的一款全新的针对各行业的办公软件，它是基于 2007、2010 版本的升级版，其个性化的工作界面和强大的功能使它深受到广大用户，尤其是办公人员的青睐。运用 Office 办公软件可以制作文档、电子表格、演示文稿、数据库以及电子邮件等，其拥有的功能多样性使它广泛涉及电脑办公的各个领域。

**学习 1 小时**

🔍 认识 Office 2013 中的各组件。

🔍 掌握 Office 2013 的安装与卸载。

## 1.1.1　Office 2013 的组件介绍

Office 中的各大组件广泛应用在电脑办公的各个办公领域。灵活利用各大组件能方便快捷地提高各办公人员的工作效率，下面就分别讲解常用的 Word 2013、Excel 2013 和 PowerPoint 2013 组件在办公领域中的应用。

### 1. Word 2013 在办公领域中的应用

Word 主要用于制作和编辑办公文档，在文档中不仅可以进行最基础的文字输入、编辑、排版和打印操作，还可以制作出图文并茂并满足各领域的办公文档和商业文档。在 Word 中系统自带了各种模板，可快速创建和编辑各种专业文档。如常见的日常办公、教育和宣传文档等，下面将分别介绍办公领域中常用的文档。

🔑 **常见的办公应用文档：**可以从 Word 自带的模板库中获得各种个人简历、备忘录、信函和传真等各种模板文档进行编辑，如左图所示为使用模板编辑的简历文档。也可自行创建空白文档，制作通知、说明书和报告等文档，如右图所示为自行创建的说明书文档。

读书笔记

🔑 **教案**：通过 Word 提供的段落、文本等快速样式的编辑功能，就能轻松制作出各种漂亮的教案文档。

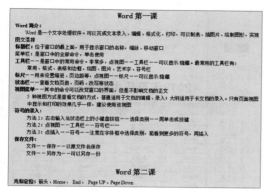

🔑 **宣传资料**：通过 Word 的插入图表、表格和图片等编辑功能，可以制作各类美观、实用的宣传资料，如产品宣传广告、手册等。

### 2. Excel 2013 在办公领域中的应用

Excel 主要用于创建和编辑电子表格，通过它能方便快捷地制作出满足各种工作领域的电子表格，并且可以对表格中的数据进行计算、统计等操作。利用它能够在日常办公、财务、生产营销以及库存管理等方面体现出重要的管理作用。下面将分别介绍办公领域中常见的电子表格。

🔑 **常见的办公表格**：使用 Excel 可以方便、快速地制作出各种日常办公表格，如员工档案、员工记录表和员工工资表等电子表格。

003

72🕐
Hours

62
Hours

52
Hours

42
Hours

32
Hours

22
Hours

12
Hours

🔑 **销售统计表格**：在生产营销过程中，公司或企业经常需要制作各种销售统计表，其中包括产品销售统计表、仓库货物统计表、公司生产统计表和各类报表等。

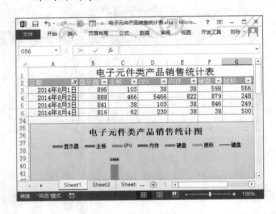

🔑 **库存表格**：库存管理需要管理公司的产品，对企业来说，是非常重要的工作。若通过人工记录的方法进行管理不仅容易出错，而且烦琐，使用 Excel 的排序、筛选和汇总等功能制作的库存表格，就能一目了然、快速地管理库存数据。

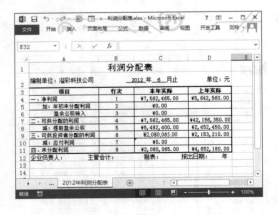

🔑 **财务表格**：在日常办公中，财务人员需要制作并处理各种财务表格，如报销单、损益表和资产负债表等，使用 Excel 就能轻松制作出这些表格并进行计算与填制。

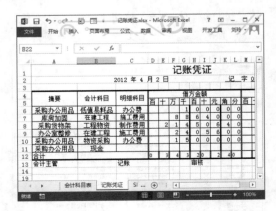

### 3. PowerPoint 2013 在办公领域中的应用

PowerPoint 可制作和放映演示文稿，常用于制作产品宣传、礼仪培训和课件等文档。在演示文稿中不仅可输入文字、插入表格和图片、添加多媒体文件等，还可设置幻灯片的动画效果和放映方式，制作出内容丰富、有声有色的幻灯片。目前它已被广泛应用于制作宣传展示、策划提案和资料说明等，其常用应用范围如下。

🔑 **公司形象展示**：公司形象在目前的商业竞争中变得十分重要。使用 PowerPoint 制作精美的公司形象展示演示文稿，无疑能为公司增加不少竞争力。

🔑 **员工培训**：传统的板书式培训已经不能满足现代办公的需求，使用 PowerPoint 制作的培训演示文稿，可以突破时间和空间的诸多限制，让培训不再是件麻烦的事。

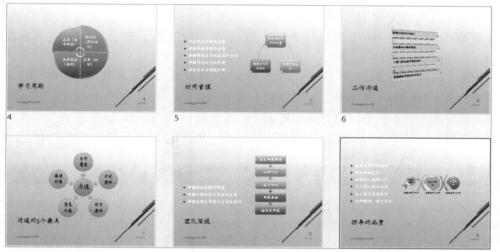

🔑 **策划提案**：PowerPoint 提供了强大的动画、图表和表格等功能，用户可以通过它们来制作各种策划、提案演示文稿，然后通过投影仪将其完美展示给观众。

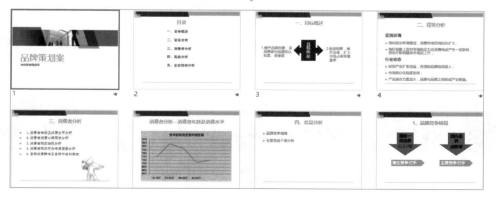

005

72 🕐
Hours

62
Hours

52
Hours

42
Hours

32
Hours

22
Hours

12
Hours

**问题小贴士**

问：Office 2013 中的其他组件有什么作用？

答：Office 2013 中还包括 Access 2013、Outlook 2013、OneNote 2013、SharePoint 2013、Project 2013、InfoPath Designer 2013、SkyDrive Pro 2013、Lync 2013 和 InfoPath Filler 2013 等组件，其中 Access 2013 主要用于创建数据库；Outlook 2013 主要用于收发电子邮件；OneNote 2013 是一个数据笔记本，主要用于提供收集、组织笔记与信息的一种方式，以达到协同共享的目的；SharePoint 2013 主要用于站点管理与开发；Project 2013 主要用于项目管理；InfoPath Designer 2013 主要用于制作动态表单，方便收集与重用信息；SkyDrive Pro 2013 主要用于存储数据，方便存取；Lync 2013 主要用于传递视频和语音信息；InfoPath Filler 2013 主要用于填写动态表单，以便在整个组织中收集信息。

## 1.1.2 安装 Office 2013 的要求及方法

Office 2013 并不是系统自带的软件，使用前必须先对其进行安装。由于 Office 2013 组件的功能非常强大，所以它对电脑本身的配置要求也相对较高，下面将介绍安装 Office 2013 的硬件需求和方法。

### 1. 安装 Office 2013 的要求

在安装 Office 2013 办公软件时，对安装该软件的电脑配置会有一定的要求，推荐配置如下所示。

🔑 **处理器**：处理器（CPU）为 1GHz 或更快的 x86/x64 位处理器（采用 SSE2 指令集）。

🔑 **内存**：内存（RAM）为 1GB/2 GB RAM（32/64 位）。

🔑 **硬盘**：硬盘至少要有 3.0 GB 可用空间。

🔑 **操作系统**：Windows 7、Windows 8、Windows Server 2008 R2 或 Windows Server 2012 都可以。

▍**经验一箩筐——如何判断电脑中应安装多少位的 Office**

新发布的 Office 2013 也分为 32 位和 64 位版本。如果电脑安装的系统是 32 位，则下载 32 位的 Office 2013 版本进行安装，如果是 64 位的则可安装 32 位和 64 位的 Office 版本。判断电脑安装的系统是多少位的方法为：右击"计算机"图标 🖥️，在弹出的快捷菜单中选择"属性"命令，在打开的窗口中不仅可以查看所装系统是多少位，还可以查看该电脑的其他配置情况，从而可以准确把握自己的电脑是否符合安装 Office 2013 的要求。

### 2. 安装 Office 2013

如果电脑的配置达到了安装 Office 2013 的要求，便可对其进行安装。安装 Office 2013 与安装其他程序类似，可以全新安装，也可以在原有版本的基础上升级或自定义安装。下面将介绍一种最基本的安装方法，即全新安装。其具体操作如下：

**光盘文件** 实例演示\第1章\安装 Office 2013

STEP 01： 输入产品密钥

1. 将光盘载入光驱，双击光驱磁盘图标。
2. 打开"输入您的产品密钥"对话框，在文本框中输入正确的密钥。
3. 单击 继续(C) 按钮，便可进行安装。

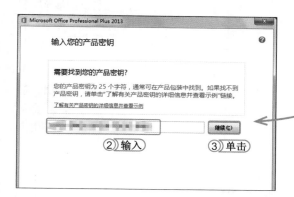

提个醒　　如果用户的电脑上已经安装了Office的其他版本，立即安装 按钮则会变成 升级(U) 按钮，用户单击 升级(U) 按钮，则会在原有版本的基础上进行升级安装。

STEP 02： 选择安装方法

打开"选择所需的安装"对话框，单击 立即安装(I) 按钮，开始安装。

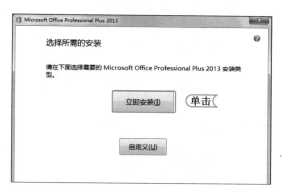

提个醒　　安装时，系统默认安装 Office 2013 的所有组件，并存储在系统盘中，如果用户想在指定的盘中安装指定的组件，则可以在安装的初始界面中单击 自定义(U) 按钮进行安装。

STEP 03： 完成安装

打开"安装进度"对话框显示安装进度，安装完成后，在打开的对话框中单击 关闭(C) 按钮，完成 Office 2013 的安装。

## 1.1.3 卸载 Office 2013

安装好 Office 2013 后，如果发现某些组件不齐全或有损坏，此时可将其卸载然后重新进行安装。下面将介绍 Office 2013 的卸载方法，其具体操作如下：

光盘
文件　　实例演示 \ 第 1 章 \ 卸载 Office 2013

**STEP 01:** 准备卸载 Office 2013

1. 选择【开始】/【控制面板】命令，打开"控制面板"窗口，在"大图标"方式下单击"程序和功能"超级链接，打开"卸载或更改程序"窗口。在安装程序列表框中选择"Microsoft Office Professional Plus 2013"选项。

2. 单击 卸载 按钮。

**STEP 02:** 完成卸载 Office 2013

1. 打开提示框，提示是否要从计算中删除 Microsoft Office Professional Plus 2013，单击 是(Y) 按钮。

2. 打开"卸载进度"对话框，等待一会卸载完毕，单击 关闭(C) 按钮，完成卸载。

**问题小贴士**

问：安装 Office 2013 后，其组件有所损坏，一定要进行卸载重装吗？

答：遇到这种情况时，为了避免浪费过多的时间在安装 Office 2013 上，用户可对 Office 2013 进行恢复安装。其方法是：打开"控制面板"窗口，在该窗口中单击"程序和功能"超级链接，在打开的窗口中选择"Microsoft Office Professional Plus 2013"选项，再单击 更改 按钮。在打开的"Microsoft Office Professional Plus 2013"对话框中选中 ● 修复(R) 单选按钮，再单击 继续(C) 按钮就能对 Office 2013 进行恢复安装。

**上机 1 小时** ▶ 自定义安装 Office 2013

🔍 掌握升级安装 Office 2013 的操作方法。

🔍 掌握设置 Office 2013 安装位置的操作方法。

下面将在保留 Office 2013 早期版本的情况下，选择安装 Office 2013 中的常用组件。 使用户能够熟练掌握 Office 2013 的安装方法。

 **光盘文件**　实例演示 \ 第1章 \ 自定义安装Office 2013

---

**STEP 01：**　输入产品密钥

1. 将光盘载入光驱，双击 **setup.exe** 文件，使其运行并安装。
2. 打开"输入您的产品密钥"对话框，在文本框中输入产品密钥。
3. 单击 继续(C) 按钮，进入安装界面。

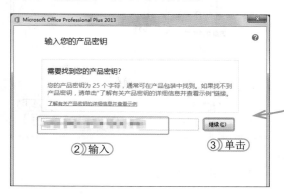

**提个醒**　如果用户是在网上下载的 Office 2013 安装软件，则要进行解压，然后在解压后的文件夹中找到安装文件进行安装即可。

---

**STEP 02：**　升级安装

1. 打开"选择所需的安装"对话框，单击 自定义(U) 按钮。
2. 在打开的对话框中选择"升级"选项卡。
3. 在"升级早期版本"栏中选中 ⊙ 保留所有早期版本(K). 单选按钮。

**提个醒**　如果用户不想保留早期版本安装的 Office 组件，则可在"升级"选项卡下选中 ⊙ 删除所有早期版本(R)单选按钮，将其进行删除。

---

*读书笔记*

62
Hours

52
Hours

42
Hours

32
Hours

22
Hours

12
Hours

**STEP 03:** 选择安装组件

1. 选择"安装选项"选项卡。
2. 在"自定义 Microsoft Office 程序的运行方式"列表框中选择不安装的组件，并单击鼠标右键，在弹出的快捷菜单中选择"不可用"命令，在安装时将不会安装该组件。

> **提个醒** 如果选择了"不可用"命令，该组件前方对应的 ▣ ▾ 按钮将会变为 ✕ ▾ 按钮。

**STEP 04:** 选择安装路径

1. 选择"文件位置"选项卡。
2. 在文本框中输入安装 Office 2013 的路径。
3. 单击 立即安装(I) 按钮。

> **提个醒** 在输入安装路径时，也可以单击文本框右侧的 浏览... 按钮，打开"浏览文件"对话框，在该对话框中选择安装路径。

**STEP 05:** 完成安装

1. 安装完成后，在打开的对话框中单击 关闭(C) 按钮。
2. 打开提示对话框，提示是否重新启动计算完成安装，单击 是(Y) 按钮，重启计算机完成安装。

# 1.2　三大组件的操作界面及基本操作

　　学会安装 Office 2013 的方法后，便可对 Office 2013 的操作界面、视图以及 Office 2013 的基本操作做相应的了解。Office 2013 各组件的基本操作基本相似，但工作界面有细微差异，下面将分别对 Word、Excel 和 PowerPoint 的操作界面和视图模式进行讲解，并以 Word 2013 为例介绍 Office 的基本操作。

### 学习 1 小时

🔍 了解三大组件的操作界面及视图模式。

🔍 熟悉三大组件的基本操作（新建、打开、保存、关闭）。

## 1.2.1 Word 2013 操作界面及视图模式

在编辑文档前，首先要熟悉 Word 2013 的操作界面，方便以后对文档进行快速操作，为提高工作效率打下基础。

### 1. Word 2013 的操作界面

选择【开始】/【Microsoft Office 2013】/【Word 2013】命令，启动 Word 2013，即可进入 Word 2013 的主屏幕界面，选择"空白文档"选项，进入到 Word 2013 主界面，其操作界面主要由窗口控制按钮、快速访问工具栏、标题栏、选项卡和功能区、文档编辑区、状态栏和视图栏等部分组成。

在 Word 2013 中各组成部分的功能都有所不同，下面将分别进行介绍。

🔑 **窗口控制按钮**：单击"窗口控制"按钮，在弹出的列表中可完成最大化、最小化和关闭等操作。

🔑 **快速访问工具栏**：主要用于存放操作频繁的快捷按钮，单击快速访问工具栏右侧的▼按钮，在弹出的下拉列表中可添加操作频繁的按钮到快速访问工具栏中。

🔑 **标题栏**：主要用于显示文档名称和程序名称等信息，其右侧有 5 个按钮，分别是"帮助"按钮❓、"功能区显示"按钮、"最小化"按钮━、"最大化"/"还原"按钮 🗗 和"关闭"按钮✖，单击相应的按钮可执行相应的操作。

🔑 **用户登录按钮**：主要用于登录注册了 Office 2013 的用户名，如果没有注册，则可在登录界面进行注册操作；注册后可享受更多的新增功能。

🔑 **选项卡和功能区**：选项卡与功能区是对应关系。选择某个选项卡即可打开相应的功能区，在功能区中有许多自动适应窗口大小的面板，为用户提供了常用的命令按钮或列表框。部分面板右下角会有"扩展"按钮，单击该按钮将打开对应的对话框或任务窗格，可进行更详细的设置。

🔑 **文档编辑区**：是 Word 中最重要的部分，所有关于文本编辑的操作都会在该区域中完成，文档编辑区中有个闪烁的光标，称为文本插入点，用于定位文本的输入位置。

🔑 **状态栏和视图栏**：状态栏视图栏都位于操作界面的底部，状态栏主要用于显示与当前工作

62
Hours
▲

52
Hours
▲

42
Hours
▲

32
Hours
▲

22
Hours
▲

12
Hours
▲

有关的信息。视图栏主要用于选择文档的查看方式和设置文档的显示比例。

### 2. Word 2013 的视图模式

在文档中，为了方便不同文本的阅读或操作，Word 2013 为用户提供了阅读视图、页面视图、Web 版式视图、大纲视图以及草稿视图 5 种视图模式，下面将分别对各视图的作用及设置方法进行介绍。

🔑 阅读视图：在该视图中，文档将全屏显示，单击左右侧的按钮可进行翻页操作。选择【视图】/【视图】组，单击"阅读视图"按钮，将视图切换到阅读视图。

🔑 页面视图：是 Word 2013 的默认视图，也是最常用的视图。文档的录入、编辑等绝大部分操作都是在页面视图下完成。选择【视图】/【视图】组，单击"页面视图"按钮，即可将视图切换到页面视图。

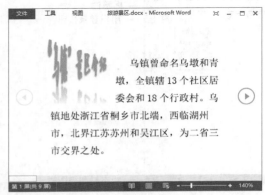

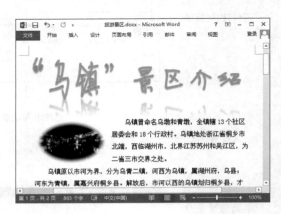

🔑 Web 版式视图：该视图是几种视图中唯一一种按照窗口大小进行自动换行的视图模式，避免了左右移动光标才能看见整排文字的情况。选择【视图】/【视图】组，单击"Web 版式视图"按钮，将视图切换到 Web 版式视图。

🔑 大纲视图：该视图是一个树形的文档结构图，通过双击标题前面的 ⊕ 按钮可将某个标题的下一级标题隐藏或显示出来。选择【视图】/【视图】组，单击"大纲视图"按钮，可将视图切换到大纲视图。

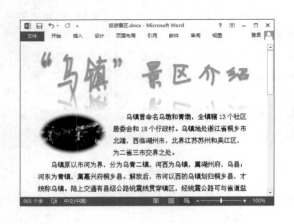

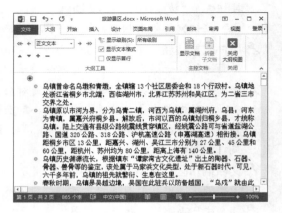

🔑 **草稿视图**：在草稿视图下，文档中的图片、样式等一系列效果都将被隐藏，只能看其中的文字信息。选择【视图】/【视图】组，单击"草稿"按钮📄，即可将视图切换到草稿视图。

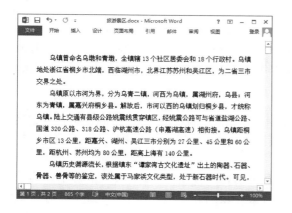

读书笔记

## 1.2.2　Excel 2013 的操作界面及视图模式

Excel 2013 操作界面与 Word 2013 的操作界面非常相似，但 Excel 2013 多了一些便于编辑表格的界面设计。此外，Excel 2013 的视图显示方式也与 Word 2013 的视图显示方式有一定的区别。

### 1. Excel 2013 的操作界面

Excel 与 Word 操作界面的最大区别便是功能区和编辑区，Excel 编辑区由行号和列标、工作表切换条、编辑栏和单元格等组成。

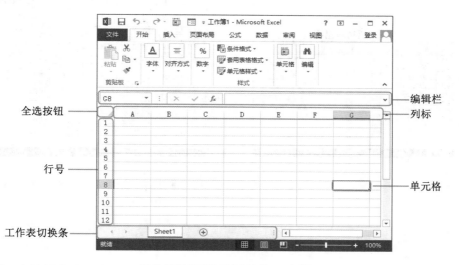

Excel 2013 与 Word 2013 操作界面不同区域的作用介绍。

🔑 **编辑栏**：Excel 2013 的编辑栏由名称框、工具框和编辑框 3 部分组成，名称框中的第一个大写英文字母表示单元格的列标，第二个数字表示单元格的行号。单击 ƒ× 按钮，可打开"插入函数"对话框，在该对话框中可选择需要输入的函数。编辑框则主要用于显示单元格中

62
Hours
▲

52
Hours
▲

42
Hours
▲

32
Hours
◆

22
Hours
◆

12
Hours

输入或编辑的内容，在编辑框中也可直接输入或编辑单元格内容。

🔑 **全选按钮◢**：单击该按钮，可选中编辑区中的所有单元格。

🔑 **列标和行号**：在编辑区上方的英文字母为列标，左侧的阿拉伯数字则为行号。每个单元格的位置都是由列标和行号决定的，相当于数学中的坐标轴。

🔑 **单元格**：单元格是编辑区中矩形的小方格，它是组成 Excel 表格的基本单位，用户输入的所有数据和内容都将存储和显示在单元格内。

🔑 **工作表切换条**：工作表切换条包括滚动按钮◂和▸、工作表标签和"插入工作表"按钮⊕。单击"滚动按钮"按钮◂和▸可显示在工作表切换条中隐藏的工作表标签。单击某工作表标签可以切换到对应的工作表。单击"插入工作表"按钮⊕，可为工作簿添加新的工作表。

### 2. Excel 2013 的视图模式

在 Excel 2013 中，系统为用户提供了普通视图、分页预览视图、页面布局视图和自定义视图 4 种视图模式，为了方便浏览表格，用户可根据需要选择不同的视图模式。下面将分别对不同的视图模式进行介绍。

🔑 **普通视图**：该视图是 Excel 的默认视图，工作表的基本操作都在该视图下进行，如输入数据、筛选数据和制作图表等。选择【视图】/【工作簿视图】组，单击"普通视图"按钮▦，将视图切换到普通视图。

🔑 **分页预览视图**：分页浏览视图是将活动工作表切换到分页预览状态，这是按打印方式显示工作表的编辑视图。在分页浏览视图中，可以通过左、右、上、下拖动来移动分页符，调整页面的大小。选择【视图】/【工作簿视图】组，单击"分页预览"按钮▦，即可将视图切换到页面视图。

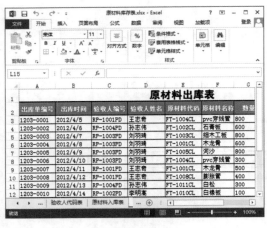

读书笔记

🔑 **页面布局视图**：在页面布局视图模式下，整个文档中的页面都将显示在一个视图界面中。选择【视图】/【工作簿视图】组，单击"页面布局视图"按钮，即可将视图切换到页面布局视图。

🔑 **自定义视图**：主要用于制作一些特殊表格时用户自定义的视图。选择【视图】/【工作簿视图】组，单击"自定义视图"按钮，在打开的"视图管理器"对话框中选择自定义的视图，可将视图切换到自定义视图。

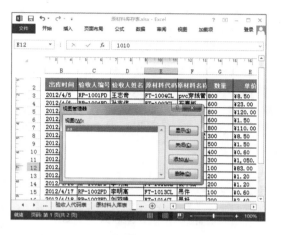

### 1.2.3 PowerPoint 2013 的操作界面及视图模式

PowerPoint 2013 的操作界面简洁大方，更加适合编辑、美化文稿。为了便于预览演示文稿的整体效果，PowerPoint 也同样提供了几种视图显示方式。

#### 1. PowerPoint 2013 的操作界面

PowerPoint 2013 的操作界面与 Word 2013 的操作界面大同小异，唯一不同的是编辑区是由幻灯片窗格、幻灯片编辑区以及备注栏组成。

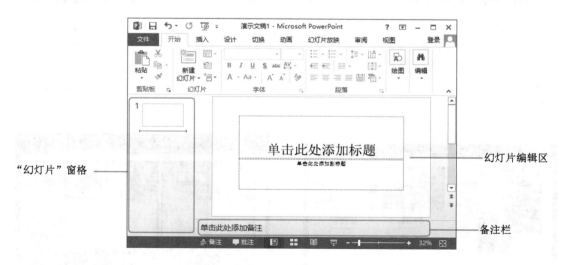

PowerPoint 2013 的操作界面与 Word、Excel 2013 不同区域的作用介绍如下。

🔑 **"幻灯片"窗格**：用于显示演示文稿的幻灯片数量及位置，在其中可以清晰地查看演示文稿的结构。"幻灯片"窗格为默认任务窗格，在其中幻灯片以缩略图形式显示。

🔑 **幻灯片编辑区**：用于显示和编辑幻灯片，所有幻灯片都是在幻灯片编辑区中制作完成的。

62
Hours

52
Hours

42
Hours

32
Hours

22
Hours

12
Hours

🔑 备注栏：单击备注栏，可为幻灯片添加说明和注释，主要用于在演讲者播放幻灯片时，为其提供该幻灯片的相关信息。

### 2. PowerPoint 2013 的视图模式

PowerPoint 2013 的视图模式分为两类，一类是处于编辑模式下的，另一类是指演示文稿在电脑屏幕上的显示方式，包括普通视图、幻灯片浏览视图、阅读视图以及幻灯片放映视图4种。只要分别单击其界面右下方视图栏中的4个视图模式按钮就可以切换到相应的视图模式，下面将分别介绍各视图的设置方法和显示效果。

🔑 普通视图：普通视图是 PowerPoint 2013 的默认视图模式，在该模式下可对幻灯片的总体结构进行调整，也可以对单张幻灯片进行编辑。单击"普通视图"按钮🔲，便可切换至普通视图。

🔑 幻灯片浏览视图：单击"幻灯片浏览视图"按钮🔳，可以浏览该演示文稿中所有幻灯片的整体效果，并且可对其整体结构进行调整，如调整演示文稿的背景、移动或复制幻灯片等，但是不能编辑幻灯片中的具体内容。

🔑 阅读视图：单击"阅读视图"按钮📖，将会在 PowerPoint 2010 窗口中以播放效果展示幻灯片。使用该视图可快速对幻灯片效果进行浏览，滚动鼠标中轴即可选择显示上一页或下一页幻灯片。

🔑 幻灯片放映视图：单击"幻灯片放映视图"按钮🖥，将切换至幻灯片放映视图。在该视图下演示文稿中的幻灯片将以全屏形式放映。此外在该模式下还可测试其中插入的动画、声音等效果。

## 1.2.4　新建文档

在 Word、Excel、PowerPoint 中新建文档的方法相同，如启动 Word 2013 后，可创建两种不同的文档，一种是空白文档；另一种则是模板文档。下面将分别介绍其创建的方法。

🔑 **创建空白文档**：启动 Word 2013 后，直接选择面板右侧的"空白文档"选项，即可创建一个名为"文档 1"的空白文档。

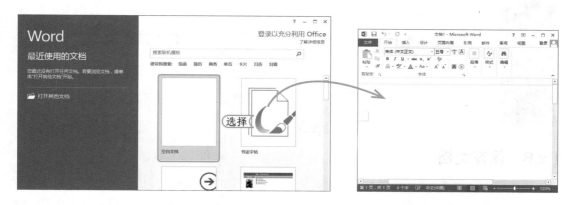

▌**经验一箩筐——快速创建空白文档**

启动 Word 2013 后，用户也可以直接按 Ctrl+N 组合键，快速创建一个空白文档；如果已经打开 Word 文档，可以选择【文件】/【新建】命令，选择"空白文档"选项，创建空白文档。

🔑 **创建模板文档**：启动 Word 2013 后，直接在面板右侧选择不同的模板样式，系统将加载所选择模板的样式，单击"创建"按钮🗋，便可创建所选模板样式的文档。

▌**经验一箩筐——模板文档的使用**

Word 2013 中的模板都是从 Office Online 网站上获得的，所以要使用模板创建文档，则必须连接互联网。

## 1.2.5　打开文档

安装 Office 2013 后，用户就可使用各个软件打开相应文件。Office 软件包中各软件打开文件的方法都相同，下面就以 Word 2013 文档为例讲解其打开方法。

62
Hours
▲

52
Hours
▲

42
Hours
▲

32
Hours
▲

22
Hours
▲

12
Hours
▲

🔑 **双击打开文档**：直接双击需要打开的 Word 文档，即可启动 Word 程序将其打开。

🔑 **通过菜单打开文档**：启动 Word 2013，选择【文件】/【打开】命令，在弹出面板的右侧选择"计算机"选项，单击"浏览"按钮，打开"打开"对话框，在该对话框中选择文档所在的路径，找到并选择文档后单击 打开(O) 按钮将其打开即可。

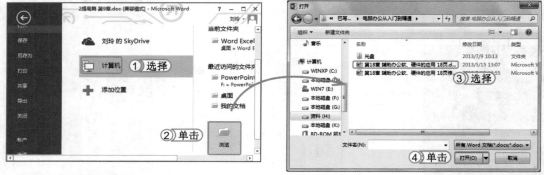

### 1.2.6 保存文档

创建并编辑完成 Word 文档后，可对其进行保存操作，否则在计算机断电或死机的情况下将会丢失所创建文档，所以对创建的文档进行保存操作是非常必要的，下面将对其保存方法进行介绍。

#### 1. 将文档保存到本地

对于编辑完成的文档，可直接将其保存到本地计算机中，如果使用自己的计算机可选择直接保存，方法为：编辑完文档后，选择【文件】/【保存】命令，在右侧面板中选择"计算机"选项，单击"浏览"按钮，打开"另存为"对话框，选择保存路径，设置保存文档名称，单击 保存(S) 按钮即可。

▌ 经验一箩筐——另存为文档

选择【文件】/【另存为】命令，在右侧面板中选择"计算机"选项，单击"浏览"按钮，打开"另存为"对话框，选择保存路径，设置保存文档名称，单击 保存(S) 按钮，可将已保存的文档作为副本保存到计算机的其他位置。

#### 2. 加密保存文档

对编辑好的文档进行加密保存，可防止文件被盗或泄露的情况。下面将对加密保存文档的操作方法进行介绍。其具体操作如下：

光盘文件　实例演示 \ 第1章 \ 加密保存文档

**STEP 01：** 打开"另存为"对话框

在编辑好的文档中，选择【文件】/【另存为】/【计算机】命令，在弹出的面板的右侧单击"浏览"按钮，打开"另存为"对话框。

**STEP 02：** 设置保存路径和文件名称

1. 在打开的对话框中设置保存文档的路径，在"文件名"下拉文本框中输入"宣传广告.docx"作为文档名称，其他设置保存默认不变。
2. 单击 工具(L) 按钮，在弹出的下拉列表中选择"常规选项"选项，打开"常规选项"对话框。

**STEP 03：** 设置保存密码

1. 在打开的对话框中的"打开文件时的密码"文本框中输入密码。
2. 在"修改文件时的密码"文本框中输入密码。
3. 单击 确定 按钮。

提个醒

在"常规选项"对话框中的文本框中输入的两次密码是不同的，一个是用户打开该文件时要求输入的密码，另一个是修改文档内容的密码。

**STEP 04：** 设置保存密码

1. 打开"确认密码"对话框，在文本框中再次输入打开文件时所输入的密码。
2. 单击 确定 按钮，再次打开"确认密码"对话框。
3. 在文本框中输入修改文件时所输入的密码。
4. 单击 确定 按钮。

019

72☒
Hours

62
Hours

52
Hours

42
Hours

32
Hours

22
Hours

12
Hours

**STEP 05：** 保存文档

1. 返回到"另存为"对话框中，单击 保存(S) 按钮，完成加密保存操作。
2. 双击刚保存的文档，在打开文档时，则会打开"密码"对话框，要求输入打开文件的密码。

**提个醒** 输入打开文件的密码后，会再次打开"密码"对话框，提示输入修改文档的密码，如果不输入，可单击 只读(R) 按钮，则会以只读的方式打开文档。

**问题小贴士**

问：如何将文档保存为低版本的文档？

答：由于现在很多人都还在用版本较低的 Office 进行办公，但低版本的 Office 不能打开或是不能正常打开比它版本更高的文档。为了避免这种情况出现，用户最好将文件保存为低版本格式的文档再进行操作。其方法是：打开"另存为"对话框，在"保存类型"下拉列表框中选择含有"97-2003"字样的低版本文件格式。如将 Word 保存为低版本格式就应该选择"Word 97-2003 文档（*.doc）"选项，如右图所示。最后单击 保存(S) 按钮。

## 1.2.7 关闭操作

制作、编辑以及保存文档、演示文稿或电子表格后，可对所用程序进行关闭操作，以提高计算机的运行速度。下面将介绍几种关闭 Office 各组件的操作方法：

🔑 单击 Office 2013 各组件标题栏右上角的"关闭"按钮 ✕，关闭组件程序。
🔑 单击 Office 2013 各组件左上角的"控制窗口按钮"按钮 ▦，在弹出的列表中选择"关闭"选项，关闭组件程序。
🔑 在 Office 2013 各组件程序中，选择【文件】/【退出】命令，关闭组件程序。
🔑 在 Office 2013 各组件程序中，按 Alt+F4 组合键，关闭组件程序。

## 1.2.8 复制、剪切与粘贴操作

在制作和编辑文件时，经常会使用到复制、剪切和粘贴操作，以提高工作效率。在 Office 组件中复制、剪切和粘贴操作方法基本相同，下面将分别介绍其操作方法。

🔑 **复制**：选择需要复制的文字或对象，选择【开始】/【剪贴板】组，单击"复制"按钮📋或按 Ctrl+C 组合键进行复制。

🔑 **剪切**：选择需要剪切的文字或对象，选择【开始】/【剪贴板】组，单击"剪切"按钮✂或按 Ctrl+X 组合键进行剪切。

🔑 **粘贴**：选择需要粘贴对象的位置，选择【开始】/【剪贴板】组，单击"粘贴"按钮📋或按 Ctrl+V 组合键进行粘贴。

## 上机 1 小时 ▶ 制作"2014 年的日历"文档

🔍 进一步掌握新建文档的方法。　　🔍 巩固文档的关闭方法。

🔍 巩固文档的保存方法。

　　下面以制作"2014 年的日历 .doc"文档为例，首先新建一个模板文档，使用户进一步掌握新建文档的方法，并巩固文档的保存及关闭操作。

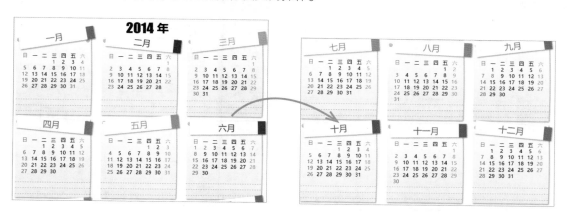

| 光盘文件 | 效果 \ 第 1 章 \2014 年的日历 .doc |
| --- | --- |
| | 实例演示 \ 第 1 章 \ 制作"2014 年的日历"文档 |

### STEP 01： 搜索模板

启动 Word 2013，在打开的 Word 2013 的主屏幕的右侧单击"商务"超级链接，系统将联机加载有关商务类型的模板文档。

> **提个醒**　　在搜索联机模板时，如果导航链接中没有满足用户要求的模板，可在链接上方的文本框中输入要创建的模板样式。

62
Hours

52
Hours

42
Hours

32
Hours

22
Hours

12
Hours

**STEP 02:** 创建模板

加载完成后，在打开窗口的列表模板中选择"2014年简单年历（带备忘空间）"选项，在打开的面板中单击"创建"按钮🗔，完成创建模板文档。

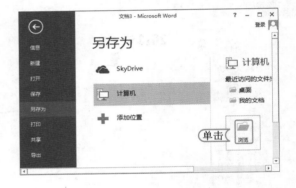

> **提个醒** 在打开的界面中，如果没有想要的模板，则可单击"左"按钮◀或"右"按钮▶，切换到该类型的其他模板样式。

**STEP 03:** 打开"另存为"对话框

在新建的日历模板文档中，选择【文件】/【另存为】/【计算机】命令，单击"浏览"按钮📁，打开"另存为"对话框。

> **提个醒** 如果是第一次保存文档，还可按Ctrl+S组合键，打开"另存为"对话框，进行文档的保存设置。

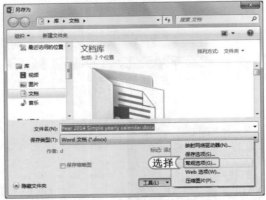

**STEP 04:** 打开"常规选项"对话框

在"另存为"对话框中，单击 工具(L) ▼ 按钮，在弹出的下拉列表中选择"常规选项"选项，打开"常规选项"对话框。

> **提个醒** 单击 工具(L) ▼ 按钮后，在弹出的下拉列表中选择"保存选项"选项，则可打开"Word选项"对话框，在"保存"选项卡下选中 ☑ 保存自动恢复信息时间间隔(A)复选框，在其后的数值框中输入数字，单击 确定 按钮即可设置自动保存文档的间隔时间。

读书笔记

**STEP 05：** 输入密码

1. 在打开对话框的"打开文件时的密码"文本框中输入密码。
2. 在"修改文件时的密码"文本框中输入密码。
3. 单击 确定 按钮。

> **提个醒**
>
> 在"常规选项"对话框中，如果用户不设置密码，可选中 ☑建议以只读方式打开文档(E) 复选框后，单击 保护文档(P)... 按钮，将保存的文档设置为以只读方式打开文档，且不能对文档中的内容进行编辑。

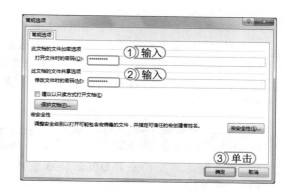

**STEP 06：** 设置保存密码

1. 打开"确认密码"对话框，在文本框中再次输入打开文件时所输入的密码。
2. 单击 确定 按钮，再次打开"确认密码"对话框。
3. 在文本框中输入修改文件时所输入的密码。
4. 单击 确定 按钮。

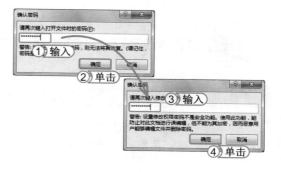

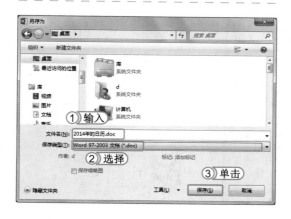

**STEP 07：** 保存文档

1. 返回到"另存为"对话框中，选择保存路径并在"文件名"下拉文本框中输入文本"2014年的日历.doc"。
2. 在"保存类型"下拉列表中选择"Word 97-2003 文档（*.doc）"选项。
3. 单击 保存(S) 按钮，完成文档保存的设置。

**STEP 08：** 关闭文档

返回到文档中，单击文档右上角的"关闭"按钮✕关闭文档。

读书笔记

62
Hours

52
Hours

42
Hours

32
Hours

22
Hours

12
Hours

## 1.3 练习1小时

本章主要介绍了 Office 2013 各组件的应用、三大组件的操作界面及视图模式，重点讲解了 Office 2013 的安装与卸载、三大组件的基本操作（新建、打开、保存、复制、剪切和粘贴、关闭）。下面将以安装 Office 2013 组件和创建 PowerPoint 模板文档来练习所学知识，达到巩固练习的目的。

### 1. 安装 Office 2013 中的三大组件

本次将练习如何安装 Office 2013 软件包中的三大组件，首先是购买或在网站上下载 Office 2013 软件包，将光盘载入光驱或解压下载的压缩包，然后使用自定义安装，在选择安装组件时，将三大组件以外的组件设置为不可用。最后完成安装。

> **光盘文件** 实例演示 \ 第 1 章 \ 安装 Office 2013 中的三大组件

### 2. 制作"2013－2015 年的日历"演示文稿

本练习将用 PPT 模板创建一个"2013－2015 年的日历 .pptx"的演示文稿，首先创建模板演示文稿，再将其进行保存，最后将其关闭，演示文稿的效果如下图所示。

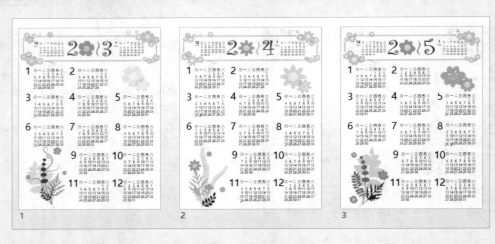

> **光盘文件** 效果 \ 第 1 章 \ 2013－2015 年的日历 .pptx
>
> 实例演示 \ 第 1 章 \ 制作"2013~2015 年的日历"演示文稿

读书笔记

72 HOURS

# Word 2013 文档编辑一点通

## 第2章

**学习 3 小时**

- 文本的输入与编辑
- 文本和段落设置
- 页面美化

熟悉了三大软件的基本操作后，本章将学习如何在 Word 2013 中编辑基本内容。主要包括文本的输入与编辑，文本和段落的设置，以及页面的美化等。

**上机 4 小时**

## 2.1 文本的输入与编辑

在 Word 文档中，文本是文档的主体。新建文档后，便可在文档中输入各种类型的文本，如中英文输入、特殊字符输入以及日期和时间的输入等。用户学会各种文本的输入方法，不但能丰富文档内容，而且还能提高工作效率。

### 学习 1 小时

- 🔍 熟练掌握输入各种文本的方法。
- 🔍 熟练掌握编辑文本的方法。
- 🔍 灵活选择文本内容。
- 🔍 熟练掌握查找、替换、撤销与恢复文本的方法。

### 2.1.1 输入文本

在 Word 2013 中，输入各种类型文本前都有相同的操作，那就是将光标定位到需要输入文本的位置，再输入文本。下面对输入文本的方法进行介绍。

🔑 **输入中英文**：用户将光标定位到需要输入文本的位置，切换到中文或英文输入法，直接输入文本即可。

🔑 **输入日期**：选择【插入】/【文本】组，单击"日期和时间"按钮 🖳，在打开的对话框中设置日期和时间的显示格式，单击 确定 按钮，并在插入的日期上进行修改即可。

🔑 **输入符号**：选择【插入】/【文本】组，单击"符号"按钮 Ω，打开"符号"对话框，在其中选择需要的符号，单击 插入(I) 按钮，便可在文本中插入所选符号。

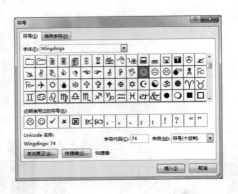

读书笔记

**经验一箩筐——在 Word 中换行**

在输入文本时，定位的插入点会自动向后移动，并且当达到 Word 默认的边界时，Word 会自动向下换行。如果用户需在文本中的任一位置换行，则可直接按 Enter 键或 Ctrl+Enter 组合键完成。需注意的是，按 Enter 键是分段换行，而按 Ctrl+Enter 组合键则是同一段落，换成不同行进行文本输入。

## 2.1.2 选择文本

在 Word 2013 中，系统为用户提供了多种选择文本的方法，以满足不同用户工作的实际需求，从而提高工作效率。

### 1. 拖动选择文本

使用鼠标拖动选择文本时可任意选择文本的数量或选择任一连续的多行文本。其方法分别介绍如下。

🔑 **选择任意数量文本**：将鼠标光标定位到需选择的第一个文本前，并按住鼠标左键不放，拖动鼠标至需选择文本的最后一个，释放鼠标即可。

🔑 **选择连续的多行文本**：将鼠标光标移至文档的左侧空白区域，当鼠标光标变成形状时，并按住鼠标左键不放，向下拖动鼠标至所选文本的最后一行，释放鼠标即可。

### 2. 使用键盘选择文本

如果用户对键盘操作相当熟练时，即可直接使用键盘对文本进行灵活选择，下面分别进行介绍。

🔑 **选择任意文本**：按方向键或 PageUp 键、PageDown 键定位鼠标光标，按住 Shift 键的同时按住方向键，即可选择所按方向的文本。

🔑 **选择任一连续的多行文本**：按方向键定位鼠标光标，按住 Shift 键的同时按 PageUp 或 PageDown 键，即可在鼠标光标的位置向上或向下选择任一连续的多行文本。

027

72图
Hours

62
Hours

52
Hours

42
Hours

32
Hours

22
Hours

12
Hours

### 3. 快速选择文本

快速选择文本的方法只适用于选择有规则的文本，如选择词组、一行、整段以及全文。下面将分别进行介绍。

🔑 **选择词组**：将鼠标光标定位到词组中，双击鼠标即可选择光标所在的词组。

🔑 **选择整行文本**：将鼠标移至左侧空白区域，当鼠标光标变成⏴形状时，单击鼠标左键便可选择鼠标所指行的所有文本。

🔑 **选择整段文本**：将鼠标移至左侧空白区域，当鼠标光标变成⏴形状时，双击鼠标便可选择鼠标所指段落的所有文本。

🔑 **选择所有文本**：将鼠标移至左侧空白区域，当鼠标光标变成⏴形状时，连续三次单击鼠标左键或按 Ctrl+A 组合键便可选择文档中的所有文本。

---

**问题小贴士**

问：在文档中除了选择连续的文本，还有选择不连续文本的方法吗？

答：在 Word 中除了提供选择连续的文本，当然还为用户提供了选择不连续文本的方法，以供用户选择特殊文本，其方法为：直接用鼠标选择第一处所需文本，然后按住 Ctrl 键的同时，再使用鼠标进行其他文本的选择即可。

---

## 2.1.3　编辑文本

在文档中选择文本后，便可对文本进行一系列的编辑操作，如删除、移动、复制和粘贴等，让输入的文本更完整。其操作方法分别如下。

🔑 **删除文本**：当选择文本后，按 Backspace 键或 Delete 键，便可直接删除所选文本；如果没有选择文本，按 Backspace 键或 Delete 键，则是删除光标左侧或右侧的文本。

🔑 **修改文本**：选择需要修改的文本，直接重新输入正确的文本即可。

🔑 **移动文本**：选择需要移动的文本后，按住鼠标左键不放，拖动文本到目标位置后释放鼠标即可。

🔑 **复制和粘贴文本**：选择所需文本，按 Ctrl+C 组合键，然后将鼠标光标定位到目标位置，按 Ctrl+V 组合键，便可完成复制和粘贴文本的操作。

## 2.1.4　查找与替换文本

在 Word 中，用户可以使用查找与替换的功能，对文档中指定的文本进行搜索，并对搜索到的文本进行替换，其方法分别介绍如下。

🔑 **查找文本**：在文档中按 Ctrl+F 组合键，在文档左侧打开"导航"面板，然后在"搜索文本"文本框中输入文本，便会在文档中以黄色底纹显示查找到的文本。

🔑 **替换文本**：按 Ctrl+H 组合键，打开"查找和替换"对话框，在"查找内容"文本框中输入需替换的文本，再在"替换为"文本框中输入替换后文本，单击 全部替换(A) 按钮，会弹出一个提示完成替换操作，单击 确定 按钮即可。

用户在使用快捷键打开"导航"面板时，在"搜索文本"文本框右侧单击下拉按钮▼，在弹出的下拉列表中选择"替换"选项，也可打开"查找和替换"对话框。

## 2.1.5　撤销与恢复文本

在 Word 中，编辑文档时，系统会自动记录每次编辑文档的操作步骤，当用户操作错误时，能及时撤销误操作，恢复到操作前的步骤。下面将分别对其进行介绍。

🔑 **撤销操作**：在快速访问工具栏上单击"撤销"按钮↶，便可返回到上一步操作。

🔑 **恢复操作**：该操作与撤销操作相反，在快速访问工具栏上单击"恢复"按钮↷恢复撤销后的步骤。此操作只能在撤销操作之后，否则该按钮不可用。

如果用户在某一文档中执行了删除操作，"撤销"按钮↶右侧的"恢复"按钮↷则会变为"重复清除"按钮↻。再次单击↷按钮时，系统还会进行删除操作。

### 上机1小时 ▶ 制作"员工福利"文档

🔍 进一步熟悉文本的输入与选择方法。　　🔍 灵活运用文本的查找与替换操作。

🔍 掌握文本的编辑方法。　　🔍 巩固撤销与恢复操作。

本例将制作"员工福利.docx"文档，让读者对所学知识进行巩固和进一步掌握。在制作"员工福利"文档时，首先要新建一个空白文档，并在该文档中输入公司制度的相关文本，再结合选择文本、修改、移动、复制与粘贴文本以及查找与替换文本等操作完成文本的编辑，最后将文本进行保存，完成后的最终效果如右图所示。

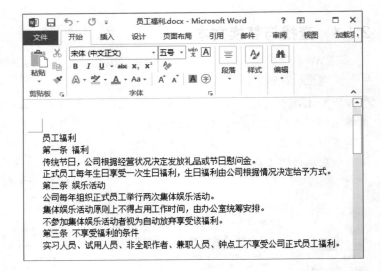

光盘文件　效果\第2章\员工福利.docx

实例演示\第2章\制作"员工福利"文档

**STEP 01:** 新建空白文档

选择【开始】/【Microsoft Office 2013】/【Word 2013】命令，启动 Word 2013，在其中选择"空白文档"选项，新建一个名为"文档1"的空白文档。

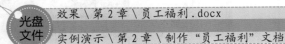

**STEP 02:** 输入文本

1. 在文档默认的光标定位处输入文字"员工福利"，按 Enter 键进行换行。
2. 在当前文本的插入点中输入文本"第一条"。

提个醒　用户在输入文本时，一定要将输入法切换到"中文输入"方式。

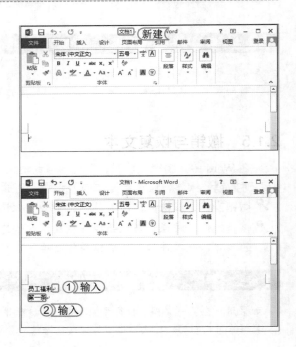

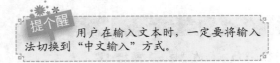

**STEP 03:** 输入空格和文本并进行选择

1. 在当前文本的插入点处按空格键输入空格。在空格后输入文本"福利"。
2. 将鼠标光标移至"第一条 福利"前方的空白区域，当鼠标光标变为形状时，单击鼠标左键选择该行文本。

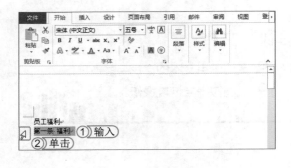

## STEP 04： 复制文本并定位光标

1. 选择【开始】/【剪贴板】组，单击"复制"按钮。
2. 将鼠标光标移至"福利"右侧，单击鼠标左键将其光标定位到该位置，按 Enter 键进行强制换行，此时 Word 将自动进行编号，这里将显示"第二条"。

**提个醒** 在 Word 中，系统具有自动编号性质或项目符号性质，在用户按 Enter 键进行换行时，该功能将被自动启用，插入同一属性的编号或项目符号，该知识将会在本章 2.2 节进行介绍。

## STEP 05： 撤销自动编号并粘贴文本

按 Ctrl+Z 组合键，将自动编号操作撤销。选择【开始】/【剪贴板】组，单击"粘贴"按钮粘贴文本，再重复一次粘贴操作。

**提个醒** 按 Ctrl+Z 组合键与单击"撤销"按钮的作用相同，可快速撤销操作。

### 经验一箩筐——粘贴的方式

用户在粘贴文本后，将会在文档中出现一个"选择粘贴"按钮（Ctrl），单击该按钮右侧的下拉按钮，在弹出的下拉列表中将会出现另外三个按钮，分别为"保留源格式"按钮、"合并格式"按钮和"只保留文本"按钮，可供用户在粘贴文本时进行选择，如果用户选择保留源格式，则会保留用户所复制文本时的格式；如果选择合并格式，则会将复制时文本的格式与粘贴所在位置的文本格式合并；而选择只保留文本，则只会粘贴复制的文本。

## STEP 06： 选择并修改文本

1. 拖动鼠标选择第三段中的"一"字，并输入"二"。将鼠标光标定位到"福利"词组中间，并双击鼠标左键，选择该词组，输入文本"娱乐活动"。
2. 使用相同的方法，对第四段文本进行修改。

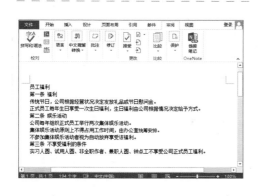

## STEP 07： 输入其他文本

将鼠标光标分别定位到"福利"、"娱乐活动"和"不享受福利的条件"右侧，按 Enter 键进行换行。输入条例的具体内容。

读书笔记

**STEP 08：** 查找文本

1. 选择【开始】/【编辑】组，单击"替换"按钮。
2. 打开"查找和替换"对话框，选择"查找"选项卡。
3. 在"查找内容"文本框中输入文本"人圆"。
4. 单击[阅读突出显示(R)▼]按钮，在弹出的下拉列表中选择"全部突出显示"选项。即可在文本中以黄色为底纹显示出查找到的内容。

**提个醒** 用户在查找文本时，也可在"查找和替换"对话框中单击[查找下一处(F)]按钮，可在文本中逐个进行查找。

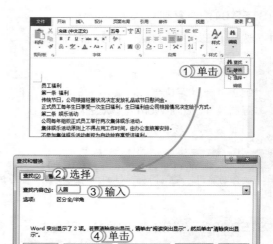

**STEP 09：** 替换文本

1. 在"查找和替换"对话框中选择"替换"选项卡。
2. 在"替换为"文本框中输入文本"人员"。
3. 单击[全部替换(A)]按钮，打开提示对话框，提示完成替换操作。
4. 单击[确定]按钮，返回到"查找和替换"对话框，单击[关闭]按钮。
5. 在文本中即可查看到替换后的效果。

**提个醒** 在"查找和替换"对话框中可单击[替换(R)]按钮，系统将会在文本中逐个对查找的文本进行替换。

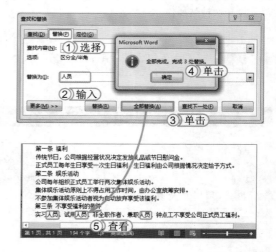

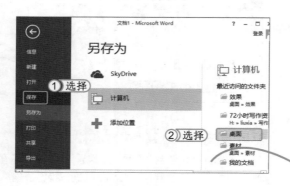

**提个醒** 保存文档时，如果不修改其文件名称，系统则会以文档中第一段相应的文字进行命名。

**STEP 10：** 保存文档

1. 选择【文件】/【保存】命令，将会在 Word 屏幕的右侧弹出"另存为"面板。
2. 选择【计算机】/【桌面】命令，打开"另存为"对话框。
3. 文件名保持系统默认不变，单击[保存(S)]按钮，完成保存操作。

## 2.2 文本和段落设置

在 Word 文档中，输入的文本或字符都是系统默认的格式，如果用户不对其文本进行相应的设置，不仅影响文本的美观，还会给读者带来视觉上的疲劳，最重要的是整个文档的重点不突出。下面将针对这一现象，讲解文本的格式、段落、项目符号以及文字格式的特殊设置。

### 学习 1 小时

- 掌握文本和段落的设置方法。
- 熟悉编号和项目符号的设置方法。
- 熟悉文字格式的特殊设置方法。

### 2.2.1 设置文本格式

在 Word 中，用户可采用两种方式对文本格式进行设置，一种是通过【开始】/【字体】组进行设置；而另一种是通过"字体"对话框进行设置。

#### 1. 通过"字体"组设置文本格式

选择文本后，选择【开始】/【字体】组，单击该组上的各种按钮，即可快速方便地为选择的文本设置各种格式，让其文字富有美感、突出重点以及减少视觉疲劳。其中"字体"组如右图所示。常用功能介绍如下。

- 🔑 "字体"下拉列表框：在"字体"下拉列表框中，可选择任一字体作为选择文本的字体（该列表框中将显示计算机中所有安装的字体）。

- 🔑 "字号"下拉列表框：在"字号"下拉列表框中可为文本选择任一字号（其字号包括汉字和数字两种，其中汉字数越大的，其字号越小；相反，数字型字号，则是数字越大，字号越大）。
- 🔑 "加粗"按钮 **B**：单击该按钮，则会将所选文本加粗。
- 🔑 "倾斜"按钮 _I_：当用户单击该按钮时，则会将所选文本设置为倾斜状态。

- 🔑 "下划线"按钮 ⊔ ·：当用户单击该按钮时，则会为所选文本添加下划线。
- 🔑 "字体颜色"按钮 ▲·：为文本设置颜色，单击右侧的下拉按钮▾，还可以为文本设置更多的颜色。
- 🔑 "文本效果和版式"按钮 Ⓐ·：单击该按钮右侧的下拉按钮▾，可为所选择的文本设置轮廓、阴影和发光等效果。

- 🔑 "字符底纹"按钮 Ⓐ：单击该按钮，可为所选文本添加底纹。
- 🔑 "突出字符"按钮 ·：单击该按钮右侧的下拉按钮▾，可选择不同的颜色，在文本中将重点文本以所选择颜色为底纹突显出来。

#### ▌经验一箩筐——通过快捷键设置字体格式

用户在设置字体时，可以使用快捷键进行操作，如按 Ctrl+B 组合键为文本加粗；按 Ctrl+I 组合键设置文本倾斜；按 Ctrl+U 组合键为文本添加下划线。

### 2. 通过"字体"对话框设置文本格式

用户通过"字体"对话框可以为所选文本设置多种字体格式，如字体、字形、字号和字体颜色等，提高用户的工作效率。其方法为：在文档中选择需要设置格式的文本，单击鼠标右键，在弹出的快捷菜单中选择"字体"命令，打开"字体"对话框进行设置，设置完成后，单击 确定 按钮即可。

> **┃经验一箩筐——打开"字体"对话框**
>
> 除了使用快捷菜单打开"字体"对话框外，还可按 Ctrl+D 组合键进行打开。

## 2.2.2 设置段落格式

通过对文档中的段落格式进行设置，可以提高文档的层次表现性，这样不仅使文档更符合标准的办公文档格式，也使文档具有可读性。下面分别介绍利用"段落"组和"段落"对话框对文档中的段落格式进行设置的方法。

### 1. 通过"段落"组设置段落格式

选择段落后选择【开始】/【段落】组，单击不同的按钮，便可为文档中选择的段落进行格式设置，"段落"组如右图所示。

下面将以"跨越那座山 .doxc"文档为例，介绍使用"段落"组中的按钮设置该文档的段落格式的方法。其具体操作如下：

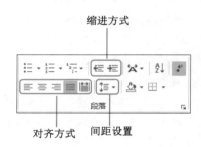

缩进方式

对齐方式　间距设置

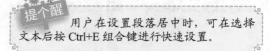

光盘文件

素材 \ 第 2 章 \ 跨越那座山 .docx
效果 \ 第 2 章 \ 跨越那座山 .docx
实例演示 \ 第 2 章 \ 通过"段落"组设置段落格式

**STEP 01：** 居中对齐

1. 打开"跨越那座山 .docx"文档，选择第 1 段文本。
2. 选择【开始】/【段落】组，单击"居中"按钮 ≡。

> 提个醒　　用户在设置段落居中时，可在选择文本后按 Ctrl+E 组合键进行快速设置。

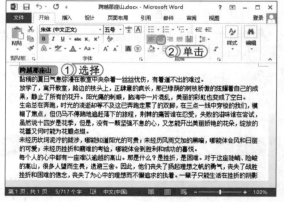

**STEP 02：** 设置段落间距

1. 选择正文文本。选择【开始】/【段落】组，单击"行和段落间距"按钮右侧的下拉按钮。

2. 在弹出的下拉列表中分别选择"1.15"和"增加段前间距"选项，即可在文档中查看效果。

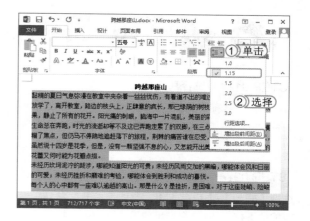

**提个醒**　在弹出的下拉列表框中，还可以选择"段前间距"和"段后间距"选项，以便可设置文档中段落与段落之间的间距。

**经验一箩筐——快速设置段落的对齐方式**

在进行段落对齐设置时，可通过按 Ctrl+L 组合键，让文本段落进行左对齐；按 Ctrl+E 组合键，则为居中对齐；按 Ctrl+R 组合键，则为右对齐；按 Ctrl+Shift+J 组合键，则为分散对齐。

### 2. 通过"段落"对话框设置段落格式

在"段落"对话框中用户可为文档设置更多、更精确的段落格式，如对齐方式、段落缩进、段落间距以及特殊段落格式等。其方法为：选择【开始】/【段落】组，单击"扩展"按钮，打开"段落"对话框设置文本的对齐方式、段落缩进以及行距，设置完成后，单击 确定 按钮即可。

**经验一箩筐——"段落"对话框**

在"段落"对话框中，包括了三个选项卡，分别为"缩进和间距"、"换行和分页"和"中文版式"选项卡。其中"缩进和间距"选项卡用于段落的对齐方式、缩进、间距和特殊格式的设置；而"换行和分页"选项卡则用于分页、行号和断字等格式设置；而"中文版式"选项卡则是用于中文文稿的特殊版式设置。

## 2.2.3　添加编号和项目符号

当文档中存在前后顺序或并列关系的段落文本时，可为其添加相应的编号或项目符号，使其看上去更有层次，以便于用户阅读。

### 1. 添加编号

Word 2013提供了多种预设的编号样式，如"1，2，3…"、"一，二，三…"、"1），2），3）…"等，用户可根据工作的实际情况选择满足要求的编号样式。下面在"员工福利1.docx"文档中添加编号样式，其具体操作如下：

62
Hours

52
Hours

42
Hours

32
Hours

22
Hours

12
Hours

素材 \ 第 2 章 \ 员工福利 1.docx
效果 \ 第 2 章 \ 员工福利 1.docx
实例演示 \ 第 2 章 \ 添加编号

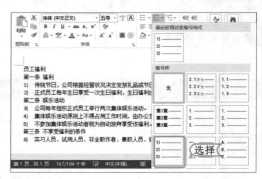

**STEP 01：** 选择段落文本

打开"员工福利 1.docx"文档，拖动鼠标选择 3、4 段文本，按住 **Ctrl** 键的同时选择其他段落的文本。

**STEP 02：** 添加编号

选择【开始】/【段落】组，单击"编号"按钮右侧的下拉按钮，在弹出的下拉列表中选择"编号库"栏中的"1）, 2）, 3）…"选项即可为文本添加编号。

> **提个醒** 用户如果直接使用鼠标单击"编号"按钮，则可为选择的段落设置系统默认的编号格式"1，2，3…"。

### 2. 设置多级列表

在制作办公类文档时，可能会出现编号层次太少，文档结构性不强的情况，此时用户不妨使用多级列表将文档的层次表现出来。多级列表的设置方法是：选择【开始】/【段落】组，单击"多级列表"按钮，在弹出的下拉列表中选择"定义多级列表"选项，打开"定义新多级列表"对话框，在该对话框中可设置编辑格式、编辑位置和编辑文本的对齐方式等，设置完成后，单击 确定 按钮，返回到 Word 中输入文本，便可出现一级标题，按 **Enter** 键换行后，按 **Tab** 键自动将文本设置为二级标题，然后输入文本。

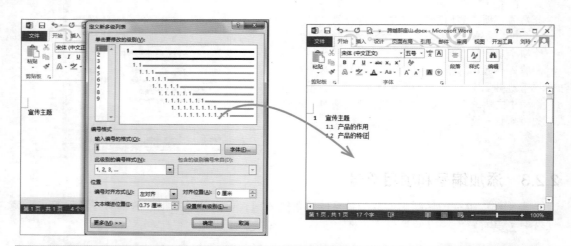

▌经验一箩筐——子编号的设置

如果需要在二级标题下设置三级标题等子标题时，可在二级标题后按 **Enter** 键换行，系统自动将该段文本设置为二级标题，再按 **Tab** 键，可将级别更改为三级。同理在三级标题后再按 **Tab** 键可将其设置为四级标题。

### 3. 添加项目符号

项目符号主要适用于具备并列关系的段落文本，在 Word 2013 中同样预设了多种不同格式的项目符号供用户选择。添加项目符号的方法为：选择【开始】/【段落】组，单击"项目符号"按钮 ⋮☰ 右侧的下拉按钮 ▾，在弹出的下拉列表中选择相应的项目符号选项，便可为所选择的段落文本添加项目符号。

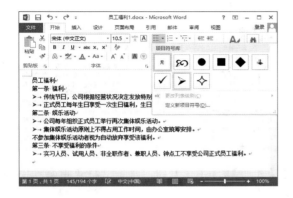

> **经验一箩筐——定义新项目符号**
>
> 选择【开始】/【段落】组，单击"项目符号"按钮 ⋮☰ 右侧的下拉按钮 ▾，在弹出的下拉列表中选择"定义新项目符号"选项，即可打开"定义新项目符号"对话框，用户可通过该对话框设置项目符号的样式（图片或其他符号）、字体大小和对齐方式等操作。

## 2.2.4 文字格式的特殊设置

在 Word 2013 文档中还可以为文档中的文字设置一些特殊格式，如文字竖排、合并字符、首字下沉、添加拼音和分栏等，以满足不同用户在不同场合的需求。下面将分别介绍其操作方法。

🔑 **文字竖排**：选择需要竖排的文字，选择【页面布局】/【页面设置】组，单击"文字方向"按钮 ⛫，在弹出的下拉列表中选择"垂直"选项即可。

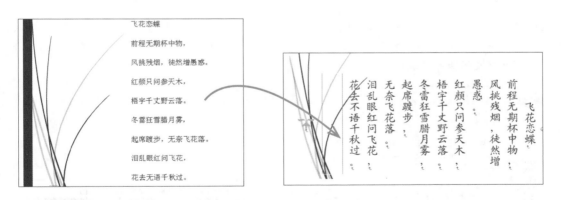

🔑 **合并字符**：选择需要合并的字符，选择【开始】/【段落】组，单击"中文版式"按钮 ✗ᵃ，即可将字符进行合并。

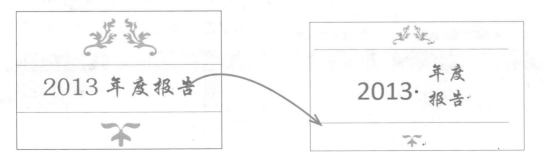

62
Hours

52
Hours

42
Hours

32
Hours

22
Hours

12
Hours

🔑 **首字下沉**：选择需要设置首字下沉效果的文字，选择【插入】/【文本】组，单击"首字下沉"按钮Ⓐ，在弹出的下拉列表中选择"首字下沉选项"选项，在打开的"首字下沉"对话框中，可设置下沉的位置、行数和距离等参数。

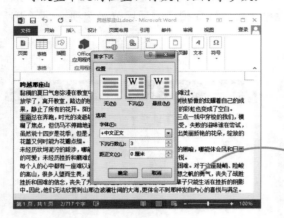

🔑 **添加拼音**：选择需要添加拼音的文字，选择【开始】/【字体】组，单击"拼音指南"按钮打开"拼音指南"对话框，单击 [确定] 按钮即可。

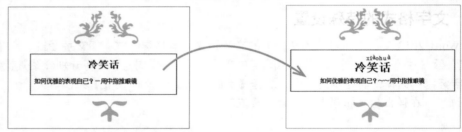

🔑 **分栏**：选择需要分栏的文本，选择【页面布局】/【页面设置】组，单击"分栏"按钮▤，在弹出的下拉列表中选择"更多分栏"选项，在打开的"分栏"对话框中设置分栏的栏数、宽度以及间距等参数即可。

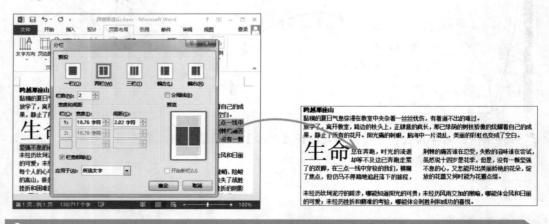

**▌经验一箩筐——快速分栏**

如果用户只想对文档或选择的文字进行简单的分栏，可以直接选择【页面布局】/【页面设置】组，单击"分栏"按钮▤，在弹出的下拉列表中直接选择"两栏"或"三栏"选项进行分栏。三栏的分栏方式一般多用于广告宣传册中，如3折页式的广告宣传单。

## 上机1小时 ▶ 制作"产品说明书"文档

🔍 掌握文本格式的设置方法。　　　　🔍 巩固编号和项目符号的添加。

🔍 掌握段落格式的设置方法。

本例将制作"产品说明书.docx"文档，让用户在工作中根据学习的知识提高工作效率。在制作时首先要输入文本，再对文本的文字和段落格式进行设置，最后为文字设置特殊格式。最终效果如下图所示。

**声光双控开关说明书**

一、【产品功能】：

白天关闭电灯，晚上人来有声控灯亮，人走自动延时灯灭，适宜在各种建筑楼道、厕所、洗漱间等公共场所应用。有应急控制端：DDWII-4/E 和 DDWII-4/F 两款产品，该类产品采用继电器开关控制，可控制任意负载，产品的可靠性和抗电流冲击能力大大增强。可实现火线强制切断技术(最新专利技术)，确保用电安全。

此产品可以根据用户要求，采用交直流工作.12V、24V、36V。

二、【性能指标】：

⊕ 工作电压：V 交流  光控灵敏度：关闭 160-250 >1-4Lx

⊕ 温度：℃ ℃< 2mA < 0.3 -25 -55

⊕ 控制功率：≤延时  时间:秒±或用户自选 60W 60 30%

⊕ 声控灵敏度:控制负载:阻性  白炽灯  节能灯 65-70db( )/

⊕ 应急控制  可选  外观尺寸: 45x70x28

⊕ 固定孔尺寸:包装:只每盒  只每箱 60mm 8 /120

三、【安装使用须知】：

⊕ 尽可能将开关装在人手不及的高度以上，以延长实际使用寿命。

⊕ 推荐一只开关控制一个灯泡，灯泡不大于 200W，控制负载较大时，请向厂家提出咨询。

⊕ 安装时不得带电接线，防止灯泡接口短路。

⊕ 接线方法参见产品接线图。

四、【保修事宜】：

售出产品如有质量问题，三年内保修，保换。

重庆润润王科技有限公司(原重庆润润王节能电厂)

(网站：)http://www.dongdongwang.com

系列声光控延时开关的型号包括：DDWII-4/E、DDWII-4/F、DDWII-4/G 等规格型号。

光盘文件

效果 \ 第 2 章 \ 产品说明书 .docx

实例演示 \ 第 2 章 \ 制作"产品说明书"文档

### STEP 01： 新建并输入文本

1. 启动 Word 2013，新建一个空白文档，将该文档保存为"产品说明书.docx"。

2. 在文档第一行输入"声光双控开关说明书"。

3. 按 Enter 键，继续输入其他文字。

声光双控开关说明书　　　③ 输入
【产品功能】：
白天关闭电灯，晚上人来有声控灯亮，人走自动延时灯灭,适宜在各种建筑楼道、厕所、洗漱间等公共场所应用。有应急控制端：DDWII-4/E 和 DDWII-4/F 两款产品,该类产品采用继电器开关控制，可控制任意负载，产品的可靠性和抗电流冲击能力大大增强。可实现火线强制切断技术(最新专利技术)，确保用电安全。
【性能指标】：
工作电压：V 交流  光控灵敏度:关闭 160-250 >1-4Lx
温度：℃ ℃< 2mA < 0.3 -25 -55
控制功率：≤延时·时间:秒±或用户自选 60W 60-30%
声控灵敏度:控制负载:阻性  白炽灯  节能灯 65-70db·( )/
应急控制  可选  外观尺寸: 45x70x28
固定孔尺寸:包装:只每盒·只每箱 60mm·8 /120
【安装使用须知】：
尽可能将开关装在人手不及的高度以上，以延长实际使用寿命。
推荐一只开关控制一个灯泡，灯泡不大于 200W，控制负载较大时，请向厂家提出咨询。
安装时不得带电接线，防止灯泡接口短路。
接线方法参见产品接线图。
【保修事宜】：
售出产品如有质量问题，三年内保修，保换。
重庆润润王科技有限公司(原重庆润润王节能电厂)
(网站：)http://www.dongdongwang.com
系列声光延时开关的型号包括：DDWII-4/E、DDWII-4/F、DDWII-4/G 等规格型号。

产品说明书.docx - Micros...　① 保存
文件　开始　插入　设计　页面　邮件　审阅
粘贴　字体　段落　样式　编辑
剪贴板

声光双控开关说明书　② 输入

第1页，共1页　　　　100%

提个醒

用户在输入"℃"时，可以在输入法工具栏中，使用鼠标右键单击"软键盘"按钮，在弹出的快捷菜单中选择"特殊符号"命令，打开软键盘，单击"摄氏度"℃按钮进行输入。

62
Hours

52
Hours

42
Hours

32
Hours

22
Hours

12
Hours

**STEP 02：** 设置文档标题格式

选择第 1 行的标题文本，在弹出的浮动工具栏中设置字体和字号分别为"隶书"、"二号"，并单击"加粗"按钮 **B** 进行加粗，按 Ctrl+E 组合键进行居中对齐设置。

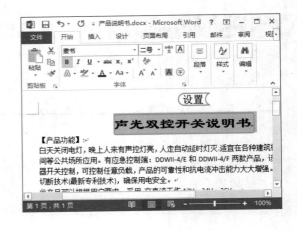

提个醒　用户在文档中选择文本后，系统会自动弹出一个浮动工具栏，用户可以直接通过该工具栏对文本进行一些简单的设置，其设置方法与在【开始】/【字体】组设置类似。

**STEP 03：** 设置文档小标题格式

按住 Ctrl 键，选择不连续的文本"【产品功能】："、"【性能指标】："、"【安装使用须知】："和"【保修事宜】："，在【开始】/【字体】组中将字体和字号分别设置为"黑体"和"四号"。

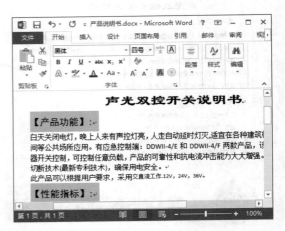

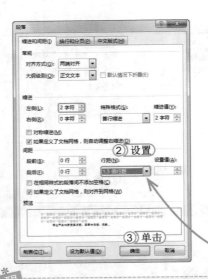

**STEP 04：** 设置文本内容的段落格式

1. 分别选择四个小标题下的段落文本，选择【开始】/【段落】组，单击"扩展"按钮 ☐。
2. 打开"段落"对话框，在"缩进"栏的"左侧"数值框中输入"2 字符"，在"间距"栏的"行距"下拉列表框中选择"1.5 倍行距"选项。
3. 单击 确定 按钮完成段落设置。

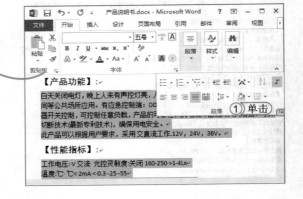

提个醒　一般文章中的文档还在"特殊格式"栏中设置了"首行缩进"，"间距"栏中设置了段前和段后的行距。需注意的是除了在"行距"下拉列表框中选择系统设置的行距外，还可在"设置值"数值框中进行输入。

## STEP 05: 添加编号

1. 按住 Ctrl 键，选择"【产品功能】："、"【性能指标】："、"【安装使用须知】："、"【保修事宜】："文本。

2. 选择【开始】/【段落】组，单击"编号"按钮 右侧下拉按钮，在弹出的下拉列表中选择"一、二、三、…"选项。

**提个醒** 　用户在应用了编号后，还可设置编号的连续性，选择文本，单击鼠标右键，在弹出的快捷菜单中选择"设置编号值"命令，打开"起始编号"对话框进行设置。

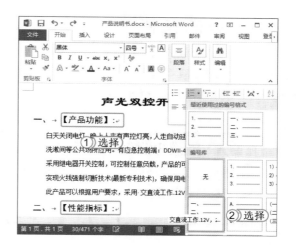

## STEP 06: 添加项目符号

1. 分别选择【性能指标】和【安装使用须知】下的文本内容。

2. 选择【开始】/【段落】组，单击"项目符号"按钮 右侧的下拉按钮，在弹出的下拉列表中选择" " 选项。

**提个醒** 　如果在"项目符号"下拉列表框中找不到要添加的项目符号，可选择"定义新项目符号"选项，打开"定义新项目符号"对话框，单击 符号 按钮或 图片(P) 按钮，便可添加用户所需项目符号。

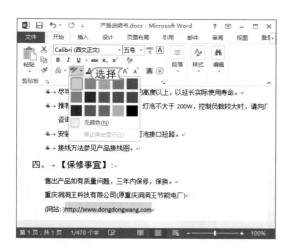

## STEP 07: 突显网址

选择网址文本，选择【开始】/【字体】组，单击"以不同颜色突显文本"按钮 右侧的下拉按钮，在弹出的下拉列表中选择"黄色"选项，即可在文本中查看其效果。

**提个醒** 　需注意的是：该功能一定要与字符底纹功能区分开来，虽然说其设置后的效果看起来是相同的，但是字符底纹和突出显示重点功能的设置是完全不同的，并且字符底纹可以自定义颜色，而突出显示重点功能则不能自定义颜色。

041

72□
Hours

62
Hours

52
Hours

42
Hours

32
Hours

22
Hours

12
Hours

## 2.3  页面美化

不同类型的办公文档对其页面的要求都有所不同，通过对其页面进行相应设置，不仅可以满足用户工作的实际需求，还可达到美化页面的效果。下面对页面的调整（大小、方向和页边距）、稿纸的设置、页眉和页脚设置、边框和底纹以及页面背景等的页面美化的方法进行讲解。

### 学习 1 小时

- 熟悉页面调整和稿纸设置的方法。
- 掌握页眉和页脚的设置方法。
- 掌握边框和底纹的设置方法。
- 熟悉页面背景的设置方法。

### 2.3.1  页面调整

在 Word 中，可以对文档的页面进行调整，如页面大小、方向和页边距等设置，以满足不同工作领域的办公应用，也可达到美化文档的目的。下面将分别对其进行讲解。

#### 1. 设置页面大小

设置文档的页面大小是编辑文档人员经常使用的操作，而常用设置页面大小的方法有两种。下面将分别介绍。

🔑 通过按钮设置：选择【页面布局】/【页面设置】组，单击"纸张大小"按钮，在弹出的下拉列表中选择需要的纸张大小即可。

🔑 通过对话框设置：选择【页面布局】/【页面设置】组，单击"扩展"按钮，打开"页面设置"对话框，选择"纸张"选项卡，在"纸张大小"栏中选择所需纸张大小。

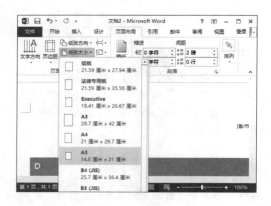

读书笔记

**经验一箩筐——自定义页面大小**

用户除了可以在"纸张大小"栏的下拉列表框中选择所需纸张大小外，还可以在其"宽度"和"高度"数值框中输入页面的大小值。

### 2. 设置页面方向

在 Word 文档中有时会根据页面的特殊要求，对其页面方向进行调整。其方法为：选择【页面布局】/【页面设置】组，单击"纸张方向"按钮，在弹出的下拉列表中选择需要的页面方向，此时文档中所有页面方向都会随之发生变化。

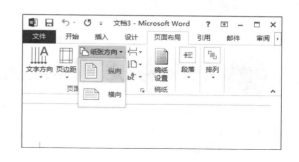

### 3. 设置页边距

为了使文档更加美观，用户也可对页面的页边距进行调整。在 Word 2013 中用户可对页面的上下、左右的边距进行精确的调整。设置页边距的方法与设置页面大小的方法基本相同，一种是通过选择【页面分布】/【页面设置】组进行设置，单击"页边距"按钮，在弹出的下拉列表中选择需要的页边距选项，如左图所示；另一种则是通过打开"页面设置"对话框，选择"页边距"选项卡进行设置，如右图所示。

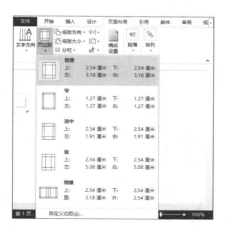

## 2.3.2 稿纸设置

在 Word 2013 中可以通过稿纸设置功能来设置类似作文文本的特殊格式，在设置稿纸时，可通过设置网格颜色对稿纸进行美化。其方法为：选择【页面布局】/【稿纸】组，单击"稿纸"按钮，打开"稿纸设置"对话框，在其中可对最常见参数进行设置，如对稿纸的"格式"、"行数 × 列数"和"网格颜色"等进行设置。

62
Hours
▲

52
Hours
▲

42
Hours
▲

32
Hours
▲

22
Hours
▲

12
Hours

### 2.3.3 设置页眉和页脚

文档中的页眉和页脚存在于页面的顶部和底部区域。在进行文档编辑时，可以在页眉和页脚中插入文本或图形，如页码、日期、公司徽标、文档标题、文件名或作者名等，让整个页面看起来更加美观。

下面将以"慈爱的母亲.docx"文档为素材，讲解插入页眉和页脚的方法，并在页脚的位置添加页码。其具体操作如下：

光盘
文件
素材 \ 第 2 章 \ 慈爱的母亲 .docx
效果 \ 第 2 章 \ 慈爱的母亲 .docx
实例演示 \ 第 2 章 \ 设置页眉和页脚

**STEP 01：** 进入页眉编辑状态

打开"慈爱的母亲.docx"文档，选择【插入】/【页眉和页脚】组，单击"页眉"按钮，在弹出的下拉列表中选择"空白"选项，进入编辑页眉的状态。

> **提个醒** 　用户在进入页眉编辑状态时，可以直接将鼠标移至页面顶部，双击鼠标，即可快速地进行页眉编辑状态。

**STEP 02：** 编辑页眉

1. 将鼠标定位在第 1 个换行符前，输入文本"来源：网络文章"，并按 Ctrl+L 组合键进行左对齐操作。
2. 换行并输入文本"发表日期："，按 Ctrl+R 组合键设置为右对齐。选择【设计】/【插入】组，单击"日期和时间"按钮。
3. 打开"日期和时间"对话框，在"可用格式"列表框中选择第 2 种格式。
4. 单击 确定 按钮便可插入日期。
5. 选择日期文本，修改为"2007 年 7 月 5 日"，并按 Ctrl+R 组合键进行右对齐操作。

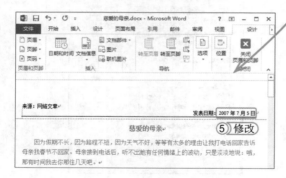

> **提个醒** 　在页眉中插入日期和时间时，除了在【设计】/【插入】组中单击"日期和时间"按钮外，也可以直接进行输入，如果是插入当前日期则可使用对话框进行插入，因为对话框中记录的日期和时间是当前系统的日期和时间。

**STEP 03：** 插入页码

1. 选择【设计】/【页眉和页脚】组，单击"页码"按钮，在弹出的下拉列表中选择【页面底端】/【普通数字 1】选项即可插入页码。
2. 将鼠标光标分别定位到"1"前和后，分别输入文本"第"和"页"。

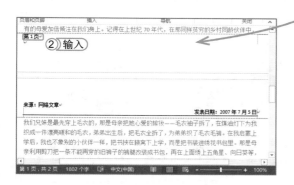

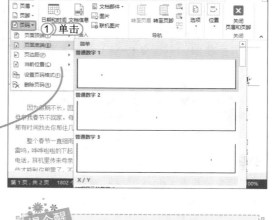

**提个醒** 插入页码时，选择"页面底端"选项即可切换到的页脚，在页脚中插入页码，并且插入的页码即可按顺序依次为每页文本插入连续的页码。

**STEP 04：** 关闭页眉和页脚

选择【设计】/【关闭】组，单击"关闭"按钮。结束页眉和页脚的设置。

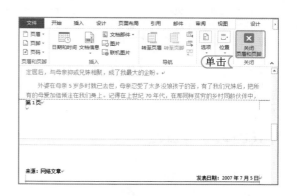

**提个醒** 用户可以将鼠标光标移至文本区域的地方，双击鼠标快速结束页眉和页脚的编辑。

**问题小贴士**

问：在 Word 2013 中能否为奇偶页创建不同的页眉和页脚？

答：为奇偶页创建不同的页眉和页脚就是分别设置奇数页和偶数页的状态。为奇偶页创建不同的页眉和页脚的方法为：选择【页面布局】/【页面设置】组，单击"扩展"按钮，在打开的"页面设置"对话框中选择"版式"选项卡，在页眉和页脚栏中选中 奇偶页不同(O) 复选框，单击 确定 按钮。用户还可以在该对话框中单击 设为默认值(D) 按钮，在打开的提示对话框中单击 是(Y) 按钮，将其设置的版式样式设置为默认值。然后进入页眉和页脚的编辑状态，设置页眉和页脚的内容。

045
72⊠ Hours
62 Hours
52 Hours
42 Hours
32 Hours
22 Hours
12 Hours

### 2.3.4 添加边框和底纹

在 Word 文档中，用户可以通过边框和底纹的功能来增加文档整体的色彩和表现力，让文档看起来更加美观。

下面将以"慈爱的母亲 1.docx"文档为例，为该文档添加边框和底纹。其具体操作如下：

> **光盘文件**
>
> 素材 \ 第 2 章 \ 慈爱的母亲 1.docx
> 效果 \ 第 2 章 \ 慈爱的母亲 1.docx
> 实例演示 \ 第 2 章 \ 添加边框和底纹

**STEP 01：** 打开"边框和底纹"对话框

打开"慈爱的母亲 1.docx"文档，选择【设计】/【页面背景】组，单击"页面边框"按钮，打开"边框和底纹"对话框。

> **提个醒** 在打开的"边框和底纹"对话框中有 3 个选项卡，其中有两个关于边框设置的选项卡，分别是"边框"选项卡和"页面边框"选项卡，它们的区别在于右下角的"应用于"下拉列表框，"边框"选项卡中的"应用于"下拉列表框，可对文档中的文字、段落和页面设置边框，而"页面边框"选项卡中的"应用于"下拉列表框，则是针对整个文档、首页、除首页或本页进行边框设置，默认情况下是整个文档。

**STEP 02：** 添加边框

1. 选择"页面边框"选项卡，在"设置"栏中选择"方框"选项。
2. 分别将"宽度"和"艺术型"设置为"31 磅"和花朵样式，其他保持默认不变。

> **提个醒** 用户在添加边框时，如果在"页面边框"选项卡中设置了"艺术型"边框，则不能设置"样式"列表框中的边框样式和边框颜色。

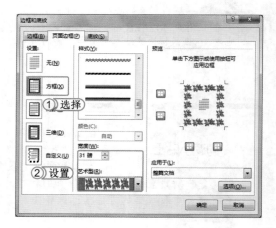

读书笔记

**STEP 03：** 添加底纹

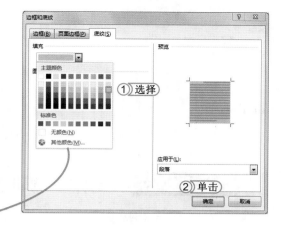

1. 选择"底纹"选项卡，在"填充"颜色下拉列表框中选择"绿色，着色6，淡色60%"选项。
2. 其他保持默认设置不变，单击 确定 按钮便可为文档添加边框和底纹。

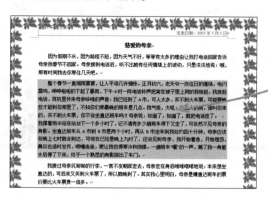

提个醒　在为文字或段落添加底纹时，一定要先选择文本；如果用户要为整个文档添加底纹，则按 Ctrl+A 组合键选择所有文本。

▌经验一箩筐——清除边框和底纹

如果想取消边框和底纹，可选择【开始】/【段落】组，单击"边框"按钮⊞ 或"底纹"按钮△，在弹出的下拉列表中选择"无边框"或"无颜色"选项，即可清除边框和底纹。

## 2.3.5　页面背景

在 Word 中，可以通过设置文档的页面背景以及添加页面的水印效果，满足不同领域的办公应用，以增加整个文档的美感。下面将分别讲解设置页面背景颜色和文字水印的方法。

🔑 添加背景颜色：在 Word 2013 中，选择【设计】/【页面颜色】组，单击"页面颜色"按钮📄，在弹出的下拉列表中选择需要添加的页面背景色即可。

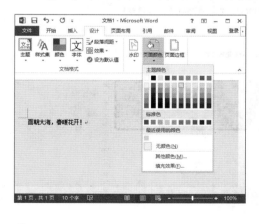

▌经验一箩筐——其他样式的页面背景

如果用户要为文档添加其他样式的背景，则可选择【设计】/【页面颜色】组，单击"页面颜色"按钮📄，在弹出的下拉列表中选择"填充效果"选项，在打开的"填充效果"对话框中选择不同的选项卡，即可为页面设置不同的背景样式。

🔑 添加文字水印：在 Word 2013 中，选择【设计】/【页面颜色】组，单击"水印"按钮📄，在弹出的下拉列表中选择需要添加的水印效果选项即可。系统中默认设置了机密、紧急和免责声明三种类型的水印效果。

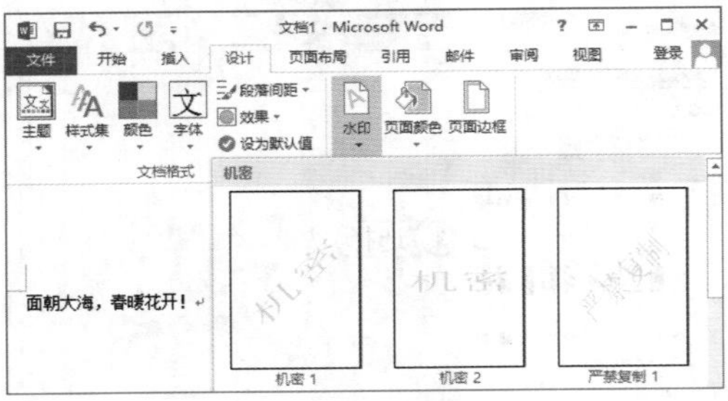


**经验一箩筐——自定义水印**

除系统提供的水印效果，用户还可以选择【设计】/【页面颜色】组，单击“水印”按钮，在弹出的下拉列表中选择“自定义水印”选项，打开“水印”对话框，其中提供了 无水印(N)、图片水印(I) 和 文字水印(X) 单选按钮。其中 无水印(N) 单选按钮是删除水印的操作。

## 上机 1 小时 ▶ 制作“调研工作总结”文档

- 巩固边框和底纹的添加方法。
- 巩固文档页面的设置方法。
- 掌握文档页眉和页脚的设置方法。
- 掌握页面背景的设置方法。

下面将以“调研工作总结 .docx”文档为例，为文档中最后几段文本添加边框和底纹，然后再为整个文档添加页面背景效果，最后再为文档设置页眉和页脚以及页边距。其最终效果如下图所示。

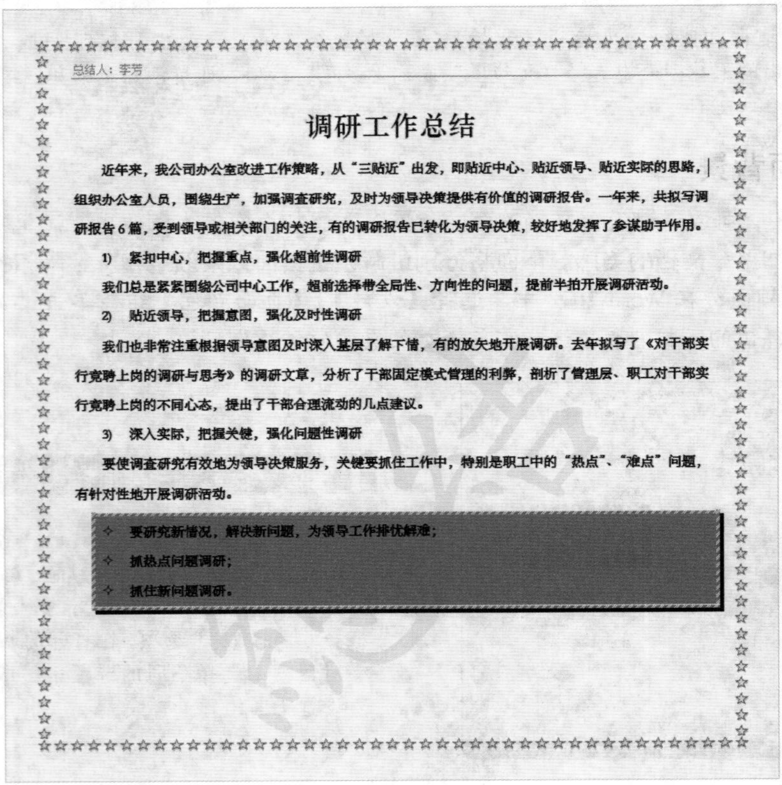
总结人：李芳

调研工作总结

近年来，我公司办公室改进工作策略，从“三贴近”出发，即贴近中心、贴近领导、贴近实际的思路，组织办公室人员，围绕生产，加强调查研究，及时为领导决策提供有价值的调研报告。一年来，共拟写调研报告 6 篇，受到领导或相关部门的关注，有的调研报告已转化为领导决策，较好地发挥了参谋助手作用。

1) 紧扣中心，把握重点，强化超前性调研

我们总是紧紧围绕公司中心工作，超前选择带全局性、方向性的问题，提前半拍开展调研活动。

2) 贴近领导，把握意图，强化及时性调研

我们也非常注重根据领导意图及时深入基层了解下情，有的放矢地开展调研。去年拟写了《对干部实行竞聘上岗的调研与思考》的调研文章，分析了干部固定模式管理的利弊，剖析了管理层、职工对干部实行竞聘上岗的不同心态，提出了干部合理流动的几点建议。

3) 深入实际，把握关键，强化问题性调研

要使调查研究有效地为领导决策服务，关键要抓住工作中，特别是职工中的“热点”、“难点”问题，有针对性地开展调研活动。

- 要研究新情况，解决新问题，为领导工作排忧解难；
- 抓热点问题调研；
- 抓住新问题调研。

光盘文件
素材 \ 第 2 章 \ 调研工作总结 .docx
效果 \ 第 2 章 \ 调研工作总结 .docx
实例演示 \ 第 2 章 \ 制作“调研工作总结”文档

**STEP 01：** 打开"边框和底纹"对话框

1. 打开"调研工作总结 .docx"文档，在文档中选择最后 3 段文字。

2. 选择【设计】/【页面背景】组，单击"页面边框"按钮，打开"边框和底纹"对话框。

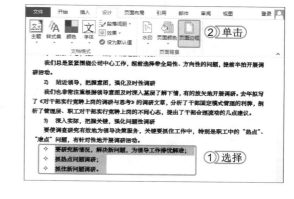

**提个醒**

用户还可以通过选择【开始】/【段落】组，单击"边框"按钮 右侧的下拉按钮，在弹出的下拉列表中选择边框的样式。

**STEP 02：** 添加阴影边框

1. 选择"边框"选项卡，在"设置"栏中选择"阴影"选项，在"样式"下拉列表中选择"〰〰〰〰"样式选项。

2. 在"颜色"下拉列表框中选择"红色，着色 2"选项，其他保持默认设置不变。

**提个醒**

在"边框和底纹"对话框中的"边框"选项卡中，单击 选项(O) 按钮，打开"边框和底纹选项"对话框可设置边框与正文的间距。

**STEP 03：** 添加页面边框

1. 选择"页面边框"选项卡。

2. 在"设置"栏中选择"方框"样式。

3. 在"艺术型"下拉列表框中选择"☆☆☆☆☆"样式。

**提个醒**

在"边框和底纹"对话框中的"页面边框"选项卡中，单击 选项(O) 按钮，打开"边框和底纹选项"对话框则可设置页边距。

读书笔记

049

72 ⊠
Hours

62
Hours

52
Hours

42
Hours

32
Hours

22
Hours

12
Hours

### STEP 04： 添加底纹

1. 选择"底纹"选项卡。
2. 在"填充"下拉列表框中选择"紫色，着色 4"选项。
3. 单击 确定 按钮，完成所选文本的底纹设置。

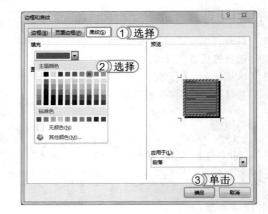

> **提个醒** 用户在选择填充颜色时，如果下拉列表框中没有，则可选择"其他颜色"选项，打开"颜色"对话框进行自定义。

### STEP 05： 添加文字水印

1. 选择【设计】/【页面背景】组，单击"水印"按钮，在弹出的下拉列表中选择"自定义水印"选项。
2. 打开"水印"对话框，选中 ◉ 文字水印(X) 单选按钮。
3. 在"文字"下拉列表框中输入"总结"，字体设置为"汉仪楷体繁"。其他保持默认设置不变。
4. 单击 确定 按钮。

### STEP 06： 填充页面颜色

1. 选择【设计】/【页面背景】组，单击"页面颜色"按钮，在弹出的下拉列表框中选择"填充效果"选项。
2. 打开"填充效果"对话框，选择"纹理"选项卡。
3. 在"纹理"列表框中选择"羊皮纸"选项。
4. 单击 确定 按钮。

> **提个醒** 如果在"纹理"下拉列表框中找不到用户所需纹理图案，可单击 其他纹理(O)… 按钮，在连接互联网的情况下，系统会自动加载其他纹理图案。

读书笔记

**STEP 07：** 添加页眉

将鼠标移至页面顶端，双击鼠标，进入页眉和页脚的编辑状态。将鼠标光标定位到页眉的第一个换行符上输入文本"总结人：李芳"。按 **Ctrl+L** 组合键左对齐文本。双击文本区域结束页眉编辑。

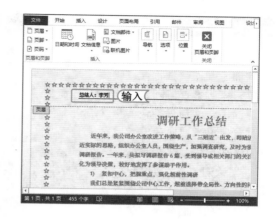

> **提个醒**
> 删除页眉的方法是：选择【设计】/【页眉和页脚】组，单击"页眉"按钮，在弹出的下拉列表中选择"删除页眉"选项。

**STEP 08：** 设置页边距

选择【页面布局】/【页面设置】组，单击"页边距"按钮，在弹出的下拉列表中选择"适中"选项即可。

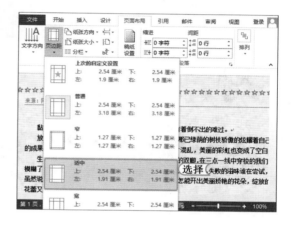

> **提个醒**
> 如果用户想为页面设置更多的参数。则可在下拉列表中选择"自定义边距"选项，打开"页面设置"对话框，在该对话框中选择页边距、纸张、版式和文档网格选项卡，对页面进行不同的调整。

## 2.4 练习1小时

本章主要对 Word 2013 文档的输入与编辑、文本和段落设置、页面的调整和添加页眉页脚等知识进行了讲解，如果用户想要对其知识进行灵活的运用，达到举一反三的效果，则需要进行相应的练习。下面将以制作"旅游行程安排"和"宣传广告"文档为例进行巩固练习。

### 1. 制作"旅游行程安排"文档

本次练习将制作并编辑一份"旅游行程安排.docx"文档，让用户练习文本的输入和编辑的同时，巩固编号与项目符号的添加以及边框和底纹的使用等操作。

本例首先输入文本并设置文本格式，然后添加文本的编号和项目符号，最后对重要的文本添加边框和底纹，完成后的效果如右图所示。

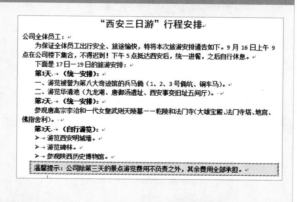

> **光盘文件**
> 效果 \ 第2章 \ 旅游行程安排 .docx
> 实例演示 \ 第2章 \ 制作"旅游行程安排"文档

051
72図
Hours

62
Hours

52
Hours

42
Hours

32
Hours

22
Hours

12
Hours

### 2. 制作"宣传广告"文档

本练习将为 ×× 英语培训班制作一张宣传广告，要求排版条理清晰，结构简单明了，并利用颜色使文字和背景产生对比效果，以突出宣传广告，吸引眼球。

本例将首先输入文字，然后为文字设置格式以及边框样式和页面颜色，最后对页面进行设置，其效果如右图所示。

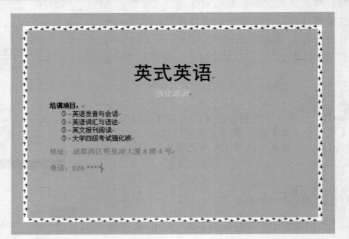

**光盘文件**　效果 \ 第 2 章 \ 宣传广告.docx

实例演示 \ 第 2 章 \ 制作"宣传广告"文档

---

读书笔记

72 HOURS

# Word 2013 文档添彩

第 3 章

学习 2 小时

- ● 插入并编辑图形图像
- ● 表格的应用

　　对于一些较难用文字清晰展示的内容，可以用图形、图像来进行生动地表达；对于需要展示较大量的数据内容时，就可以用表格来进行制作。使用图形图像、表格均能一目了然地表达出相应的内容。

上机 3 小时

# 3.1 插入并编辑图形图像

在 Word 文档中，单一的文字可能会使文档看起来比较枯燥乏味。为了更好地展现文档的内容，增加文档的美观性，用户可为文档插入一些对象，如图片、形状、SmartArt 图形、艺术字以及表格等。

**学习 1 小时**

🔍 掌握图片的插入。

🔍 灵活运用形状和 SmartArt 图形的插入。

## 3.1.1 插入图片

在文档中适当插入一些图片，可增加一些阅读趣味性，也可丰富文档的内容。在 Word 2013 中不仅可以插入本地图片、联机图片和屏幕截图，还可以对各种类型的图片进行相应的编辑。下面将分别介绍各种类型图片的插入方法。

🔑 **插入本地图片：** 打开 Word 2013 文档，将鼠标光标定位到需要插入本地图片的位置，选择【插入】/【插图】组，单击"图片"按钮📇，在打开的"插入图片"对话框中找到需要插入的本地图片并将其选中后，单击 插入(S) ▾ 按钮即可。

🔑 **插入联机图片：** 打开 Word 2013 文档，将鼠标光标定位到需要插入联机图片的位置，选择【插入】/【插图】组，单击"联机图片"按钮📇，系统将自动加载"插入图片"面板，用户可在搜索文本框中输入需要的图片关键字，待加载完图片，选择合适的图片后，单击 插入 按钮，将其插入。

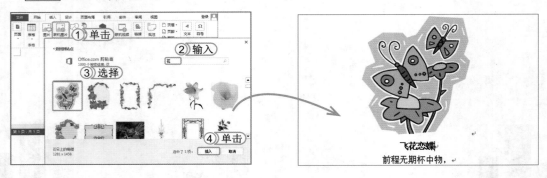

🔑 **插入屏幕截图**：打开 Word 2013 文档，将鼠标光标定位到需要插入屏幕截图的图片位置，选择【插入】/【插图】组，单击"屏幕截图"按钮，在弹出的下拉列表中选择"屏幕剪辑"选项，当鼠标光标变成➕形状时，按住鼠标左键拖动鼠标经过需要截图的位置。释放鼠标即可将截图粘贴到文档中。

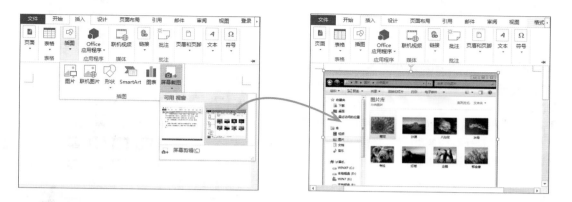

▌**经验一箩筐——截取已打开的窗口图**

在 Word 2013 中，不仅可以自由截图，还可以将屏幕中的已打开的窗口进行完整截图，只需选择【插入】/【插图】组，单击"屏幕截图"按钮，在弹出的下拉列表中选择需要截图的窗口选项即可。

## 3.1.2　编辑图像

　　为了使插入的本地图片、联机图片和屏幕截图在文档中更加协调、美观。可选择插入的对象，激活【图片工具】/【格式】组，在其中对本地图片、联机图片和屏幕截图进行编辑，并且其编辑的方法相同。

　　下面以"旅游景区介绍.docx"文档为例，对文档中插入的图片进行缩放、旋转、排列和添加图片艺术效果等操作，让文档中的文字与图片看起来更协调、美观。其具体操作如下：

光盘
文件

素材 \ 第 3 章 \ 旅游景区介绍.docx
效果 \ 第 3 章 \ 旅游景区介绍.docx
实例演示 \ 第 3 章 \ 编辑图像

**STEP 01：** 设置图片的版式

1. 打开"旅游景区介绍.docx"文档，选择文档中的第一张图片。
2. 选择【格式】/【排列】组，单击"位置"按钮，在弹出的下拉列表中选择"顶端居右，四周环绕文字"选项。

🌸 **提个醒**
　　用户也可选择图片后，单击鼠标右键，在弹出的快捷菜单中选择"大小和位置"命令，打开"布局"对话框，选择"文字环绕"选项卡进行设置。

62
Hours

52
Hours

42
Hours

32
Hours

22
Hours

12
Hours

**经验一箩筐——其他版式**

在"布局"对话框中,选择"文字环绕"选项卡,在"环绕方式"栏中为用户提供了多种环绕方式,如默认为嵌入型、四周型、紧密型和浮于文字上方等,用户可将其选中后,单击 [确定] 按钮,将其应用于文档中。

**STEP 02:** 调整图片大小和样式

将鼠标移至图片的四周的控制点上,拖动鼠标改变图片的大小,让其溢出的图片与文字对齐。选择【格式】/【图片样式】组,单击图片样式列表框右侧的下拉按钮 ﹀ ,在弹出的下拉列表中选择"柔化边缘"选项。

**提个醒** 选择图片,单击图片右上角的 按钮,在弹出的下拉列表中选择"查看更多"选项,可快速打开"布局"对话框,选择"大小"选项卡,可精确调整图片的大小。

**STEP 03:** 调整图片的亮度

选择图片,选择【格式】/【调整】组,单击"更正"按钮 ﹡ ,在弹出的下拉列表中选择"亮度,+40%,对比度,-40%"选项。

**提个醒** 调整图片的亮度可以让较暗的图片变亮,让其图片效果变得清晰、明亮,相反,用户也可用该功能将较亮的图片调得暗一些。

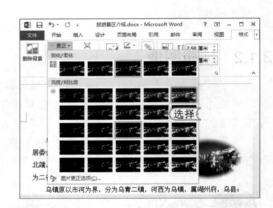

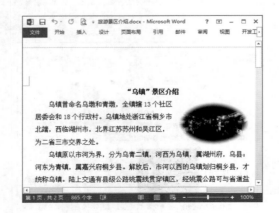

**STEP 04:** 查看效果

返回到 Word 文档中,便可查看设置后的图片效果。

**提个醒** 其实在文本中插入图片,除了上述讲解的图片设置方法外,还可对图片设置阴影、旋转以及填充图片的样式等。

### 3.1.3　插入形状和SmartArt图形

在文档中不仅可以插入图片，还可以插入一些形状和SmartArt图形，让其文档表述更清晰明了。在Word 2013中提供了多种形状的绘制工具和各种类型的SmartArt图形。下面将分别对其插入的方法进行介绍。

#### 1. 插入形状

在文档中描述一些操作流程或指示图标时，可在文本中适当地插入一些表示过程和图标的形状，这样可以形象、具体地表示出文本所描述的内容。其方法为：选择【插入】/【插图】组，单击"形状"按钮⬚，在弹出的下拉列表中选择需要绘制的形状，鼠标光标将会变成╋形状，拖动鼠标在文本区域进制绘制，如果在绘制形状的同时，按住Shift键即可绘制正圆、正方形等。

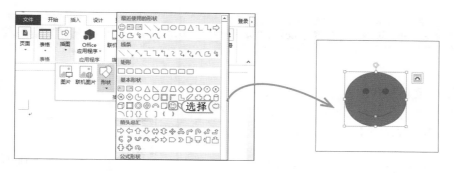

#### 2. 插入SmartArt图形

在文档中制作公司组织结构图、产品生产流程图和采购流程图等图形时，使用SmartArt图形能将各层次结构之间的关系清晰明了地表达出来。其方法为：选择【插入】/【插图】组，单击"SmartArt"按钮▦，打开"选择SmartArt图形"对话框，选择所需的图形，单击 确定 按钮即可将图形插入到文档中。

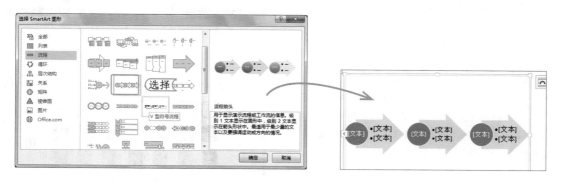

**经验一箩筐——在形状中输入文本**

如果用户在文档中插入了形状后，若要对其形状中的各板块进行描述，可将插入点定位到形状的文本框中，直接输入描述文本。

057

72图
Hours

62
Hours

52
Hours

42
Hours

32
Hours

22
Hours

12
Hours

### 3.1.4　编辑形状和 SmartArt 图形

在文档中绘制形状或插入 SmartArt 图形，都会激活"绘图工具"选项卡，用户可以利用绘图工具对绘制的形状或插入的 SmartArt 图形进行编辑操作，让整个文档看起来更美观，让文档更有表现力。

#### 1．编辑形状

在文档中插入形状图形后，可选择【绘图工具】/【格式】组，对其进行形状、大小、线条样式、颜色以及填充效果等方面的编辑。

下面将以"培训流程 .docx"文档为例，讲解更改其形状、样式以及填充效果等操作。其具体操作如下：

> 光盘文件
>
> 素材 \ 第 3 章 \ 培训流程 .docx
> 效果 \ 第 3 章 \ 培训流程 .docx
> 实例演示 \ 第 3 章 \ 编辑形状

**STEP 01：** 更改形状

1. 打开"培训流程 .docx"文档，选择所有的矩形。
2. 选择【格式】/【插入形状】组，单击"编辑形状"按钮。
3. 在弹出的下拉列表中选择【更改形状】/【圆角矩形】选项。

> **提个醒**　选择多个形状的方法是：按住 Ctrl 键的同时，逐个单击文本中的各形状。但需注意的是，在单击下一个形状时，鼠标光标呈 形状，单击鼠标形状时才能将其选中。

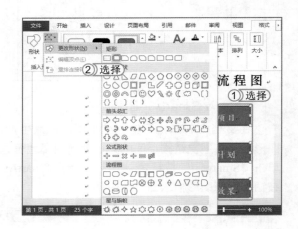

**STEP 02：** 更改形状样式

选择所有圆角矩形，选择【格式】/【形状样式】组，单击"形状样式"下拉列表框右下角的下拉按钮，在弹出的列表框中选择"细微效果，水绿色，强调颜色 5"选项。

> **提个醒**　在"形状样式"下拉列表框中选择"其他主题填充"选项，还会弹出下一级列表，在列表中还为用户提供了其他主题色的形状样式供用户选择。

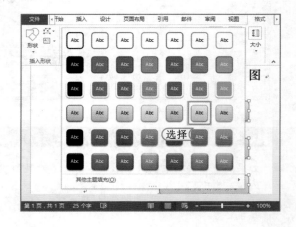

**STEP 03：** 更改箭头形状样式

1. 选择所有的箭头形状。
2. 使用相同的方法，将其箭头形状样式更改为"细微效果，橄榄色，强调颜色3"。

**提个醒** 选择【格式】/【形状样式】组，单击"形状填充"按钮，还可为选择形状样式填充其他颜色。

**STEP 04：** 更改文本格式

选择所有文本，选择【格式】/【艺术字样式】组，单击"快速样式"按钮，在弹出的下拉列表中选择"填充 - 黑色，文本1，阴影"选项。

**提个醒** 用户也可以在【格式】/【艺术字样式】组中单击"文本填充"按钮，对所选择文本进行单一颜色的填充。

**问题小贴士**

问：形状和图片的编辑方法相同吗？

答：插入的图片和形状的编辑方法基本相同，都可对其进行放大、缩小、移动、旋转以及改变形状等操作，其设置方法为：选择需要进行编辑的图片或形状后，将在图片或形状四周出现多个控制点，用户可通过选择控制点，对图片或形状进行上述操作，其中 SmartArt 图形是由多个形状组成，因此可对其图形中的各形状进行单独设置。

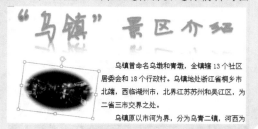

### 2. 编辑 SmartArt 图形

在文档中插入 SmartArt 图形后，用户可通过"设计"和"格式"选项卡对其插入的图形进行编辑，让文档更加美观。

下面将以"组织结构图 .docx"文档为例，对文档中的 SmartArt 图形布局、颜色以及样式等进行设置。其具体操作如下：

059

72☒
Hours

62
Hours

52
Hours

42
Hours

32
Hours

22
Hours

12
Hours

光盘文件　素材\第3章\组织结构图.docx
　　　　　效果\第3章\组织结构图.docx
　　　　　实例演示\第3章\编辑SmartArt图形

## STEP 01：　更改布局方式

1. 打开"组织结构图.docx"文档，选择
   SmartArt图形。选择【设计】/【布局】组，
   单击"更改布局"按钮，在弹出的下拉列
   表中选择"姓名和职务组织结构图"选项。
2. 分别选择各职务下方的文本框，输入职位对
   应的姓名。

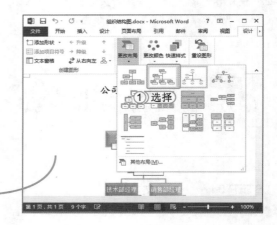

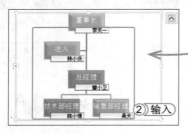

## STEP 02：　更改颜色和效果

1. 选择【设计】/【SmartArt样式】组，单击"更
   改颜色"按钮，在弹出的下拉列表中选择"彩
   色范围－着色2至3"选项。
2. 在"SmartArt样式"下拉列表框中选择"细
   微效果"选项。

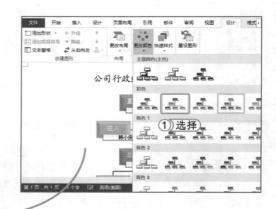

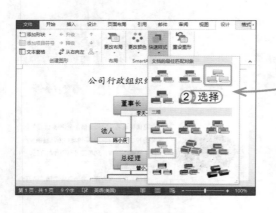

**提个醒**　　如果用户对修改后的效果不满意，
可以选择【设计】/【重置】组，单击"重置图形"
按钮，即可将设置好的图形还原到初始插入
图形的颜色。

## ▌ 经验一箩筐——在 SmartArt 图形上添加和删除形状

当用户对 SmartArt 图形进行第二次编辑时，如果发现原始的 SmartArt 图形不能满足所要包含的
内容或有多余的形状。此时，用户可选择 SmartArt 图形，再选择【设计】/【创建图形】组，单
击"添加形状"按钮，在弹出的下拉列表中选择要添加形状的位置，即可在文档的位置上添
加相应的形状或选择多余的形状，单击鼠标右键，在弹出的快捷菜单中选择"删除"命令。

## 3.1.5　插入并编辑艺术字

在 Word 文档中，艺术字是一种经过特殊处理过的文字，不仅具有一般文字的特性，还带有图片的风格。如果将艺术字插入到文档中，会让整个文档看起来活跃而不单调，但艺术字并不适合所有的文档领域。

下面将以"旅游景区.docx"文档为例，在文档中为文本的标题使用艺术字样式，详细地讲解艺术字的插入与编辑的方法。其具体操作如下：

> **光盘文件**
> 素材＼第 3 章＼旅游景区 .docx
> 效果＼第 3 章＼旅游景区 .docx
> 实例演示＼第 3 章＼插入并编辑艺术字

**STEP 01：** 插入艺术字

1. 打开"旅游景区.docx"文档，选择标题。
2. 选择【插入】/【文本】组，单击"艺术字"按钮，在弹出的下拉列表中选择"填充，蓝色，着色1，阴影"选项。

> **提个醒**　如果用户没有选择文本，在插入艺术字时，将会出现一个文本框，提示"请在此放置您的文字"，用户只需在该文本框中输入需要显示的文字即可。

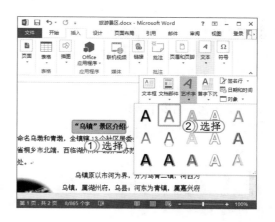

**STEP 02：** 改变字体轮廓的粗细

1. 选择艺术字，选择【格式】/【艺术字样式】组，单击"文本轮廓"按钮，在弹出的下拉列表中选择"粗细"选项。
2. 在弹出的子列表中选择"2.25 磅"选项。

> **提个醒**　如果要删除文本轮廓也可以直接在该下拉列表中选择"无轮廓"选项。

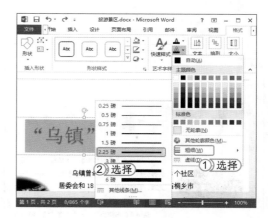

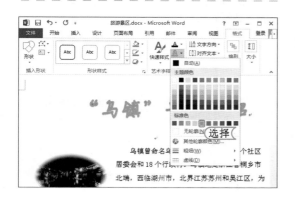

**STEP 03：** 更改字体和颜色

选择艺术字，并将其字体设置为"方正静蕾简体"。然后选择【格式】/【艺术字样式】组，单击"文本轮廓"按钮，在弹出的下拉列表中选择"浅绿"选项。

061

72☑
Hours

62
Hours

52
Hours

42
Hours

32
Hours

22
Hours

12
Hours

STEP 04： 添加转换效果

1. 选择艺术字，选择【格式】/【艺术字样式】组，单击"文字效果"按钮 A·，在弹出的下拉列表中选择"转换"选项。

2. 在弹出的子列表中选择"左近右远"选项。

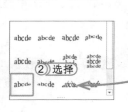

STEP 05： 添加映像效果

1. 选择艺术字，选择【格式】/【艺术字样式】组，单击"文字效果"按钮 A·，在弹出的下拉列表中选择"映像"选项。

2. 在弹出的子列表中选择"紧密映像，接触"选项，完成操作。

提个醒　　完成了艺术字的编辑和插入后，可以将艺术字像图片一样，与其他正文进行图文混排。

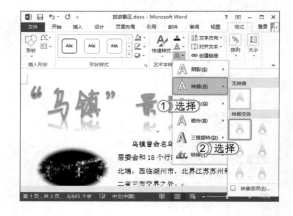

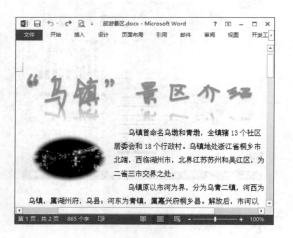

STEP 06： 查看效果

返回文档，即可查看编辑后的艺术字效果。

提个醒　　艺术字的编辑，也可将其作为图片或形状对象进行编辑，因为其操作方法和设置效果基本相似。

## 3.1.6 使用文本框

在文档中，可以使用文本框灵活地对文字与图片进行混排，而不影响文本框以外的文本内容，并且在文本框中可以插入多种对象，如文字、图片、形状和艺术字等，丰富了文档内容，减少文本排版的麻烦。下面将介绍文本框的插入与编辑方法。

### 1. 插入文本框

在文档中插入文本框简单易学，只要选择【插入】/【文本】组，单击"文本框"按钮，在弹出的下拉列表中任意选择一种文本框样式即可。

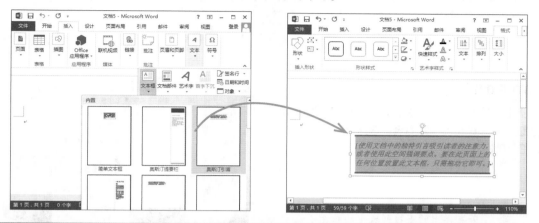

▌经验一箩筐——文本框的类型

Word 文档中的文本框可分为两种类型，一种是横排，另一种是竖排，其不同之处顾名思义，也就是文本的排版方式不同，还有一点是输入时，横排是从左到右输入文字；而竖排是从上到下、从右到左输入文字。

### 2. 设置文本框

为文档插入文本框后，还可根据工作的实际需求对文本框进行相应的编辑。并且在 Word 2013 中，插入了文本框后，将会激活"绘图工具"选项卡，可以利用该工具对文本设置系统未提供的文本框样式。

下面将在"年度报告 .docx"文档中设置插入的文本框样式、轮廓以及填充色等。其具体操作如下：

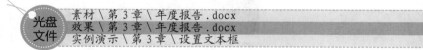

光盘
文件
素材 \ 第 3 章 \ 年度报告 .docx
效果 \ 第 3 章 \ 年度报告 .docx
实例演示 \ 第 3 章 \ 设置文本框

**STEP 01：** 设置形状样式

1. 打开"年度报告 .docx"文档，选择"财务年度总结报告"所在的文本框。
2. 选择【格式】/【形状样式】组，单击形状样式列表框右侧的下拉按钮，在弹出的下拉列表框中选择"浅色 1 轮廓，彩色填充 - 蓝 - 灰，强调颜色"选项。

62
Hours
▲

52
Hours
▲

42
Hours
▲

32
Hours
▲

22
Hours
▲

12
Hours
▲

┃ 经验一箩筐——文本框的其他设置方法

在编辑文本时，也可选择需要编辑的文本框，单击鼠标右键，在弹出的快捷菜单中选择"设置形状格式"命令，打开"设置形状格式"对话框，在该对话框中也可设置文本框的形状、颜色以及样式等。

**STEP 02：** 设置轮廓颜色

选择【格式】/【形状样式】组，单击"形状轮廓"按钮☑·，在弹出的下拉列表中选择"褐色，着色6，淡色60%"选项。

> **提个醒** 若在弹出的下拉列表中的颜色不能满足用户需求，还可通过选择"其他轮廓颜色"选项，在打开的对话框中进行自定义颜色操作。

**STEP 03：** 设置形状效果

1. 选择【格式】/【形状样式】组，单击"形状效果"按钮◔·，在弹出的下拉列表中选择"阴影"选项。
2. 在弹出的子列表中选择"右下角偏移"选项。

> **提个醒** 对于文本框的形状，不仅可设置阴影效果，还可设置映像、发光等其他效果。

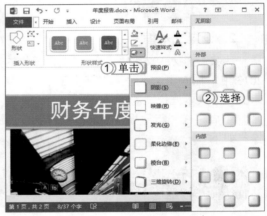

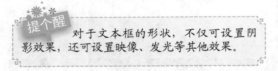
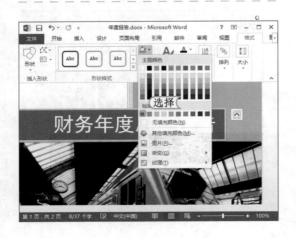

**STEP 04：** 设置形状填充颜色

选择【格式】/【形状样式】组，单击"形状填充"按钮◇·，在弹出的下拉列表中选择"深红"选项，完成操作。

> **提个醒** 在对文本框进行编辑时，用户除了可以选择系统默认的形状或样式外，还可在默认形状或样式的基础上对所选文本框进行相应的编辑，以满足用户的实际需求。

**STEP 05：** 查看效果

返回到文档中，便可查看设置后的文本框效果。

提个醒 文本框其实与形状、图片和艺术字一样，都可设置其形状、样式、大小、位置以及旋转等效果，只是在文档中起着不同的作用而已。

## 上机 1 小时 ▶ 制作"邀请函"文档

🔍 进一步掌握文本框的编辑与使用。　　　🔍 巩固图片的插入与编辑方法。

🔍 进一步熟悉艺术字的使用。

**065**

72 图
Hours

本例将制作"邀请函.docx"文档，进一步讲解艺术字、图片以及文本框的使用，巩固其插入与编辑的操作方法，让用户更加熟练地掌握所学知识。在制作"邀请函.docx"文档时，首先插入并编辑文本框和艺术字，然后再插入图片，最后对插入的图片进行编辑。其最终效果如下图所示。

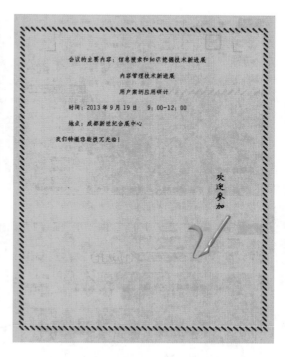

光盘
文件

素材 \ 第 3 章 \ 邀请函 .docx
效果 \ 第 3 章 \ 邀请函 .docx
实例演示 \ 第 3 章 \ 制作"邀请函"文档

62 Hours
52 Hours
42 Hours
32 Hours
22 Hours
12 Hours

**STEP 01：** 插入艺术字

1. 打开"邀请函 .docx"文档，将鼠标光标定位到文本的开始位置，按 Enter 键进行换行，并将鼠标光标定位到第一个换行符的位置。
2. 选择【插入】/【文本】组，单击"艺术字"按钮 A，在弹出的下拉列表中选择"渐变填充，水绿色，着色 1，反射"选项，即可在文档中插入艺术字。

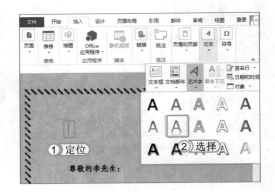

**STEP 02：** 修改并编辑艺术字

1. 选择默认插入的艺术字，按 Delete 键删除文本，输入"学术邀请函"并将其选中。
2. 选择【格式】/【艺术字样式】组，单击"文本效果"按钮 A·，在弹出的下拉列表中选择"转换"选项。
3. 在子列表中选择"倒 V 形"选项，完成艺术字文本效果的设置。

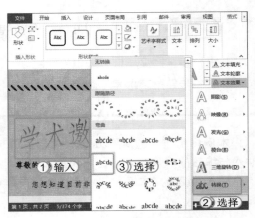

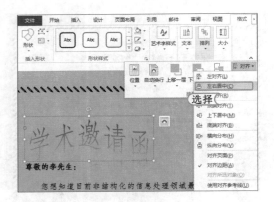

**STEP 03：** 设置艺术字对齐方式

选择艺术字，选择【格式】/【排列】组，单击"对齐"按钮，在弹出的下拉列表中选择"左右居中"选项。

> **提个醒** 在调整艺术字位置时，不用选择艺术字文本，那样调整位置则是相对于文本框而言，并非是以页面边距作为参照。

**STEP 04：** 插入文本框

1. 选择【插入】/【文本】组，单击"文本框"按钮，在弹出的下拉列表中选择"绘制竖排文本框"选项。
2. 当鼠标光标变成十形状时，拖动鼠标，在文档末尾的空白区域绘制空白文本框。

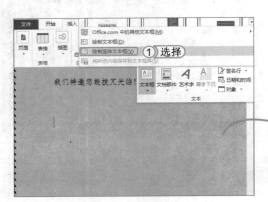

## STEP 05： 输入文本并设置

1. 在文本框中输入"欢迎参加"文本，并将字体和字号大小设置为"创艺简行楷，小二"。
2. 选择文本框并单击鼠标右键，在弹出的快捷菜单中选择"设置形状格式"命令，将在文本右侧打开"设置形状格式"面板。
3. 选择【形状选项】/【填充】组，在弹出的下拉列表中选中 ⊙ 无填充(N) 单选按钮。
4. 选择【形状选项】/【线条】组，在弹出的下拉列表中选中 ⊙ 无线条(N) 单选按钮。
5. 单击面板右上角的"关闭"按钮 ✕，关闭面板。

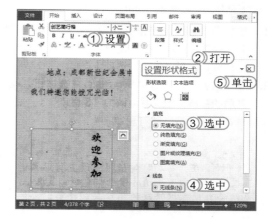

## STEP 06： 调整文本框位置

1. 选中文本框，选择【格式】/【排列】组，单击"对齐"按钮，在弹出的下拉列表中选择"右对齐"选项，将文本框放在文档的右下角。
2. 返回文本，即可在文档中查看设置后的效果。

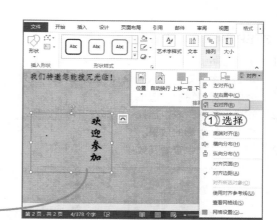

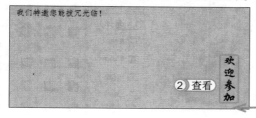

## STEP 07： 插入剪贴画

1. 将鼠标光标定位到文档的最后，选择【插入】/【插图】组，单击"联机图片"按钮，打开"插入图片"对话框。在剪贴画搜索文本框中输入文本"笔"，按 Enter 键，系统将加载联机的剪贴画。
2. 在搜索结果中选择任意一种剪贴画。
3. 单击 插入 按钮，完成剪贴画的插入。

读书笔记

067

72图
Hours

62
Hours

52
Hours

42
Hours

32
Hours

22
Hours

12
Hours

**STEP 08：** 调整剪贴画的大小

1. 选择剪贴画，单击鼠标右键，在弹出的快捷菜单中选择“大小和位置”命令，打开“布局”对话框，选择“大小”选项卡。
2. 在“高度”栏中选中 ◉绝对值(E) 单选按钮，在其后的数值框中将其值改为“3 厘米”。
3. 单击 确定 按钮即可。

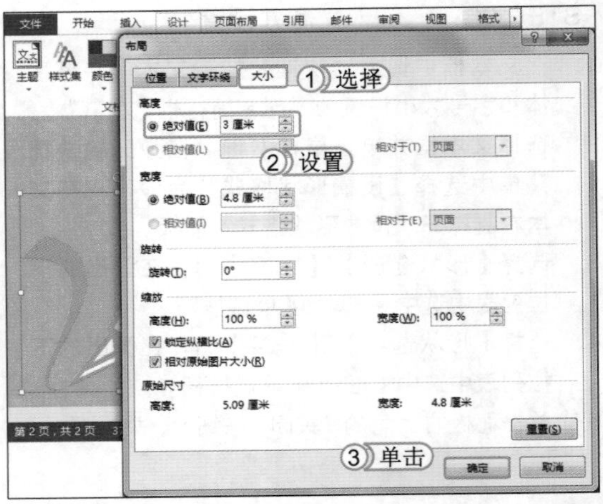


> **提个醒** 在“布局”对话框中设置剪贴画的高度时，如果没有取消选中 锁定纵横比(A) 复选框，系统将自动根据修改的高度来调整剪贴画的宽度。





**STEP 09：** 为剪贴画添加阴影效果

1. 选择剪贴画，选择【格式】/【图片样式】组，单击“图片效果”按钮，在弹出的下拉列表中选择“阴影”选项。
2. 在弹出的子列表中选择“内部右下角”选项，完成添加阴影的效果。
3. 返回到文档中查看其效果。

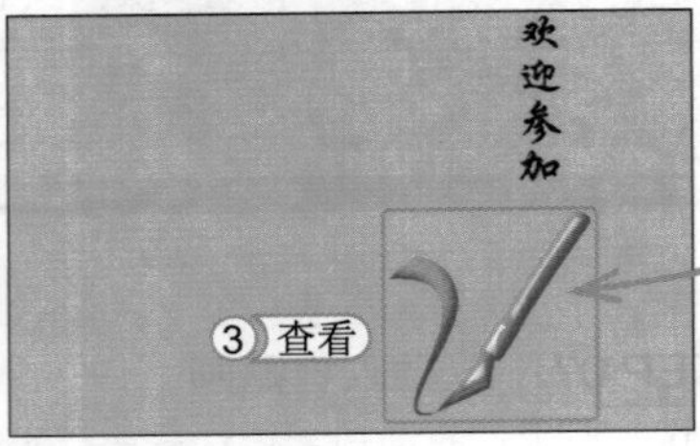


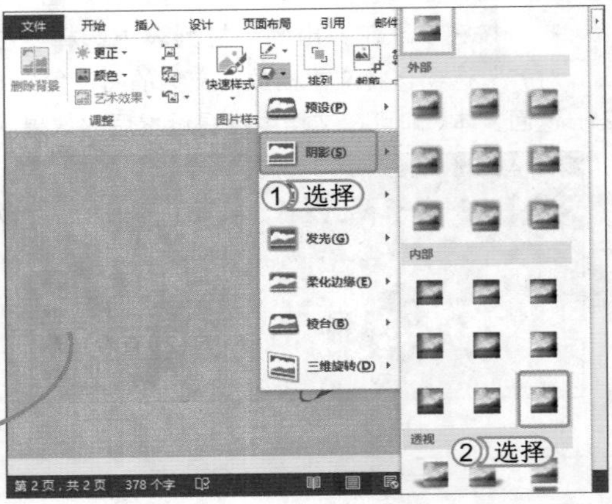


# 3.2 表格的应用

在 Word 中创建表格可以满足工作中关于数据统计、排列的需求，并且通过表格的使用能够方便地管理相关数据。

## 学习 1 小时

- 掌握表格的插入方法。
- 熟悉编辑表格的方法。
- 了解图表的插入与编辑方法。

### 3.2.1 插入表格

在文档中如果输入大量的数据，则可在文档中插入表格，让数据更清晰、更有条理。在

Word 2013 中，系统提供了两种插入表格的方法，一种是自动插入表格，另一种则是手动绘制表格。下面将分别对插入表格的方法进行介绍。

### 1. 自动插入表格

在 Word 2013 中自动插入的表格包括一般的表格、Excel 电子表格以及系统提供的模板表格。下面将分别对各种插入表格的方法进行介绍。

🔑 **插入一般表格**：打开文档，选择【插入】/【表格】组，单击"表格"按钮▦，在弹出的下拉列表中拖动鼠标选择表格的行数和列数即可在文档中插入任意行和列的表格。

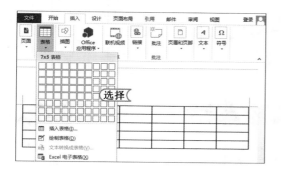

> **经验一箩筐——通过对话框插入表格**
>
> 选择【插入】/【表格】组，单击"表格"按钮▦，在弹出的下拉列表中选择"插入表格"选项，打开"插入表格"对话框，在"表格尺寸"栏中的"列数"和"行数"数值框中输入行和列的值，单击 确定 按钮也可插入表格。

🔑 **插入 Excel 电子表格**：打开文档，选择【插入】/【表格】组，单击"表格"按钮▦，在弹出的下拉列表中选择"Excel 电子表格"选项，便可在文档中插入电子表格，并且其窗口会与 Excel 电子表格的窗口整合在一起。

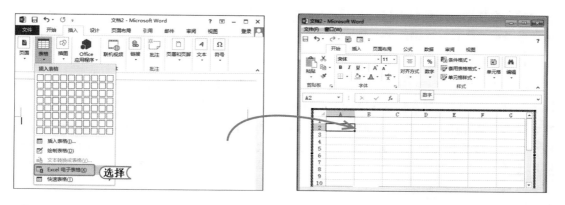

🔑 **插入模板表格**：打开文档，选择【插入】/【表格】组，单击"表格"按钮▦，在弹出的下拉列表中选择"快速表格"选项，在弹出的子列表中选择所需模板样式的表格，便可在文档中插入系统提供的默认模板表格。

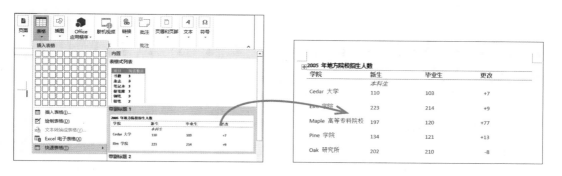

069

72 ⌚
Hours

62
Hours

52
Hours

42
Hours

32
Hours

22
Hours

12
Hours

### 2. 手动绘制表格

在制作表格时，如果遇到一些不规则以及需要有斜线表头的表格，则可使用手动绘制表格的方法制作。其方法为：选择【插入】/【表格】组，单击"表格"按钮▦，在弹出的下拉列表中选择"手动绘制"选项，返回到文档中，鼠标光标将会变为┃形状，拖动鼠标到目标位置，单击鼠标左键便可绘制出表格的边框，反复在边框内绘制多根线条，将会组合成一个完整的表格。

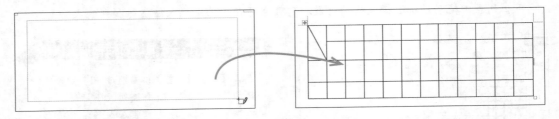

**▌经验一箩筐——调整表格的行宽和列宽**

在手动绘制表格时，会出现一种难以避免的情况，就是表格中的单元格大小不一，此时可以用鼠标右键单击表格左上方的"选中表格"按钮⊞，在弹出的快捷菜单中选择"平均分布各行"和"平均分布各列"命令，即可将大小不一的方格调整为一样大。

## 3.2.2 编辑表格

插入表格后，还可以根据表格中输入的内容，对其进行选择并编辑，如表格格式设置、美化表格以及计算表格数据并排序数据等操作。下面将分别介绍相关知识。

### 1. 选择表格

在输入表格内容、编辑以及调整表格格式前，应先了解如何选择表格中的不同对象，如表格中的单元格、行、列或整张表格等，下面将介绍不同对象的选择方法。

🔑 **选择单个单元格**：将鼠标光标移动到目标单元格上，当鼠标光标变为➤形状时单击鼠标左键便可将其选中。

🔑 **选择不连续的单元格**：拖动鼠标选择第一次需要选择的单元格，按住 Ctrl 键的同时，单击鼠标选择其他单元格。

*读书笔记*

🔑 **选择连续单元格**：将鼠标光标定位到需要选择的第一个单元格中，拖动至要选择的连续单元格的最后一个单元格，或按住 Shift 键的同时，用鼠标单击单元格区域的最后一个单元格即可。

🔑 **选择整行**：将鼠标光标移到表格左边的空白区域，当鼠标光标变为 形状时，单击鼠标左键便可选择该行，同时会在选择的行上出现一个 ⊕ 符号，单击该符号时会增加一行单元格。

🔑 **选择整列**：将鼠标光标移到表格上方的空白区域，当鼠标光标变为 ↓ 形状时，单击鼠标左键便可选择该列，同时会在选择的行上出现一个 ⊕ 符号，单击该符号时会增加一列单元格。

🔑 **选择整个表格**：将鼠标光标移到表格左上角的 ⊞ 符号上，使用鼠标左键单击该符号，便可选择整个表格，此时鼠标光标也会变成 形状。

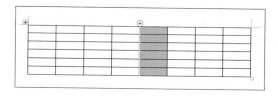

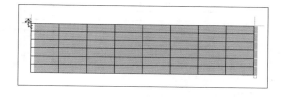

### 2. 设置表格格式

在插入的表格中，通过选择表格中的各个单元格，可以对选择的单元格进行合并、拆分、添加行和列等操作，让其表格满足各种工作领域的需求。下面将分别介绍为其设置合并、拆分以及添加行和列的操作方法。

🔑 **合并单元格**：在表格中选择要进行合并的单元格区域，选择【布局】/【合并】组，单击"合并单元格"按钮 ，便可将选择的单元格区域进行合并。

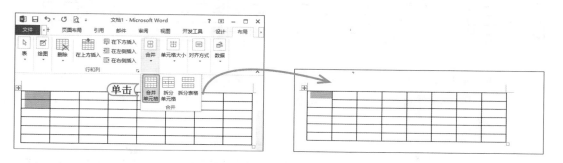

▌**经验一箩筐——合并行和列**

当插入表格的行数和列数多于数据时，可以选择整行或整列单元格对其进行合并，方法与合并区域单元格相同。

62
Hours

52
Hours

42
Hours

32
Hours

22
Hours

12
Hours

🔑 **拆分单元格**：在表格中选择要进行拆分的单元格或单元格区域，选择【布局】/【合并】组，单击"拆分单元格"按钮⊞，打开"拆分单元格"对话框，在"列数"和"行数"数值框中分别输入拆分单元格的个数，如拆分为 2 行 7 列的单元格，单击 **确定** 按钮便可将选择的单元格进行拆分。

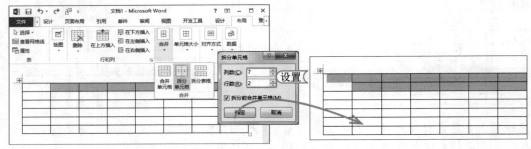

🔑 **拆分表格**：将鼠标光标定位到要进行拆分为表格的单元格中，选择【布局】/【合并】组，单击"拆分表格"按钮⊞，系统将会以鼠标定位的单元格为分界线，将其拆分为两个表格。

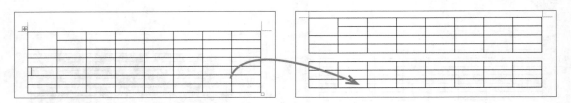

🔑 **添加行**：使用鼠标选择一行或多行单元格，在弹出的浮动工具栏上单击"插入表格"按钮⊞，在弹出的下拉列表中选择"在上方插入"选项，即可在选择的位置添加一行或多行单元格。

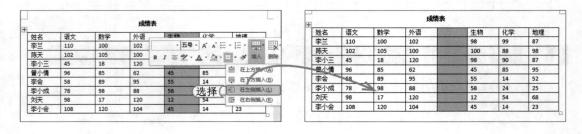

🔑 **添加列**：在表格中使用鼠标选择一列或多列单元格，在弹出的浮动工具栏上单击"插入表格"按钮⊞，在弹出的下拉列表中选择"在左侧插入"选项，即可在选择的位置添加一列单元格。

在 Word 中可对插入的表格进行快速添加行或列的操作，其方法是：选择行或列，在该行的上方或下方将出现 ⊕ 按钮，单击该按钮时，如果该按钮在行或列的上方或左边，则添加的行或列则会在上方或左边，相反，则会在下方或右边。

### 3. 美化表格

在文档中插入的表格，默认情况下其样式都很统一，缺少美观并且在实用性上也不是很强。为了满足工作的实际需求，用户可以对插入的表格设置边框和底纹，以及对文本进行相应调整，增加表格的层次感，让其数据一目了然。

下面将以"员工档案表 .docx"文档为例，为表格添加边框和底纹，并对其文字的排列和对齐方式进行设置。其具体操作如下：

光盘文件　素材 \ 第 3 章 \ 员工档案表 .docx
效果 \ 第 3 章 \ 员工档案表 .docx
实例演示 \ 第 3 章 \ 美化表格

**STEP 01：** 打开"边框和底纹"对话框

1. 打开"员工档案表 .docx"，单击表格左上角的 ⊞ 符号，选择整个表。
2. 选择【设计】/【边框】组，单击"边框"按钮 ⊞，在弹出的下拉列表中选择"边框和底纹"选项，打开"边框和底纹"对话框。

提个醒　设置边框时，如果想对表格中的某些边框进行设置，可以在【设计】/【边框】组中单击"边框刷"按钮 ✐，鼠标光标将变为 ✐ 形状，此时只需用鼠标单击想设置的边框。

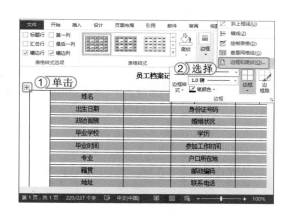

**STEP 02：** 设置表格边框

1. 在打开的对话框中选择"边框"选项卡。
2. 在"设置"栏中选择"全部"选项。
3. 在"样式"列表框中选择"▭▭▭▭"样式。
4. 单击"颜色"下拉列表框右侧的下拉按钮 ▾，在弹出的下拉列表中选择"水绿色，着色，淡色 60%"选项。
5. 单击 确定 按钮，便可为边框设置其他颜色。

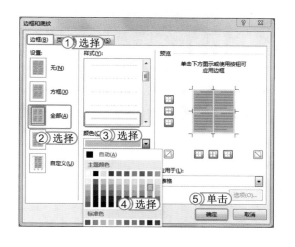

62
Hours

52
Hours

42
Hours

32
Hours

22
Hours

12
Hours

**STEP 03：** 添加表格底纹

选择【设计】/【底纹】组，单击"底纹"按钮
🖌，在弹出的下拉列表中选择"茶色，背景2，
淡色10%"选项，完成底纹效果添加。

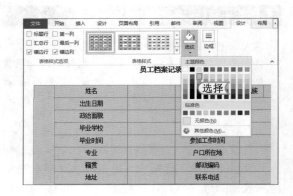

> **提个醒** 添加底纹时，选择【设计】/【表格样式】
> 组，若不取消选中 ▢ 镶边行和 ▢ 镶边列 复选框，添
> 加底纹后，奇数行和偶数行的边框会有所不同。

**STEP 04：** 调整文字方向

1. 选择表格中第一列单元格中的所有文本，选
   择【布局】/【对齐方式】组，单击"文字方向"
   按钮，便可完成文字方向调整。
2. 选择【布局】/【对齐方式】组，单击"中部居中"
   按钮，完成文字居中对齐设置。

### 4. 计算表格数据

在 Word 2013 中提供了简单的数据计算功能，可以方便快速地对表格中的单元格数据进行
简单的求和以及求平均值等。

下面将在"奖金表.docx"文档中，计算出各部门员工的奖金合计。其具体操作如下：

光盘
文件
素材 \ 第 3 章 \ 奖金表 .docx
效果 \ 第 3 章 \ 奖金表 .docx
实例演示 \ 第 3 章 \ 计算表格数据

**STEP 01：** 打开"公式"对话框

1. 打开"奖金表.docx"文档，将鼠标光标定位
   到"奖金合计"列的第一个单元格中。
2. 选择【布局】/【数据】组，单击"公式"按
   钮，打开"公式"对话框。

读书笔记

## STEP 02： 输入求和公式

1. 在打开对话框的"公式"文本框中输入公式 "=SUM(LEFT)"。
2. 单击 确定 按钮，完成数据的求和计算。

**提个醒** 在"公式"对话框中输入的公式 "=SUM(LEFT)"主要表示的是对表格左侧的 数据进行求和计算。

## STEP 03： 更新域

1. 复制第一个求和单元格的数据，将其粘贴到 下一个空白单元格中。
2. 选择粘贴数据，单击鼠标右键，在弹出的快 捷菜单中选择"更新域"命令。
3. 返回表格中，即可查看到更新后的数据。

### 员工奖金合计表

| 姓 名 | 奖金额 | 利润奖金金额 | 奖金合计 |
| --- | --- | --- | --- |
| 刘丽 | 4800 | 2000 | 6800 |
| 李庆 | 6000 | 2560 | 8560 |
| 孙小斐 | 6985 | 2000 | ③查看 |
| 张丽 | 5000 | 4581 | |

### 员工奖金合计表

| 部 门 | 姓 名 | 奖金额 | 利润奖金金额 | 奖金合计 |
| --- | --- | --- | --- | --- |
| 销售部 | 刘丽 | 4800 | 2000 | 6800 |
| | 李庆 | 6000 | 2560 | 8560 |
| | 孙小斐 | 6985 | 2000 | 8985 |
| 企划部 | 张丽 | 5000 | 4581 | 9581 |
| | 罗丽美 | 4210 | 4000 | 8210 |
| | 曾光荣 | 6000 | 400 查看 | 10000 |
| 市场部 | 李玲 | 5000 | 5420 | 10420 |
| | 李慧 | 9200 | 2000 | 11200 |
| | 万明 | 6520 | 3256 | 9776 |
| | 合计 | | | |

## STEP 04： 计算其他员工奖金合计

使用相同的方法，先复制数据，再对各单元格中 的数据进行"更新域"的操作，完成其他"奖金 合计"列中其他单元格的数据和。

**提个醒** 在单元格中复制数据，再进行更新 域操作，其实就是复制公式，并对其公式的数 据进行更新，所以最后得到的数据是通过求和 公式计算而得。

## 经验一箩筐——输入公式

在输入公式时，如果用户不知道该公式的函数怎么写时，可以在"公式"对话框的"粘贴函数" 下拉列表中选择要使用的函数，此时该函数则会自动粘贴到"公式"文本框中，避免了用户手 动输入。

075

72图 Hours

62 Hours

52 Hours

42 Hours

32 Hours

22 Hours

12 Hours

### STEP 05： 计算合计的数据

1. 将鼠标光标定位到"合计"行的第一个单元格中，选择【布局】/【数据】组，单击"公式"按钮 *fx*，打开"公式"对话框。

2. 在"公式"文本框中输入公式"=SUM(ABOVE)"，单击 确定 按钮。

3. 使用复制、更新域的操作，即可完成所有"合计"行的求和计算。

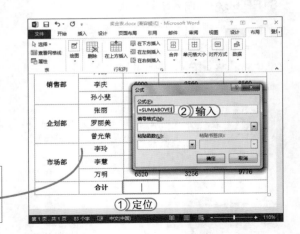

| 市场部 | 李玲 | 5000 | 5420 | 10420 |
| | 李慧 | 9200 | 2000 | 11200 |
| | 万明 | 6520 | ③ 查看 | 9776 |
| | 合计 | 53715 | 29817 | 83532 |

**问题小贴士**

问：在文档中插入的表格，能对表格中的数据进行排序吗？

答：在文档中插入的表格，用户是能对其表格中的数据进行排序的，其方法是：选择整个表格，选择【布局】/【数据】组，单击"排序"按钮 ，打开"排序"对话框，在该对话框选择排序的关键字，并在其后选中 ⦿升序(C) 单选按钮或 降序(D) 单选按钮，单击 确定 按钮，即可将选择的列按照设置后的条件进行排序。但需要注意的是，如果该表格中存在合并或拆分的单元格，则无法对此表格进行排序操作。

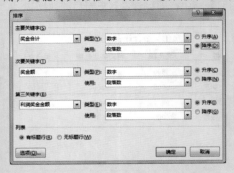

## 5. 将表格转换为文本

若在实际工作中对表格的操作不是很熟悉，可考虑将表格转换为文本，从而将表格操作变为文本操作处理。其方法为：选择整个表格，选择【布局】/【数据】组，单击"转换为文本"按钮 ，打开"表格转换成文本"对话框，在该对话框中选择将表格分隔线转换成文本的什么符号，如段落标记、制表符、逗号以及其他符号，单击 确定 按钮即可。

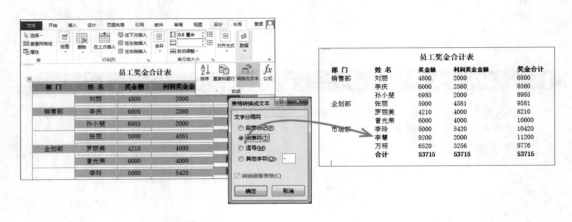

## 经验一箩筐——将文本转换为表格

用户可根据工作的需求将文本数据转换为表格数据，其方法为：选择需要转换的数据，选择【插入】/【表格】组，单击"表格"按钮，在弹出的下拉列表中选择"文本转换成表格"选项，打开"将文字转换成表格"对话框，在该对话框中设置表格的行和列，单击 确定 按钮即可将选择的文本转换成表格。

## 上机 1 小时 ▶ 制作"采购表"文档

🔍 掌握表格的插入方法。　　　　　　　🔍 进一步掌握计算表格数据的方法。

🔍 进一步掌握表格的设置及美化。

下面制作"采购表.docx"文档，首先新建文档并输入文本，然后插入表格，再对表格进行简单的操作（单元格合并、数据调整），最后对整个表格中的数据进行计算，让用户通过一个简单的上机练习，进一步掌握表格的插入、设置、美化以及表格数据的计算方法，完成后的效果如右图所示。

### 采购表

根据各部门统计，由于办公和生产需要，在 2013/11/30 集中采购了一批办公用品，具体清单如下：

| 部门 | 名称 | 单位 | 单价 | 数量 | 总价 |
|---|---|---|---|---|---|
| 行政部 | 打印纸 | 箱 | 120 | 5 | ￥600.00 |
| | 笔 | 盒 | 7.5 | 20 | ￥150.00 |
| | 打印机 | 台 | 1280 | 1 | ￥1,280.00 |
| 小计 | | | | | ￥2,030.00 |
| 生产部 | 工作椅 | 把 | 45 | 6 | ￥270.00 |
| | 抹布 | 条 | 12 | 50 | ￥600.00 |
| | 工具箱 | 个 | 60 | 12 | ￥720.00 |
| 小计 | | | | | ￥1,590.00 |
| 市场部 | 笔记本电脑 | 台 | 3350 | 1 | ￥3,350.00 |
| | 固定电话 | 台 | 75 | 2 | ￥150.00 |
| | 传真机 | 台 | 1650 | 1 | ￥1,650.00 |
| | 扫描仪 | 台 | 320 | 1 | ￥320.00 |
| 小计 | | | | | ￥5,470.00 |
| 合计 | | | | | ￥9,090.00 |

**光盘文件**

效果 \ 第 3 章 \ 采购表 .docx

实例演示 \ 第 3 章 \ 制作"采购表"文档

**STEP 01：** 新建文档并输入文本

新建一个名为"采购表.docx"的文档，打开文档，在文档中输入文本"采购表"。按 Enter 键进行换行，输入一段说明文本。

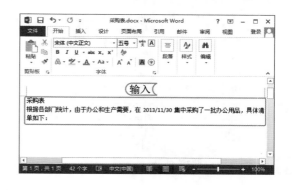

62
Hours
52
Hours
42
Hours
32
Hours
22
Hours
12
Hours

**STEP 02：** 插入表格

1. 按 Enter 键进行换行，选择【插入】/【表格】组，单击"表格"按钮▦。在弹出的下拉列表中选择"插入表格"选项，打开"插入表格"对话框。
2. 在"表格尺寸"栏中的"列数"和"行数"数值框中分别输入数字"7"和"15"。
3. 在"'自动调整'操作"栏中选中 ⦿根据窗口调整表格(D) 单选按钮，插入的表格将自动按照窗口的大小进行调整。
4. 单击 确定 按钮，完成表格的插入。

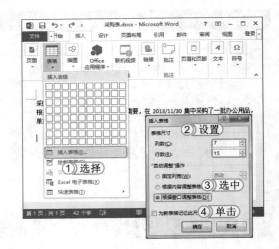

▌ 经验一箩筐——插入表格

在插入表格时，一般情况下在弹出的下拉列表中可直接选择单元格个数进行插入，但是该单元格的数量是有限的，此时将打开"插入表格"对话框，在其中输入"列数"和"行数"的数值即可插入任意行和列的表格。

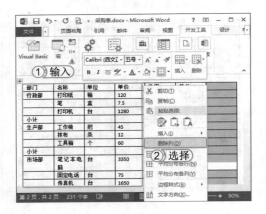

**STEP 03：** 输入内容并删除多余单元格

1. 将鼠标光标定位到表格的第一个单元格上，输入文本"部门"。将鼠标光标定位到其他单元格中分别输入数据内容。
2. 选择最后一列单元格，单击鼠标右键，在弹出的快捷菜单中选择"删除列"命令，完成单元格的删除。

> 提个醒　在表格中输入数据时，可以按 Tab 键，快速将鼠标光标定位到下一个单元格中。

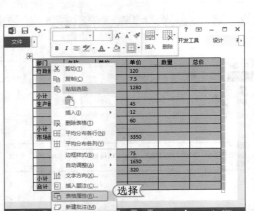

**STEP 04：** 打开"表格属性"对话框

选择整个表格，单击鼠标右键，在弹出的快捷菜单中选择"表格属性"命令，打开"表格属性"对话框。

> 提个醒　用户也可直接选择【布局】/【单元格大小】组，在"高度"和"宽度"数值框中输入行高和列宽的值。

## STEP 05： 设置行高

1. 在打开的对话框中选择"行"选项卡。
2. 在"尺寸"栏中选中☑指定高度(S):复选框，并在其后的数值框中输入行高"0.7 厘米"。

## STEP 06： 调整表格列宽

1. 选择"列"选项卡。
2. 在"字号"栏中选中☑指定宽度(W):复选框，在其后的数值框中输入"2.5 厘米"，在"度量单位"下拉列表中选择"厘米"选项，即可在"指定列宽"后的数值框中填充厘米单位。
3. 单击 确定 按钮，完成表格列宽的设置。

提个醒　　如果想对表格中的行和列设置不一样的行高和列宽时，可直接将鼠标光标移至表格各行或各列的分隔线上，当鼠标光标变为+‖+或‡形状时，左右或上下拖动鼠标光标即可调整为不一样的行高和列宽。

## STEP 07： 合并单元格

1. 选择"部门"列的第 2 ~ 4 个单元格，单击鼠标右键，在弹出的快捷菜单中选择"合并单元格"命令，将其选择的单元格进行合并。
2. 选择其他需要合并的单元格，使用相同的方法将其进行合并，返回文档查看效果。

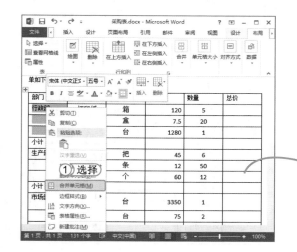

| 部门 | 名称 | 单位 | 单价 | 数量 | 总价 |
|---|---|---|---|---|---|
| 行政部 | 打印纸 | 箱 | 120 | | |
| | 笔 | 盒 | 7.5 | | |
| | 打印机 | 台 | 1280 | | |
| 小计 | | | | | |
| 生产部 | 工作椅 | 把 | 45 | | |
| | 排布 | 条 | 12 | | |
| | 工具箱 | 个 | 60 | | |
| 小计 | | | | | |
| 市场部 | 笔记本电脑 | 台 | 3350 | | |
| | 固定电话 | 台 | 75 | | |
| | 传真机 | 台 | 1650 | | |
| | 扫描仪 | 台 | 320 | | |
| 小计 | | | | | |
| 合计 | | | | | |

读书笔记

079

72⊠
Hours

62
Hours

52
Hours

42
Hours

32
Hours

22
Hours

12
Hours

## STEP 08： 计算总价

1. 将鼠标光标定位到"总价"列的第一个单元格中。
2. 选择【布局】/【数据】组，单击"公式"按钮 ƒₓ，打开"公式"对话框，默认公式文本框已经有求和公式，将其删除，输入公式"=PRODUCT(LEFT)"。
3. 在"编号格式"下拉列表框中选择第三个格式。
4. 单击 按钮，完成"总价"列第一个单元格中的总价值计算。

### 经验一箩筐——"编号格式"下拉列表框

如果在"编号格式"下拉列表框中选择了格式，则会将计算后的数据按照在"公式"对话框的"编号格式"下拉列表框中选择的格式进行显示。

## STEP 09： 计算其他产品的总价

复制"总价"列第一个单元格中的数据，粘贴到该列的其他单元格中，分别将其选中，单击鼠标右键，在弹出的快捷菜单中选择"更新域"命令，完成其他单元格的总价计算。

**提个醒** 在"更新域"时，可将鼠标光标定位到需要更新域的单元格中，按 Shift+Alt+U 组合键快速更新域。

| 部门 | 名称 | 单位 | 单价 | 数量 | 总价 |
|---|---|---|---|---|---|
| 行政部 | 打印纸 | 箱 | 120 | 5 | ¥ 600.00 |
| | 笔 | 盒 | 7.5 | 20 | ¥ 150.00 |
| | 打印机 | 台 | 1280 | 1 | ¥1,280.00 |
| 小计 | | | | | |
| 生产部 | 工作椅 | 把 | 45 | 6 | ¥ 270.00 |
| | 抹布 | 条 | 12 | 50 | ¥ 600.00 |
| | 工具箱 | 个 | 60 | 12 | ¥ 720.00 |
| 小计 | | | | | |
| 市场部 | 笔记本电脑 | 台 | 3350 | 1 | ¥3,350.00 |
| | 固定电话 | 台 | 75 | 2 | ¥ 150.00 |
| | 传真机 | 台 | 1650 | 1 | ¥1,650.00 |
| | 扫描仪 | 台 | 320 | 1 | ¥ 320.00 |
| 小计 | | | | | |
| 合计 | | | | | |

## STEP 10： 计算小计值和总计值

1. 分别选择"小计"行后的单元格，打开"公式"对话框，在公式文本框中分别输入公式"=SUM(ABOVE)"、"=SUM(ABOVE)-2*2030"和"=SUM(ABOVE)-2*1590-2*2030"。
2. 将鼠标光标定位到最后一个单元格中，打开"公式"对话框，在"公式"文本框中输入公式"=SUM(ABOVE)/2"。
3. 单击 按钮，完成所有数据的计算。

| 部门 | 名称 | 单位 | 单价 | 数量 | 总价 |
|---|---|---|---|---|---|
| 行政部 | 打印纸 | 箱 | 120 | 5 | ¥ 600.00 |
| | 笔 | 盒 | 7.5 | 20 | ¥ 150.00 |
| | 打印机 | 台 | 1280 | 1 | ¥1,280.00 |
| 小计 | ¥2,030.00 | | | | |
| 生产部 | 工作椅 | 把 | 45 | 6 | ¥ 270.00 |
| | 抹布 | 条 | 12 | 50 | ¥ 600.00 |
| | 工具箱 | | | | |
| 小计 | ¥1,590.00 | | | | |
| 市场部 | 笔记本电脑 | | | | |
| | 固定电话 | | | | |
| | 传真机 | | | | |
| | 扫描仪 | | | | |
| 小计 | ¥5,470.00 | | | | |
| 合计 | | | | | |

### 经验一箩筐——公式的应用

在 Word 中使用插入表格后，对表格中数据进行计算并不像 Excel 中使用公式计算数据那么灵活，在 Word 的表格中计算数据是默认的计算方式，只能是计算当前单元格左边或右边数字类型的数据之和，或是整个表格中所有数据之和，因此要想计算特定值，只能通过加减具体的数据进行计算，而得到想要的结果。

**STEP 11:** 调整表格文本

选择整个表格，选择【布局】/【对齐方式】组，单击"居中对齐"按钮，将所有文本居中对齐。选择所有"总价"数据所在的单元格，按 Ctrl+R 组合键，将其单价数据进行右对齐。

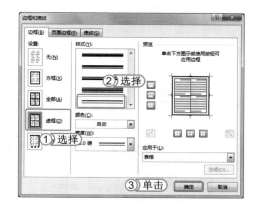

**STEP 12:** 设置边框

1. 选中整个表格，打开"边框和底纹"对话框，在"边框"选项卡的"设置"栏中选择"虚框"选项。

2. 将外边框设置为" ━━━━━━ "。

3. 单击 确定 按钮，完成边框设置。

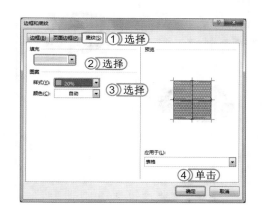

**STEP 13:** 设置底纹

1. 选择整个表格，打开"边框和底纹"对话框，选择"底纹"选项卡。

2. 在"填充颜色"下拉列表框中选择"绿色，着色 6，淡色 80%"选项。

3. 在"样式"下拉列表中选择"20%"选项。

4. 单击 确定 按钮，完成底纹设置。

**STEP 14:** 设置个别行的底纹

分别选择第 1 行和最后一行单元格，将其底纹设置为"橙色，着色 2，淡色 60%"和"金色，着色 4，淡色 80%"。

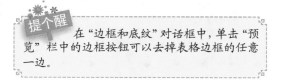

提个醒 在"边框和底纹"对话框中，单击"预览"栏中的边框按钮可以去掉表格边框的任意一边。

读书笔记

62
Hours

52
Hours

42
Hours

32
Hours

22
Hours

12
Hours

STEP 15： 调整整体格式

1. 选择文本“采购表”，将其字体、字号、对齐方式分别设置为“楷体_GB2312”、“一号”和“居中对齐”。将第二段文本的字号和缩进分别设置为“四号”和“首行缩进”。
2. 选择表格的第一行文本，将其加粗，字号设置为“小三”。

采购表

根据各部门统计，由于办公和生产需要，在 2013/11/30 集中采购了一批办公用品，具体清单如下：

| 部门 | 名称 | 单位 | 单价 | 数量 | 总价 |
|---|---|---|---|---|---|
| 行政部 | 打印纸 | | 120 | 5 | ¥600.00 |
| | 笔 | 盒 | 7.5 | 20 | ¥150.00 |
| | 打印机 | 台 | 1280 | 1 | ¥1,280.00 |
| 小计 | | | | | ¥2,030.00 |
| | 工作椅 | 把 | 45 | 6 | ¥270.00 |



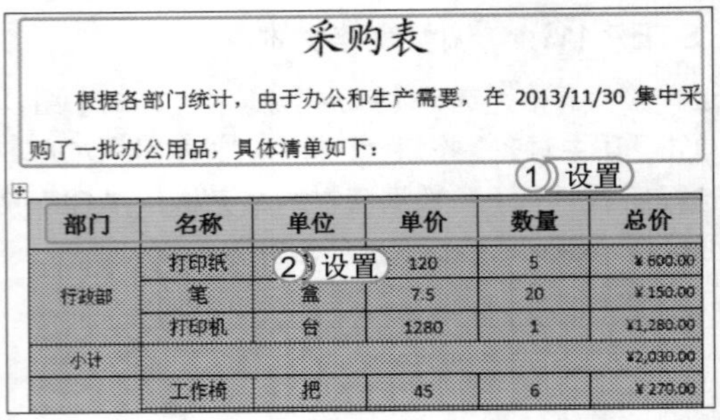

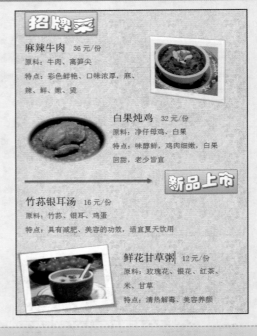

## 3.3 练习 1 小时

本章主要介绍了图片的插入和编辑、形状和 SmartArt 图形的插入和编辑、文本框和艺术字的使用、表格的插入与编辑等，为了使用户能进一步掌握所学知识，下面将以制作“特色菜单”文档来加深用户对所知识的理解。



### 制作“特色菜单”文档

本例将制作“特色菜单.docx”文档，在打开的原有菜单文档中插入图片并对其进行编辑，再将菜单分类，插入艺术字并对艺术字进行编辑，在分类菜单中插入形状，并对形状的颜色和大小进行设置，最后将其进行重新排版，完成“特色菜单”文档的制作，使整个文档看起来更加美观便于阅读，完成后的效果如右图所示。

光盘文件
素材\第3章\特色菜单.docx、图片\
效果\第3章\特色菜单.docx
实例演示\第3章\制作“特色菜单”文档

读书笔记

# Word 2013 的高级应用

第 **4** 章

学习 **3** 小时

在编辑好文档后，通常还需要对文档进行设计，以制作出效果美观的文档，而对于较长的文档还需对其进行应用文档样式、插入目录等编辑。制作好的文档一般还要经过审阅、管理与打印等操作。

- 长文档的编辑与设置
- 审阅文档
- 文档管理及打印

上机 **4** 小时

# 4.1 长文档的编辑与设置

使用 Word 2013 制作 一些基本的文档 ，可能并不能满足部分办公人员对工作的需求，并且 Word 的功能也不仅限于制作或编辑一些简单而基础的文档，如对长文档的编辑与设置，便可使用到 Word 中的文档样式和模板样式、插入索引、文档目录、插入并编辑题注、书签以及分页与分节等功能的使用。

**学习 1 小时**

- 🔍 掌握文档样式的应用。
- 🔍 熟悉索引、文档目录和书签的应用。
- 🔍 掌握题注和分页与分节的使用。

## 4.1.1 文档样式的运用

在编辑文档时，使用 Word 中自带的文档样式，可方便快捷地对文档段落进行格式设置，如果系统样式不满足文档样式的要求，还可以对已有的文档样式进行修改，并存储为一个样式模板，方便下一次编辑同类型文档时使用。

下面将在 "公司工资制度方案 .docx" 文档中应用已有的文档样式，并对其相应的文档样式进行修改，然后将其保存为样式模板。其具体操作如下：

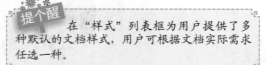

**光盘
文件**
素材 \ 第 4 章 \ 公司工资制度方案 .docx
效果 \ 第 4 章 \ 工资制度模板 .dotx
实例演示 \ 第 4 章 \ 文档样式的运用

**STEP 01:** 应用段落样式

1. 打开 "公司工资制度方案 .docx" 文档，选择第一段文本。
2. 选择【开始】/【样式】组，单击 "样式" 列表框右下角的下拉按钮 ▾，在弹出的下拉列表中选择 "标题 1" 选项。

**提个醒** 在 "样式" 列表框为用户提供了多种默认的文档样式，用户可根据文档实际需求任选一种。

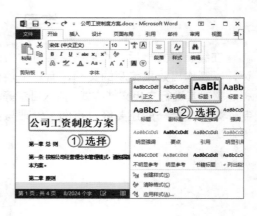

**读书笔记**

### STEP 02： 复制样式格式

1. 选择"第一章 总则"章节段落。

2. 选择【开始】/【样式】组，单击列表框右下角的下拉按钮，在弹出的下拉列表中选择"标题2"选项。

3. 选择【开始】/【剪贴板】组，双击"格式刷"按钮。

4. 当鼠标光标变为形状时，选择其他段落样式，便可快速应用为"标题2"的样式。

5. 选择【开始】/【剪贴板】组，单击"格式刷"按钮，结束格式刷的使用。

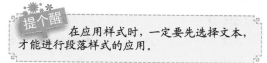

**提个醒** 在复制文本样式时，使用格式刷可快速方便地将原有文本中的样式复制到另一段所选文本中，并且在使用格式刷之前，双击"格式刷"按钮，可多次使用其功能，如果单击，则只能使用一次。

### STEP 03： 为其他文本应用样式

使用相同的方法，为文档中其他文本应用相应的样式。

**提个醒** 在应用样式时，一定要先选择文本，才能进行段落样式的应用。

### STEP 04： 应用文档样式

选择【设计】/【文档格式】组，单击列表框右下角的下拉按钮，在弹出的下拉列表中选择"线条（简单）"选项。

**提个醒** 在应用文档样式集时，一定要先对各段落样式进行应用，否则在文档样式集中应用各种文档样式时，该文档不会有任何效果上的变化。

62
Hours

52
Hours

42
Hours

32
Hours

22
Hours

12
Hours

**STEP 05：** 更改样式集颜色

选择【设计】/【文档格式】组，单击"颜色"按钮，在弹出的下拉列表中选择"黄橙色"选项。

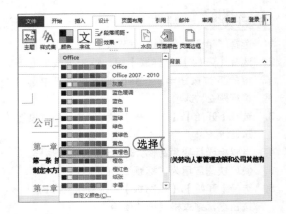

> **提个醒** 在设置样式集颜色时，在弹出的下拉列表中若没有用户想要的颜色集，可在下拉列表中选择"自定义颜色"选项，打开"新建主题颜色"对话框，在该对话框中重新配置需要的颜色。

**STEP 06：** 打开"管理样式"对话框

1. 选择第一段文本。
2. 选择【开始】/【样式】组，单击"扩展"按钮，打开"样式"面板。在样式面板底部单击"管理样式"按钮，打开"管理样式"对话框。

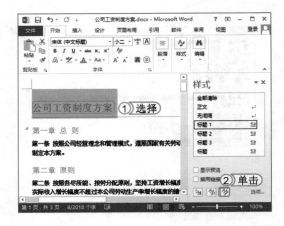

> **提个醒** 在"样式"面板的下拉列表中选择"全部清除"选项，可将文档中所有应用的样式清除，还原到输入文本的状态。

**STEP 07：** 打开"修改样式"对话框

1. 在打开对话框的底部选中 ◉ 基于该模板的新文档 单选按钮。
2. 单击 修改(M)... 按钮，打开"修改样式"对话框。

> **提个醒** 在"管理样式"对话框中不仅可以打开"修改样式"对话框，对样式进行修改；还可以单击 新建样式(N) 按钮新建样式，并且在选中 ◉ 基于该模板的新文档 单选按钮后，将其新建或修改后的样式作为模板保存，应用到其他文档当中。

读书笔记

**STEP 08：** 设置样式

1. 在打开对话框的"格式"栏中将字体设置为"楷体_GB2312"，字号设置为"一号"。
2. 在对齐方式按钮中，单击"居中对齐"按钮 ≡。
3. 依次单击 确定 按钮，完成修改样式的设置。

**提个醒** 在"修改样式"对话框中，可单击 格式(O) ▾ 按钮，对该样式设置更多的样式格式，如字体、段落、制表位、边框、编号以及快捷键等。

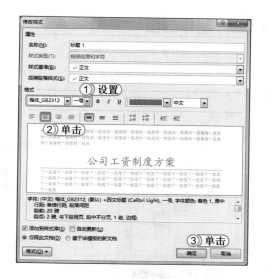

**STEP 09：** 查看效果

返回到文档中，单击样式面板右上角的"关闭"按钮 ✕，关闭样式面板，查看设置样式后的文档效果。

**提个醒** 对于"样式"面板，也是可以移动的，并非一定要嵌入在文档中，其方法是：单击"样式"面板右上角的下拉按钮 ▾，在弹出的下拉列表中选择"移动"选项，即可按住鼠标左键将"样式"面板拖出文档。

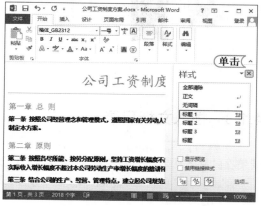

**STEP 10：** 保存为模板

1. 选择【文件】/【另存为】/【计算机】命令，单击"浏览"按钮 🗀，打开"另存为"对话框。
2. 在"文件名"下拉文本框中输入"工资制度模板.dotx"，并选择保存模板的路径。
3. 在"保存类型"下拉列表下选择"Word 模板（*.dotx）"选项。
4. 单击 保存(S) 按钮，完成模板的保存。

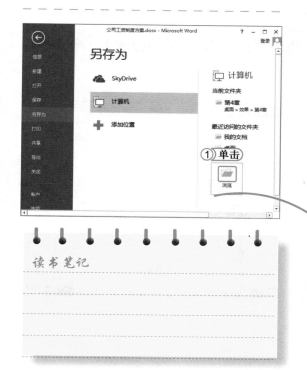

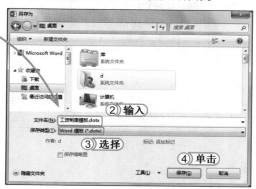

读书笔记

## 4.1.2　制作封面

在 Word 2013 中，为各类文档制作封面是十分方便的。因为在 Word 系统中为用户提供了各种风格的封面类型。其方法为：打开 Word 文档，选择【插入】/【页面】组，单击"封面"按钮，在弹出的下拉列表中便可选择系统默认的封面。

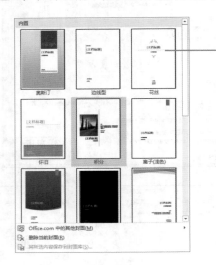

→ 系统默认封面

> **经验一箩筐——编辑并保存封面**
>
> 选择系统默认的封面后，在文档中选择封面的某一区域，将会激活"绘图工具"选项卡，即可像插入的图片、艺术字以及形状等的编辑方法对其进行编辑，编辑完成后还可以通过选择【插入】/【页面】组，单击"封面"按钮，在弹出的下拉列表中选择"将所选内容保存到封面库"选项，方便下次使用该封面。

## 4.1.3　插入文档目录

在编辑长文档时，在文档前插入目录不仅可以清楚地了解文档内容，还可快速定位到目录所在的文本内容，但需注意的是，在插入目录前一定要应用样式，否则将不能插入文档目录。

下面将为"项目报告 .docx"文档插入目录，为用户讲解插入目录的方法。其具体操作如下：

**光盘文件**
素材 \ 第 4 章 \ 项目报告 .docx
效果 \ 第 4 章 \ 项目报告 .docx
实例演示 \ 第 4 章 \ 插入文档目录

**STEP 01：** 打开"目录"对话框

1. 打开"项目报告 .docx"文档，将鼠标光标定位到文档的开始，按 Enter 键进行换行，并输入文本"目录"。
2. 按 Enter 键，选择【引用】/【目录】组，单击"目录"按钮，在弹出的下拉列表中选择"自定义目录"选项，打开"目录"对话框。

**提个醒**　单击"目录"按钮后，在弹出的下拉列表中也可以选择已有的目录样式。

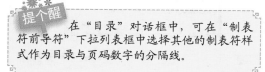

**STEP 02：** 插入目录

1. 打开对话框的"目录"选项卡，在"常规"栏中将显示级别设置为"2"。
2. 单击 确定 按钮，完成目录的插入。

**提个醒**　在"目录"对话框中，可在"制表符前导符"下拉列表框中选择其他的制表符样式作为目录与页码数字的分隔线。

**STEP 03：** 定位到目录所在文本内容

将鼠标光标移至需要浏览内容对应的目录标题上，按住 Ctrl 键，当鼠标光标变为 形状时，单击鼠标左键，便可快速跳转到该位置。

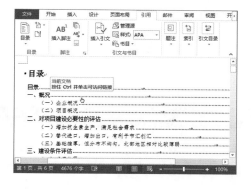

**经验一箩筐——更新目录**

若文档中相应标题发生了变动，选择【引用】/【目录】组，单击"更新目录"按钮，可将插入的目录同步更新。

## 4.1.4　插入索引

在 Word 文档中，可将文档中具有检索意义的事项（如人名、地名、词语、概念或其他事项），用索引功能有序地编排在一起，方便读者在浏览文档时使用。

下面将在"项目评估报告.docx"文档中插入索引，讲解插入索引的具体方法。其具体操作如下：

光盘文件　素材＼第4章＼项目评估报告.docx
　　　　　效果＼第4章＼项目评估报告.docx
　　　　　实例演示＼第4章＼插入索引

**STEP 01：** 打开"标记索引项"对话框

1. 打开"项目评估报告.docx"文档，在文档中选择需要被标注为索引标记的文本"交通情况"。
2. 选择【引用】/【索引】组，单击"标记索引项"按钮，打开"标记索引项"对话框。

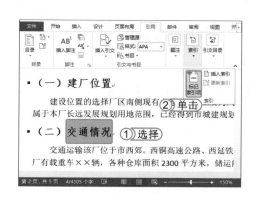

089

72 时
Hours

62
Hours

52
Hours

42
Hours

32
Hours

22
Hours

12
Hours

**STEP 02：** 标记索引

在打开的对话框中保持默认设置，单击 标记(M) 按钮。

> 提个醒 除了可以单击"标记索引项"按钮，打开"标记索引项"对话框，还可以按住 Alt+Shift+X 组合键，打开该对话框。

**STEP 03：** 编辑其他索引

1. 在不关闭"标记索引项"对话框的情况下，继续选择文档中需创建索引的文本。
2. 在"标记索引项"对话框中单击 标记(M) 按钮为所选文本进行标记。
3. 标记完所选文本索引后，在"标记索引项"对话框中单击 关闭 按钮，将对话框关闭。

090

72☒
Hours

■ 经验一箩筐——插入索引的作用

在长文档中，创建索引是为了提高查询文本需进行浏览内容的速度，因此在实际工作中的文档，应选择合适的索引项进行标记和创建，才能达到事半功倍的效果。

**STEP 04：** 创建索引

1. 将鼠标光标定位到文本的末尾，选择【引用】/【索引】组，单击"插入索引"按钮。
2. 打开"索引"对话框，在"索引"选项卡下选中 页码右对齐(R) 复选框。
3. 单击 确定 按钮，完成索引的创建。

> 提个醒 除了在"索引"对话框中，选中 ☑ 页码右对齐(R) 复选框设置索引页码格式外，还可以在"格式"下拉列表框中为索引添加项目符号或其他索引样式。

读书笔记

**STEP 05：** 查看效果

返回到文档中便可查看到插入索引后文档的最终效果。

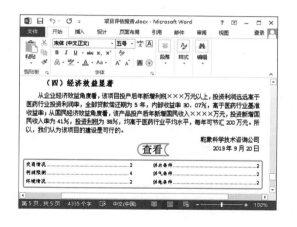

经验一箩筐——插入索引方法

在"索引"对话框中，单击 标记索引项(K)... 按钮，打开"标记索引项"对话框，单击 标记(M) 按钮，也可将所选文本标记为标记索引项，因此在"索引"对话框中的 标记索引项(K)... 按钮与【引用】/【索引】组中的 按钮作用是相同的。

## 4.1.5　题注的使用

在长文档中，根据工作的实际需求，通常会有一些表格、公式、图形和照片等对象，如果这些对象较多，手动进行编号或排序容易出错，此时可使用题注的功能设置自动生成序号，并且在文本中进行引用，以减少新增、删除对象时，手动修改对象序号时出错。下面将分别介绍插入题注、图表目录和交叉引用的方法。

### 1. 插入题注

在 Word 2013 中插入题注后，当在文本中的其他地方引用对象的题注编号，按住 Ctrl 键的同时单击该编号，则可快速地跳转到该对象上，而设置题注的方法其实也很简单，只要将插入点定位到需要插入题注的对象下方，选择【引用】/【题注】组，单击"插入题注"按钮 ，打开"题注"对话框，单击 新建标签(N)... 按钮，打开"新建标签"对话框，在"标签"文本框中输入标签名称，如"图"，单击 确定 按钮，返回到"题注"对话框中，单击 确定 按钮，便可插入题注。

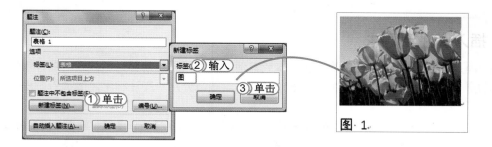

### 2. 插入表目录

在 Word 中插入表目录，其实就是将长文档中所有插入题注后的编号转换为文档目录的形式，方便用户查看文档中的对象，其方法为：将文本插入点定位到文档的末尾，选择【引用】/【题注】组，单击"插入表目录"按钮 。打开"图表目录"对话框，在对话框中保持默认设置，也可在该对话框中设置表目录的制表符样式以及格式等，设置完成后单击 确定 按钮，便可完成插入表目录的操作。

62
Hours

52
Hours

42
Hours

32
Hours

22
Hours

12
Hours

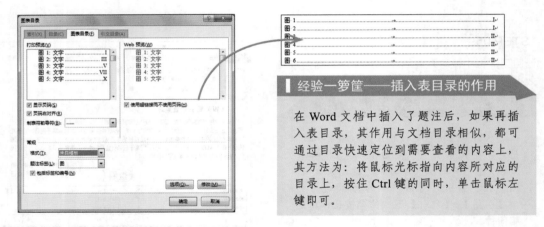

**经验一箩筐——插入表目录的作用**

在 Word 文档中插入了题注后，如果再插入表目录，其作用与文档目录相似，都可通过目录快速定位到需要查看的内容上，其方法为：将鼠标光标指向内容所对应的目录上，按住 Ctrl 键的同时，单击鼠标左键即可。

### 3. 交叉引用

交叉引用即是在其他位置引用题注编号，方便查看不同位置的对象。设置交叉引用的方法为：选择【引用】/【题注】组，单击"交叉引用"按钮🔗，打开"交叉引用"对话框，在"引用类型"下拉列表框中选择需要引用的类型，如标题、书签、题注和表格等。在"引用内容"下拉列表框中选择引用时显示的内容，在"引用哪一个题注"列表框中选择需要引用的选项，单击 插入(I) 按钮即可。

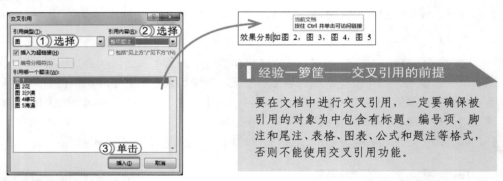

**经验一箩筐——交叉引用的前提**

要在文档中进行交叉引用，一定要确保被引用的对象为中包含有标题、编号项、脚注和尾注、表格、图表、公式和题注等格式，否则不能使用交叉引用功能。

## 4.1.6　插入脚注和尾注

脚注和尾注主要用于对文档中的一些文本或其他对象进行一些解释、延伸或批注等操作，其中脚注位于每一页的底部，而尾注则位于文档结尾。下面分别对脚注和尾注的插入方法进行介绍。

🔑 **插入脚注**：在文档中选择需要添加脚注的文本，选择【引用】/【脚注】组，单击"插入脚注"按钮AB¹，此时所选文本右上角将出现数字"1"，表示为文档中的第一处脚注。同时当前页面下方将出现可编辑区域，在其中输入具体的脚注内容即可。

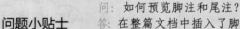

**问题小贴士**

问：如何预览脚注和尾注？

答：在整篇文档中插入了脚注和尾注后，可选择【引用】/【脚注】组，单击"显示备注"按钮🔲，打开"显示备注"对话框，在该对话框中，选中 ⊙ 查看脚注区(F) 单选按钮或选中 ⊙ 查看尾注区(E) 单选按钮后，单击 确定 按钮，便会立即跳转到脚注或尾注的内容上。

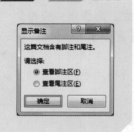

🔑 **插入尾注**：在文档中选择需要添加尾注的文本，选择【引用】/【脚注】组，单击"插入尾注"按钮🔲，此时所选文本右上角将出现罗马字母"i"，同时文档结尾处将会出现可编辑区域，在该区域中直接输入尾注内容即可。

## 4.1.7　使用书签

书签是为了方便用户在浏览长文档时快速定位到相应的位置，其方法为：将鼠标光标定位到需要插入书签的文本中，选择【插入】/【链接】组，单击"书签"按钮🔲，打开"书签"对话框，在"书签名"文本框中输入书签的名字（书签名不能以数字开头），单击 添加(A) 按钮，完成书签的插入。

▌ **经验一箩筐——快速定位到书签**

在文档中插入了书签后，如果在下一次打开文档时，想快速定位到上一次插入书签的文本中，可打开"书签"对话框，在"书签名"列表框中选择插入的书签名，单击 定位(G) 按钮即可。

## 4.1.8　分页和分节的使用

在长文档中，插入分页符和分节符可随意对文档内容进行分页或分节，并且在 Word 中提供了多种分节符的类型，如"下一页"、"连续"、"偶数页"和"奇数页"等，虽然插入的效果不同，但插入的方法却大同小异。下面将分别介绍分页和分节的方法。

🔑 **分页的方法**：将文本插入点定位到需要分页的文本位置，选择【页面布局】/【页面设置】组，单击"分隔符"按钮🔲，在弹出的下拉列表中选择"分页符"选项，此时文本插入点所在位置便变为当前页面的结束位置，而后面的内容则自动转到下一页开始处。

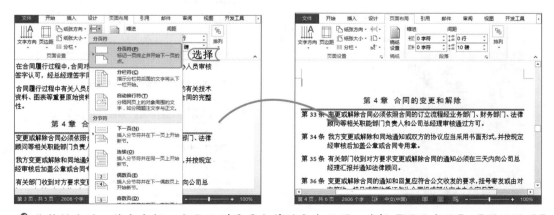

🔑 **分节的方法**：将文本插入点定位到需要分节的文本位置，选择【页面布局】/【页面设置】组，单击"分隔符"按钮🔲，在弹出的下拉列表中选择"连续"选项，此时文本插入点所在位置便自动分节，而后面的内容则将连续显示在本页下方。

62
Hours

52
Hours

42
Hours

32
Hours

22
Hours

12
Hours

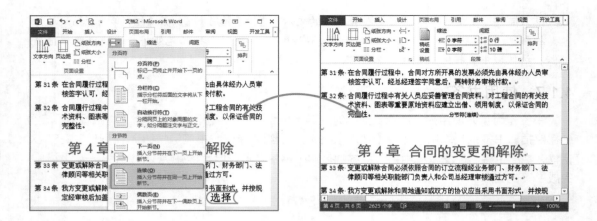

**上机 1 小时 ▶ 制作"投标书"文档**

🔍 进一步掌握封面及样式的应用。　　🔍 巩固脚注的使用。

🔍 进一步熟悉文档目录的制作。　　🔍 巩固分页和分节的使用。

　　本例将制作"投标书.docx"文档，进一步巩固所学知识，如样式的应用、文档目录的制作、脚注的使用以及分页和分节的使用，让读者在工作中能运用所学知识，灵活的制作各类所需文档。在制作"投标书.docx"文档时，先在文档的相应文本中应用所需样式，再根据样式制作所需的文档目录，最后为文档添加脚注并进行分页操作，其最终效果如下图所示。

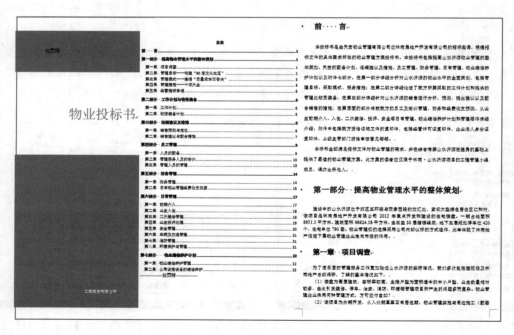

**光盘**
**文件**
素材 \ 第 4 章 \ 投标书 .docx
效果 \ 第 4 章 \ 投标书 .docx
实例演示 \ 第 4 章 \ 制作"投标书"文档

## STEP 01： 应用标题样式

1. 打开"投标书 .dcox"文档，在文档中选择文本"第一章 项目调查"。
2. 选择【开始】/【样式】组，在列表框中单击右侧的下拉按钮 ，在弹出的下拉列表中选择"标题 1"选项。

**提个醒** 在 Word 中，所谓系统自带的样式，是根据打开的文档而定的，如果打开的文档中原本就有样式，系统则会以打开文档的样式做基本样式存在于样式列表框中，因此读者的"标题 1"样式与操作中的样式不同也并不奇怪，读者只需根据自己的要求进行选择即可。

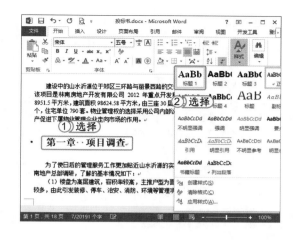

## STEP 02： 复制样式

1. 选择刚应用样式的文本。选择【开始】/【剪贴板】组，双击"格式刷"按钮 。
2. 当鼠标光标变为 形状时，将鼠标光标移至文档左侧空白区域，选择其他需要应用相同样式的文本进行单击鼠标左键。应用完样式后，再次单击"格式刷"按钮 结束格式刷的使用。

**提个醒** 将鼠标移至文档左侧空白区域时，光标自动会变为选择文本时的状态，但用户也可以再次应用格式，不用使用格式刷的操作。

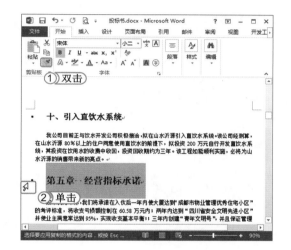

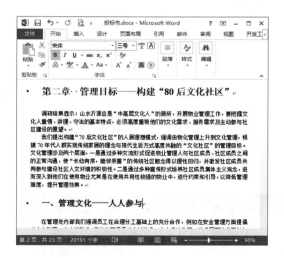

## STEP 03： 为其他文本应用样式

在文本中使用相同的方法，为文档设置其他需要应用样式的文本，并返回文本查看效果。

**提个醒** 对于文档中的样式应用，读者都可以根据自己的实际需求进行选择，如果选择的样式并不满意，可直接选中并单击鼠标右键，在弹出的快捷菜单中选择"修改"命令，打开"修改样式"对话框，在该对话框中可对样式的名称、字体格式以及段落格式等进行修改，与"管理样式"对话框中单击 修改(M) 按钮，打开的"修改样式"对话框完全一致。

095

72☒
Hours

62
Hours

52
Hours

42
Hours

32
Hours

22
Hours

12
Hours

**STEP 04：** 打开"目录"对话框

1. 将插入点定位到文档的开始，按 Enter 键进行换行，将插入点定位到上一个段落标记上，将其设置为正文格式。
2. 选择【引用】/【目录】组，单击"目录"按钮，在弹出的下拉列表中选择"自定义目录"选项，打开"目录"对话框。

**提个醒**
　　一般情况下所有的目录都显示在文档的开头，方便用户在浏览文档时先了解整个文档的主要内容。

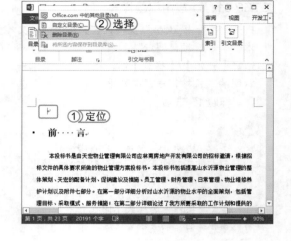

**STEP 05：** 设置目录的样式

1. 在"目录"选项卡中的"格式"下拉列表框中选择"正式"选项，在"显示级别"数值框中输入数字"2"。
2. 单击 确定 按钮，完成目录制作。

**提个醒**
　　在"目录"对话框中，其他的选项都会呈不可用的状态，只有在 Word 的功能区中单击了相应的按钮后，才能打开其他选项卡对应的对话框，并且在其他对话框中，"目录"选项卡也会呈不可用状态。

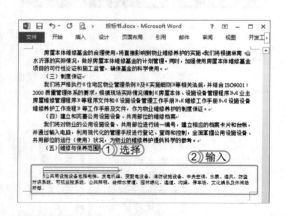

**STEP 06：** 插入尾注

1. 选择文档中最后一页中的最后一段文本。
2. 选择【引用】/【脚注】组，单击"插入尾注"按钮，此时插入点自动定位到尾注编辑区域，直接输入尾注内容即可。

**提个醒**
　　在文档中加入尾注时，可在页面尾部添加一条分隔线，将尾注内容与文本正文进行分隔。

**▌ 经验一箩筐——删除或重置目录**

如果不需要目录，可直接将其选中后，按 Delete 键进行删除；如果想将目录恢复到系统默认的设置，则可打开"目录"对话框，单击 选项(O)... 按钮，打开"目录选项"对话框，单击 重新设置(R) 按钮即可。

## STEP 07： 插入分页符

1. 将文本插入点定位到第一章文本的上一个换行符上。
2. 选择【页面布局】/【页面设置】组，单击"分隔符"按钮，在弹出的下拉列表中选择"分页符"选项。

## STEP 08： 插入其他分页符并保存文档

使用相同的方法，在其他章节之前都插入分页符，并将插入点定位到文档开始的位置，输入"目录"，并将其设置为"居中"和"加粗"。

> **提个醒**　在制作文档时，如果不能查看到符号（换行符、尾注分隔符以及分页符等），可以选择【文件】/【选项】命令，打开"Word选项"对话框，在"显示"选项卡中选中☑ 显示所有格式标记(A)复选框，单击 确定 按钮。

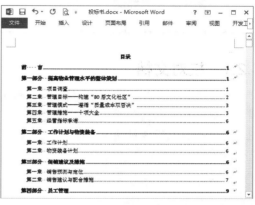

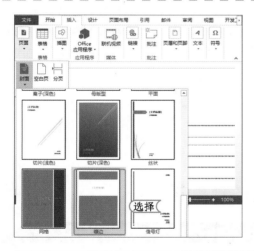

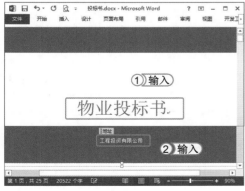

## STEP 09： 插入封面

选择【插入】/【页面】组，单击"封面"按钮，在弹出的下拉列表中选择"镶边"选项完成封面的插入操作。

> **提个醒**　在文档中插入封面时，不需要为文档添加一空白页，执行插入封面的操作后，即可在文档首页前添加一空白页插入封面效果。

## STEP 10： 编辑封面

1. 选择封面页的标题文本，将其修改为"物业投标书"。
2. 在"公司名称"文本框中输入"工程投资有限公司"，并将多余的文本框删除，完成文档的制作。

097

72 ⌨
Hours

62
Hours

52
Hours

42
Hours

32
Hours

22
Hours

12
Hours

## 4.2 审阅文档

在 Word 2013 中，审阅文档是对整个文档编辑完成后的一些操作，如校对文档、中文简繁转换、添加批注、编辑批注以及修订文档等，让整个文档的内容更准确无误。下面将分别对其操作方法进行介绍。

**学习1小时**

- 🔍 了解校对文档的方法。
- 🔍 了解中文简繁转换的方法。
- 🔍 掌握添加并编辑批注的方法。
- 🔍 掌握修订文档的方法。

### 4.2.1 校对文档

校对文档包括文档中的拼写和语法检查，并进行自动更正，以确保整个文档无拼写和语法错误，其方法为：打开需要检查的文档，选择【审阅】/【校对】组，单击"拼写和语法"按钮字，此时会出现 3 种情况，即拼写错误、语法错误和无拼写错误，下面将分别对出现的情况进行介绍。

🔑 **拼写错误**：如果在文档中出现拼写错误，则会在文档窗口右侧弹出一个"拼写检查"面板，提示哪个文本拼写错误，并将正确的拼写方法显示在下方的列表框中，若是单击更改(C)按钮，则会继续检查。

🔑 **语法错误**：如果文档中出现语法错误，则会在文档窗口右侧弹出一个"语法"面板，提示错误的位置，系统将会在下方的列表框中显示出正确的词语，单击更改(C)按钮，则会继续检查。

🔑 **无拼写和语法错误**：如果文档中没有拼写和语法的错误，则会在文档中弹出一个提示继续操作的对话框，单击 确定 按钮即可。

**经验一箩筐——检查的规则**

在对文档进行拼写和语法检查时，是按照系统内部所存储的语法或词组进行比较，若拼写的英文或词组在系统词库中找不到或没有，也会出现以上 3 种情况，如果说用户确实认为自己所输入的文本是正确的，可在弹出的面板中单击 忽略(I) 按钮，将其忽略，并单击 添加(A) 按钮，将其添加到系统词库中，下一次再出现相同的情况，系统则不会认为是错误拼写或语法。

## 4.2.2 中文简繁转换

在制作文档时，有可能会遇到编辑资料是繁体字的情况。繁体不但会影响阅读资料的速度，而且国内比较正式的文件、资料等都必须使用简体字。为了避免繁体字给用户带来的不便，此时可将繁体转换为简体，若是有特殊需要还可将其还原。其方法为：选择需转换的文本，选择【审阅】/【中文简繁转换】组，单击"简繁转换"按钮 ，打开"中文简繁转换"对话框，然后对转换方向进行设置，然后单击 确定 按钮。

099
72图
Hours

■ 经验一箩筐——快速进行简繁转换

选择文本后，选择【审阅】/【中文简繁转换】组，单击"繁转简"按钮 或"简转繁"按钮 ，便可快速执行转换操作。

## 4.2.3 添加批注

为文档添加批注可以帮助其他浏览者阅读该篇文档，从某一方面来说批注和脚注的作用差不多，都能起到解释文本的作用。添加批注的方法为：将插入点定位到需要添加批注的文本中，选择【审阅】/【批注】组，单击"新建批注"按钮 ，弹出"批注"面板，插入点将自动定位到面板的编辑区中，此时直接输入批注内容即可。

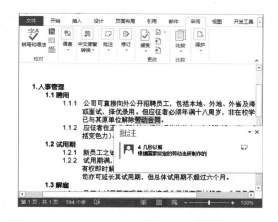

62
Hours

52
Hours

**问题小贴士**

问：如何在文档中对添加的批注进行编辑和删除呢？

答：在 Word 2013 中，对文本添加批注后，将会在文本所在行的右侧出现一个 符号，单击该符号后，则会进入编辑批注的状态，即可对添加的批注进行编辑或修改。如果要进行删除，单击 符号后，选择【审阅】/【批注】组，单击"删除"按钮 。或进入批注的编辑状态后，将定位点插入到批注区域中，单击鼠标右键，在弹出的快捷菜单中选择"删除批注"命令，便可将选择的批注删除。

42
Hours

## 4.2.4 修订并合并文档

在 Word 文档中，对于审阅、批注后的文档，可使用修订的功能对其批注的文档进行修订，修订后进行合并为一个正确文档，下面将分别介绍修订文档和比较合并文档的操作方法。

### 1. 修订文档

修订文档功能是跟踪文档中的所有修改，特别是在与别人合作进行修订或意见反馈时，Word 2013 中提供的修订功能则会提高整个工作的效率。其方法为：打开需要修订的文档，选择【审阅】/【修订】组，单击"修订"按钮 ，在弹出的下拉列表中选择"修订"选项，便可在文档中对文本进行修订，此时会在修订文本所在行的前面出现一条红色竖线，单击该线条时，

32
Hours

22
Hours

12
Hours

在文档中修改的文本则会以红色字体加下划线的形式出现，原有的红色线条则会变为黑色线条。

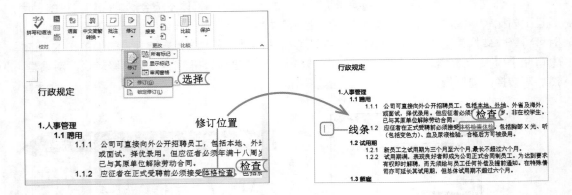

### 经验一箩筐——在批注框中显示修订内容

修订后的文本，可通过选择【审阅】/【修订】组，单击 📄 显示标记 · 按钮，在弹出的下拉列表中选择"批注框"选项，在弹出的下级列表中选择"在批注框中显示修订"选项，便可以批注框的形式显示修订内容。

### 2. 比较并合并文档

在 Word 2013 中，为用户提供了比较文档和合并文档的功能，用户可以使用这两个功能快速地对原稿文档和修订后的文档进行比较后合并。下面将分别对比较和合并文档的使用进行介绍。

### （1）比较文档

当一份文档由不同的用户进行编辑、修改以及保存后，如果想知道原文档与修订后的文档的区别，此时便可启动 Word 2013 中的比较文档功能。

下面将以"合同管理（原稿）.docx"和"合同管理（修订稿）.docx"为例，讲解比较文档的使用方法。其具体操作如下：

**光盘文件**
素材 \ 第 4 章 \ 合同管理（原稿）.docx、合同管理（修改稿）.docx
效果 \ 第 4 章 \ 比较经济合同法.docx
实例演示 \ 第 4 章 \ 比较文档

**STEP 01：** 打开"比较文档"对话框

1. 分别打开"合同管理（原稿）.docx"和"合同管理（修改稿）.docx"文档。

2. 选择【审阅】/【比较】组，单击"比较"按钮 📄，在弹出的下拉列表中选择"比较"选项，打开"比较文档"对话框。

## STEP 02： 选择比较的文档

1. 在"比较文档"对话框的"原文档"下拉列表中选择"合同管理（原稿）.docx"选项。
2. 在"修订的文档"下拉列表中选择"合同管理（修改稿）.docx"选项。
3. 单击 确定 按钮。

### ▌经验一箩筐——选择没有打开的文档

在没有打开需要比较的文档时，"比较文档"对话框中的"原文档"和"修订的文档"下拉列表框将不能进行操作，此时可通过单击"原文档"和"修订的文档"下拉列表框右侧的"浏览"按钮 📁，在打开的对话框中找到所需文档并将其选中，单击 打开(O) ▾ 按钮即可。

## STEP 03： 查看比较结果

系统将新建一个以"比较结果"加数字的 Word 文档的名字显示比较结果。

**提个醒** 在对文档进行比较后，在结果窗口中即可方便地查看原稿和修改稿的内容及修改了哪些文本内容，什么时候修改的都可以一目了然查看到。

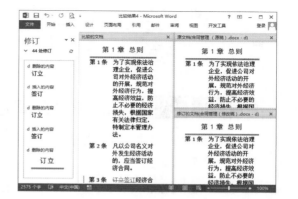

## STEP 04： 保存文档

1. 文档比较完成后，按 Ctrl+S 组合键，打开"另存为"对话框，在对话框中选择存储路径，并在"文件名"文本框中输入"比较经济合同法.docx"。
2. 单击 保存(S) 按钮，完成所有操作。

**提个醒** 对比较结果文档进行保存后，再次打开时，会以修订时的文档效果出现。

### ▌经验一箩筐——如何更正比较后的文档

用户在打开比较后的文档时，文档中所有被修订的位置都会与修订时的效果一样出现修订框，并且以红色加下划线的形式显示文本，此时可以选择【审阅】/【更改】组，单击"接受"按钮 ☑，在弹出的下拉列表中选择"接受所有修订"选项，即可在比较结果文档中修订所有的文本。

### （2）合并文档

合并文档可将同一份文档，由不同人修改不同地方后，将其合并为一份完善的修改文档。其方法与比较文档的方法相似。其方法是：选择【审阅】/【比较】组，单击"比较"按钮，在弹出的下拉列表中选择"合并"选项，打开"合并文档"对话框，选择原文档和修改文档，单击 确定 按钮，将会以 3 个窗口和一个"修订"面板显示合并文档，选择【审阅】/【更改】组单击"接受"按钮，在弹出的下拉列表中选择"接受所有修订"选项，最后将其保存为完成合并文档。

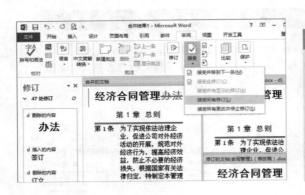

**经验一箩筐——拒绝修订**

在比较或合并文档时，如果发现所修订的文档不正确，则可以选择【审阅】/【更改】组，单击"拒绝"按钮☒，在弹出的下拉列表中选择"拒绝更改"选项。其实在对文档修订后，也可单击"更改"组的"接受"按钮☑或"拒绝"按钮☒进行更正。

## 上机 1 小时 ▶ 审阅"合同管理"文档

🔍 进一步掌握拼写和语法的检查。　　🔍 进一步掌握修订文档的方法。

🔍 进一步熟悉批注的使用。

下面将以审阅"合同管理 .docx"文档，让用户对所学知道做进一步的掌握，如在文档中检查拼写和语法检查、批注的使用以及修订文档的使用等操作。其最终效果如下图所示。

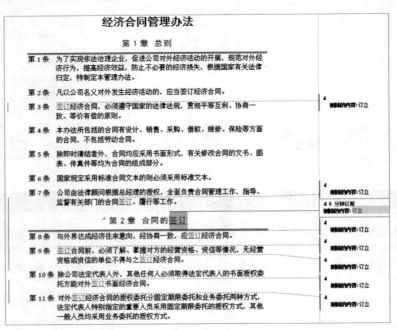

光盘
文件

素材 \ 第4章 \ 合同管理.docx
效果 \ 第4章 \ 合同管理.docx
实例演示 \ 第4章 \ 审阅"合同管理"文档

## STEP 01： 检查拼写和语法

打开"合同管理.docx"文档，将插入点定位到文
档的开始，选择【审阅】/【校对】组，单击"拼
写和语法"按钮，将会弹出"语法"面板。

> **提个醒**　在 Word 中单击"拼写和语法"按
> 钮后，系统将会自动在文档中检查出第一处
> 有拼写或语法错误，并以灰色为底纹将其选中。

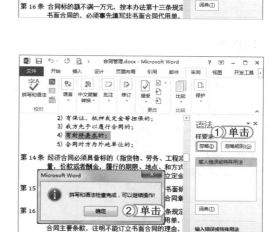

## STEP 02： 忽略第一个错误

1. 在"语法"面板中，单击 忽略 按钮，将此处
   出现的错误忽略。
2. 弹出提示继续的对话框，单击 确定 按钮。进
   行下一处拼写或语法错误。

> **提个醒**　在检查拼写和语法错误时，在语法
> 错误中也包括了多种情况，如果系统认为是词
> 语书写错误，则会将错误的词语显示在语法
> 列表框中；如果是其他形式的错误，则会显示
> 出系统认为错误的类型，也会在"语法"面板
> 的列表框下方进行提示。

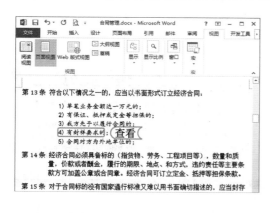

## STEP 03： 继续检查文档

使用相同的方法，检查文档中的其他拼写或语法
错误，将其进行忽略或更改操作，直到单击"拼
写和语法"按钮时，直接弹出提示继续对话框
即可。

> **提个醒**　完成所有拼写和语法检查后，文档
> 中的文本将不会带有红色或蓝色的波浪线。

---

**经验一箩筐——修改语法错误的情况**

在检查出文档的语法错误也包括多种情况，如字词错误、漏字和特殊样式等，在系统中只会修
改字词错误的情况，其他情况则只能在选择文本的情况下进行手动修改。

103

72
Hours

62
Hours

52
Hours

42
Hours

32
Hours

22
Hours

12
Hours

**STEP 04:** 添加批注

1. 选择文档中第 2 章中的"订立"文本。
2. 选择【审阅】/【批注】组，单击"新建批注"按钮。

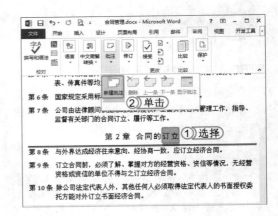

> **提个醒** 新建批注时，在文档中弹出"批注"面板或"修订"面板方式进行批注，都是根据"修订"组中的显示标记·按钮进行控制的。

**STEP 05:** 编辑批注

打开"批注"面板，在面板编辑区中输入批注的内容，用鼠标单击文本区域，结束批注的编辑操作。

> **提个醒** 在编辑批注区域中，单击鼠标右键，在弹出的快捷菜单中选择"新建批注"命令，也可为文本添加批注。

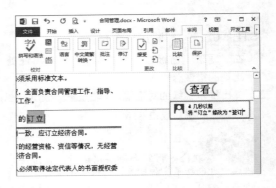

**STEP 06:** 修订批注的文本

1. 在文档中选择批注文本。
2. 选择【审阅】/【修订】组，单击"修订"按钮，在弹出的下拉列表中选择"修订"选项。
3. 将文本中的"订立"修订为"签订"，此时将会以红色加下划线的文字表示该文本已被修订。

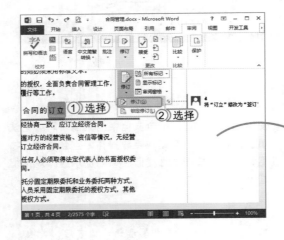

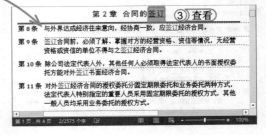

| 经验一箩筐——修订小技巧 |

　　如果文档中要修订的文本相同，用户不用逐个选中进行修订，可以结合 Word 中提供的查找与替换功能一起将相同文本进行修订。

问题小贴士

问：如何去掉修订文本后的格式（红色加下划线的字体、修订框）？
答：将插入点定位到修订文本的位置，单击鼠标右键，在弹出的快捷菜单中选择"接受插入"命令，即可去掉文本的颜色和下划线；如果选择修订文本框，单击鼠标右键，在弹出快捷菜单中选择"接受删除"命令，则可将文本中的修订框删除。完成这两项操作后，修订后的文本即和文档中的其他文本一样。

# 4.3 文档管理及打印

若想对文档进行管理或特殊的制作，如对编辑好的文档进行邮件合并、制作信封等操作，对 Word 2013 而言，都是小菜一碟。文档制作好了，还可将其进行打印或进行一些保护措施，防止机密文档被盗。

**学习 1 小时**

- 🔍 了解合并邮件的方法。
- 🔍 熟悉保护文档的操作。
- 🔍 掌握批量制作信封的方法。
- 🔍 掌握文档的预览与打印方法。

## 4.3.1 邮件合并

邮件合并是 Word 中的一项高级功能，是将数据源（电子表格数据、数据库数据等）与文档中的内容相结合进行使用，是办公人员应该掌握的基本技术之一。如果办公人员能灵活利用合并邮件功能，可快速提高工作效率。

下面将在"成绩通知书.docx"文档中利用合并邮件的功能插入学生姓名和考试成绩等信息。其具体操作如下：

> **光盘文件**
> 素材 \ 第 4 章 \ 成绩通知书.docx、成绩表.xlsx
> 效果 \ 第 4 章 \ 成绩通知书.docx
> 实例演示 \ 第 4 章 \ 合并邮件

**STEP 01：** 弹出"邮件合并"面板

打开"成绩通知书.docx"文档，选择【邮件】/【开始邮件合并】组，单击"开始邮件合并"按钮🔖，在弹出的下拉列表中选择"邮件合并分步向导"选项，在文档窗口的右侧将会弹出"邮件合并"面板。

> **提个醒**
> 在没有进行邮件合并时，"邮件"选项卡下的"编写和插入域"、"预览结果"和"完成"组中的所有功能都呈灰色状态，即不可用。

62
Hours

52
Hours

42
Hours

32
Hours

22
Hours

12
Hours

**STEP 02:** 选择文档类型及文档

1. 在"邮件合并"面板中，选中 ⊙ 信函 单选按钮，其他保持默认设置。
2. 在面板底部单击"下一步：开始文档"超级链接。
3. 在"选择开始"栏中选中 ⊙ 使用当前文档 单选按钮，其他保持默认设置。
4. 在面板底部依次单击两次"下一步：选择收件人"超级链接。

> **提个醒** 如果用户在进行操作时，没有准备数据表，则可在第 3 步时，选中 ⊙ 键入新列表 单选按钮，在打开的对话框中即可新建联系人。

**STEP 03:** 选择数据源

1. 打开"选取数据源"对话框，选择成绩表所在的路径，将其找到并选中。
2. 单击 打开(O) 按钮，打开"选择表格"对话框。
3. 在列表框中选择"Sheet1$"选项。
4. 单击 确定 按钮。

> **提个醒** 在"选择数据源"对话框中，可以通过单击 新建源(S) 按钮，添加邮件收件人。

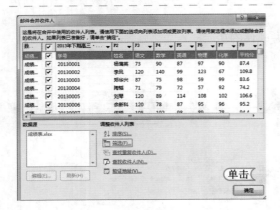

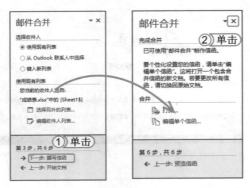

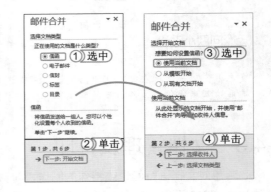

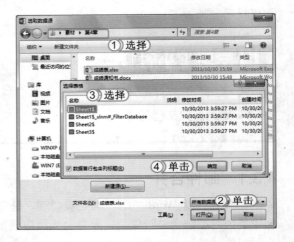

**STEP 04:** 设置邮件合并收件人

打开"邮件合并收件人"对话框，在该对话框中保持默认设置，单击 确定 按钮。

> **提个醒** 在"邮件合并收件人"对话框中，可通过选中或取消选中列表框中前方的复选框，对表格中的数据进行筛选。

**STEP 05:** 完成合并向导

1. 返回到"邮件合并"面板，依次单击"下一步"超级链接。
2. 打开"完成合并"面板，单击右上角的"关闭"按钮 ✕。

读书笔记

**STEP 06：** 选择第几条记录

将插入点定位到文本"同学"之前，选择【邮件】/【预览结果】组，单击"下一记录"按钮▶，在该按钮前的文本框中将显示数据源中的第2条记录。

> **提个醒** 在插入成绩表学生的姓名时，需要选择姓名的记录数，这里要除去数据源的表头，因此要选择第2条记录。

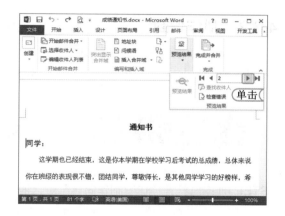

**STEP 07：** 插入名称

1. 选择【邮件】/【编写和插入域】组，单击"插入合并域"按钮，打开"插入合并域"对话框。
2. 在"域"列表框中选择"F2"选项。
3. 单击 插入(I) 按钮，插入学生名称。

> **提个醒** 在"插入合并域"对话框的"域"列表框中显示的选项代表着数据表中的列名。

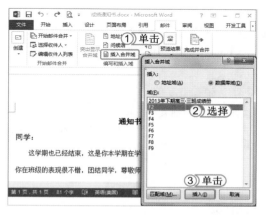

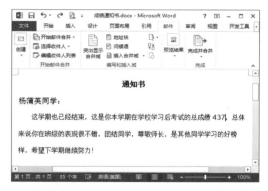

**STEP 08：** 插入成绩

1. 将插入点定位在"总成绩"之后。
2. 打开"插入合并域"对话框，选择"F9"选项。
3. 单击 插入(I) 按钮。完成成绩的插入。

> **提个醒** 如果想制作其他同学的通知书，可直接在"预览结果"组中，选择其他记录，即可快速制作出其他同学的成绩通知书。

**STEP 09：** 查看效果

返回文档中便可查看到邮件合并后的成绩通知书的效果。

> **提个醒** 在制作好邮件合并文档后，选择【邮件】/【完成】组，单击"完成并合并"按钮，在弹出的下拉列表中即可选择打印文档或发送电子邮件，并且发送的人名和成绩都是不同的。

107
72 Hours
62 Hours
52 Hours
42 Hours
32 Hours
22 Hours
12 Hours

### 4.3.2 制作信封

在 Word 中制作信封是非常方便的，用户还可以根据需求选择使用向导制作信封。下面将以制作"信封.docx"文档为例，介绍使用向导制作信封的方法。其具体操作如下：

光盘文件

效果 \ 第 4 章 \ 信封.docx

实例演示 \ 第 4 章 \ 制作信封

**STEP 01：** 打开"信封制作向导"对话框

1. 新建一个空白文档，将其保存为"信封.docx"文档。
2. 选择【邮件】/【创建】组，单击"中文信封"按钮🖃，打开"信封制作向导"对话框。

> 提个醒　　在熟悉信封的制作方法后，可直接在弹出的下拉列表中选择"信封"选项，打开"信封和标签"对话框，对信封的格式进行设置，完成信封的制作。

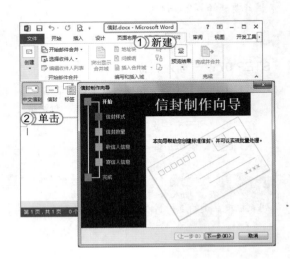

**STEP 02：** 设置信封数量

1. 在打开的对话框中依次单击 下一步(N)> 按钮，打开"选择生成信封的方式和数量"对话框时，选中 ◉键入收信人信息，生成单个信封(S) 单选按钮。
2. 单击 下一步(N)> 按钮。

> 提个醒　　如果在"选择生成信封的方式和数量"对话框中选中单选 ◉基于地址簿文件，生成批量信封(M) 按钮，再使用邮件合并连接了数据源后，则可批量制作信封。

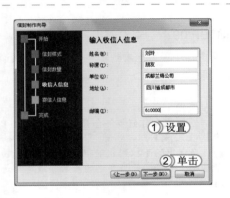

**STEP 03：** 输入收信人信息

1. 打开"输入收信人信息"对话框，在该对话框中各个文本框中输入收信人姓名、称谓、单位、地址以及邮编信息。
2. 单击 下一步(N)> 按钮。

**STEP 04:** 输入寄信人信息

1. 打开"输入寄信人信息"对话框，在该对话框中各个文本框中输入寄信人姓名、单位、地址以及邮编信息。
2. 单击 下一步(N)> 按钮，在打开的对话框中单击 完成(F) 按钮，完成信封制作。返回文档中查看制作完成后的信封效果。

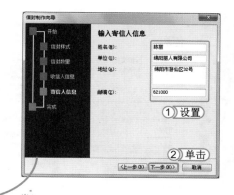

提个醒 在完成信封的制作时，系统默认会另外新建一个空白文档，显示信封效果，此时要将其重新保存为"信封.docx"文档。

109

72☒ Hours

62 Hours

52 Hours

42 Hours

32 Hours

22 Hours

12 Hours

**问题小贴士**

问：在 Word 2013 中能使用向导快速制作批量信封吗？

答：Word 2013 为了提高制作信封的效率，在信封制作向导中也添加了批量制作信封的功能，

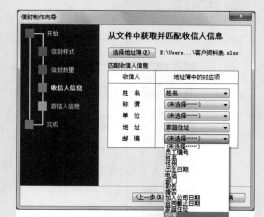

即使用户在不会的情况下也能根据信封向导对话框制作批量信封，其方法为：打开"信封制作向导"对话框，在第3步设置信封数据量对话框中选中 基于地址簿文件，生成批量信封 单选按钮，单击 下一步(N)> 按钮，在第4步设置收信人信息对话框中单击 选择地址簿(P) 按钮，打开"打开"对话框，找到整理好的"收件人信息表"工作簿，并将其打开，然后在"匹配收信人信息"栏中单击 未选择…… ▼ 按钮，在弹出的下拉列表中选择"收件人信息表"选项中的子列表信息，单击 下一步(N)> 按钮，其余步骤与制作一般信封相同，完成制作后，将会在文档中产生与"收件人信息表"记录条数一样多的信封，并且收件人的姓名、地址、单位以及邮编都会根据"收信人信息表"工作簿中信息而不同。

### 4.3.3 保护文档

文档制作完成后，为了不让文档内容被查看，可使用保护文档的功能，对文档进行一定的保护措施。其方法为：打开需要保护的文档，选择【文件】/【信息】命令，单击"保护文档"按钮，在弹出的下拉列表中选择"用密码进行加密"选项，打开"加密文档"对话框，在"密码"文本框中输入密码，单击 确定 按钮（如左图），打开"确认密码"对话框，重复输入密码，单击 确定 按钮，完成保护文档操作。在打开该文档时则需要输入密码才能打开（如右图）。

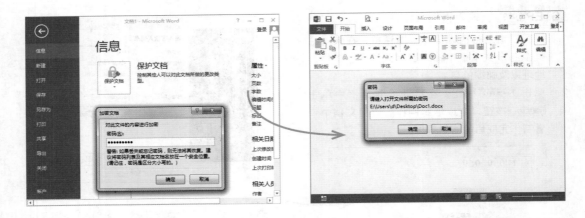

**经验一箩筐——取消密码保护**

如果用户觉得设置密码保护的文档不是很重要，也可以将密码保护取消。其方法为：打开保护文档，选择【文件】/【信息】命令，单击"保护文档"按钮 🔒，在弹出的下拉列表中选择"用密码进行加密"选项，打开"加密文档"对话框，将"密码"文本框中的密码删除，单击 确定 按钮即可，在下次打开该文档时，便不会要求输入密码。

## 4.3.4 打印并预览文档

完成文档的编辑后，为了便于查阅或提交文档纸稿，可将其打印出来。但为了避免打印时出现错误，可在打印前进行打印预览，将其调整为正确的打印效果。

在打印预览后，如果预览结果是正确的，则可将其打印。其方法为：打开需要打印的文档，选择【文件】/【打印】命令，单击"打印"按钮 🖶 即可。

下面将介绍打印时常设置的一些参数及作用。

🔑 "份数"数值框：用于设置文档打印的份数，最多不能超过 32767 份。

🔑 "打印机"下拉列表框：用于打印文档所用的打印机。

🔑 "页数"数值框：用于设置打印的页数范围。断页之间用逗号分隔，如"1,3"；连页之间用横线连接，如"3-10"。

🔑 "边距"下拉列表框：用于设置打印时，文件边缘与纸张的上下、左右边距。设置后预览区域文件边缘将立刻根据设置进行改变。

🔑 "纸张大小"下拉列表框：根据打印机中的纸张大小进行选择，设置后预览区域的纸张大小将立刻根据设置进行改变。

🔑 "纸张方向"下拉列表框：用于设置文件的打印方向，设置后预览区域的纸张方向同样会根据设置进行改变。

## 上机 1 小时 ▶ 批量制作"密函"文档

🔍 进一步掌握邮件合并的使用方法。 　　　　🔍 进一步掌握打印文档的方法。

🔍 进一步熟悉保护文档的操作。

　　本例将批量制作"密函.docx"文档，在制作文档时，用户可不用先整理要发送密函人的资料，可在邮件合并时再创建邮件发送人，然后制作成批量邀请函，并进行打印，最后对原文件进行加密保护。其最终效果如下图所示。

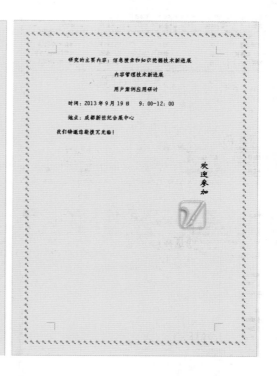

62
Hours

52
Hours

42
Hours

32
Hours

22
Hours

12
Hours

光盘
文件
素材 \ 第 4 章 \ 密函.docx
效果 \ 第 4 章 \ 密函.docx、研讨会员资料.mdb
实例演示 \ 第 4 章 \ 批量制作"密函"文档

**STEP 01:** 打开"邮件合并"面板

1. 打开"密函.docx"文档,将插入点定位到"先生"文本之前。
2. 选择【邮件】/【开始邮件合并】组,单击"开始邮件合并"按钮 。
3. 在弹出的下拉列表中选择"邮件合并分步向导"选项,在文档窗口的右侧将会弹出"邮件合并"面板。

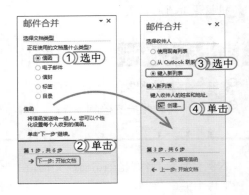

**STEP 02:** 打开"新建地址列表"对话框

1. 在"邮件合并"面板中选中 信函 单选按钮,其他保持默认设置。
2. 在面板底部单击"下一步:开始文档"超级链接。
3. 在执行到第3步时,在面板中选中 键入新列表单选按钮。
4. 单击"创建"超级链接,打开"新建地址列表"对话框。

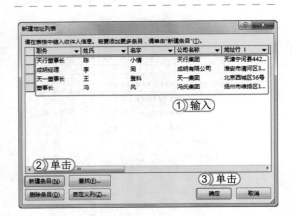

**STEP 03:** 打开"保存通讯录"对话框

1. 在打开的对话框的单元格中分别输入收件人的信息。
2. 新建第一条后,单击 新建条目(N) 按钮,添加一条新记录,再输入其他收件人信息。
3. 输入完收件人信息后,单击 确定 按钮,打开"保存通讯录"对话框。

**STEP 04:** 保存通讯录

1. 在打开的对话框中选择刚制作的通讯录的保存地址。
2. 在"文件名"文本框中直接输入保存通讯录时的名称。
3. 单击 保存(S) 按钮,完成保存通讯录操作,打开"邮件合并收件人"对话框。

**STEP 05：** 选择邮件合并人

在打开的对话框中保持默认设置，单击 确定 按钮。

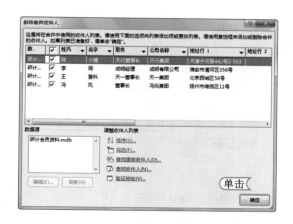

**提个醒**　　在邮件合并时，所提供的数据源中的数据资源，有时并非全部都要进行合并，此时就可在"邮件合并人"对话框中进行筛选，去掉不进行邮件合并的人员资料。

**STEP 06：** 完成合并向导

1. 返回到"邮件合并"面板中，依次单击"下一步"超级链接，直到打开"完成合并"面板。
2. 单击右上角的"关闭"按钮 ✕ 。

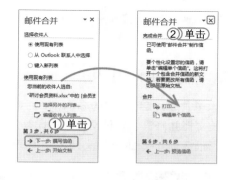

113

72 ☒
**Hours**

62
Hours
▲

52
Hours
▲

42
Hours
▲

32
Hours
▲

22
Hours
▲

12
Hours

**STEP 07：** 插入域

1. 返回到文档中选择【邮件】/【编写和插入域】组，单击"插入合并域"按钮 右侧的下拉按钮 ▾ 。
2. 在弹出的下拉列表中选择"姓氏"选项。

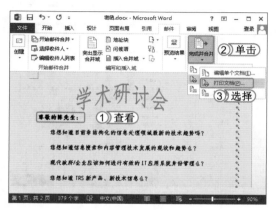

**STEP 08：** 查看并打印文档

1. 在文档中便可查看到插入的会员姓名。
2. 选择【邮件】/【完成】组，单击"完成并合并"按钮 。
3. 在弹出的下拉列表中选择"打印文档"选项，便可将邮件合并的密函进行批量打印。

**提个醒**　　打印后的文档会根据设置的邮件合并人员资料，添加不同的人名。

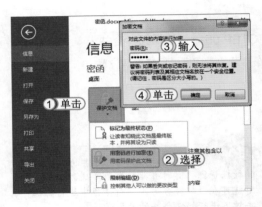

**STEP 09：** 输入密码

1. 完成打印后，选择【文件】/【信息】命令，单击"保护文档"按钮 。
2. 在弹出的下拉列表中选择"用密码进行加密"选项，打开"加密文档"对话框。
3. 在"密码"文本框中输入密码，如"134697"。
4. 单击 确定 按钮。

**STEP 10：** 确认密码

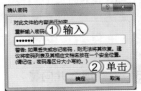

1. 打开"确认密码"对话框，再次输入密码"134697"。
2. 单击 确定 按钮，完成例子的所有操作。

# 4.4 练习 1 小时

　　本单主要讲解了利用 Word 制作长文档的相关知识，如编辑与设置长文档的目录、索引封面、审阅长文档并修订、管理文档及打印等知识，为了让用户更加熟练地运用所学知识，下面将制作"飞机结构介绍 .docx"文档，让用户在练习中巩固所学知识，在工作中学以致用。

## 制作"飞机结构介绍"文档

　　本例将制作"飞机结构介绍 .docx"文档，首先对文档创建封面，制作目录，对目录和正文插入分页符，再对文档进行校对，最后进行打印和保护操作（如密码为 123），完成整个练习的制作。最终效果如下图所示。

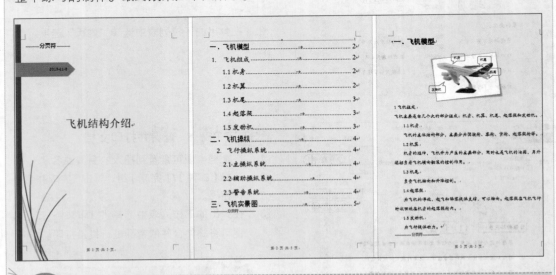

光盘
文件

素材 \ 第 4 章 \ 飞机结构介绍 .docx
效果 \ 第 4 章 \ 飞机结构介绍 .docx
实例演示 \ 第 4 章 \ 制作"飞机结构介绍"文档

72 HOURS

# Excel 2013 的基本操作

第 **5** 章

学习 **3** 小时

- 认识 Excel 2013 及简单操作
- 输入和管理数据
- 美化表格

本章将学习第二个 Office 办公软件——Excel 2013。首先认识并熟悉 Excel 2013 的基本操作，然后再学习如何在 Excel 表格中输入和编辑数据，最后对整个表格进行美化。

上机 **4** 小时

## 5.1 认识 Excel 2013 和简单操作

在对 Excel 2013 表格进行操作时，首先要对 Excel 2013 有个初步的认识，在以后的学习中再逐步深入，本节主要介绍 Excel 2013 电子表格中各元素（工作簿、工作表和单元格）的关系以及对各元素的一些简单操作。

**学习 1 小时**

- 🔍 了解工作簿、工作表和单元格的关系。
- 🔍 掌握单元格的基本操作。
- 🔍 掌握工作表的基本操作。

### 5.1.1 工作簿、工作表和单元格的认识

在 Excel 2013 中，包括工作簿、工作表和单元格 3 种对象。在默认的情况下，新建的工作簿中只有 1 张工作表，即以 "Sheet1" 命名的工作表。每张工作表都包含任意多个单元格，用户可在这些单元格中存储和处理各种类型的数据，而工作簿、工作表和单元格 3 者之间的关系则如下图所示。

> **经验一箩筐——各元素的最大限制**
>
> Excel 2013 是目前最新版本的电子表格制作软件，在以前的基础上进行了优化。目前，每个工作表中包含 16384 列 1048576 行单元格，即 16384 × 1048576=17179869184 个单元格。而工作簿中所能新建的工作表数量则不再有具体的限制，是根据用户电脑的配置来决定的。

### 5.1.2 工作表的基本操作

在办公应用中，为了能正常使用 Excel 进行办公，用户应先学习最常见的工作表操作，如添加、删除、显示、隐藏、移动和复制、重命名和保护工作表等。下面将分别对这些操作进行讲解。

#### 1. 添加工作表

在日常办公中，可根据不同的工作需求在工作簿中添加其他工作表，并且在 Excel 2013 中提供了两种工作表类型，一种是空白工作表，另一种是模板工作表，下面将分别对这两种工作表的添加方法进行介绍。

#### （1）添加空白工作表

在 Excel 中，系统为用户提供了 3 种添加空白工作表的方法，下面将分别进行介绍。

🔑 **通过按钮新建**：在工作簿的 "Sheet1" 工作表中，单击工作表标签的 "新工作表" 按钮 ⊕，将会自动添加名为 "Sheet2" 的工作表。

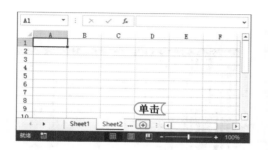

🔑 **通过"单元格"功能面板添加：** 打开工作簿，选择【开始】/【单元格】组，单击"插入"按钮🔲，在弹出的下拉列表中选择"插入工作表"选项，即可在当前工作表之前插入新工作表。

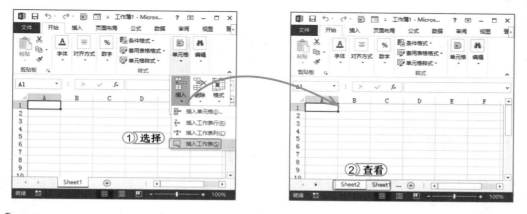

🔑 **通过对话框添加：** 打开工作簿，在工作标签上单击鼠标右键，在弹出的快捷菜中选择"插入"命令，打开"插入"对话框，在"常用"选项卡中选择"工作表"选项，单击 确定 按钮便可添加新工作表。

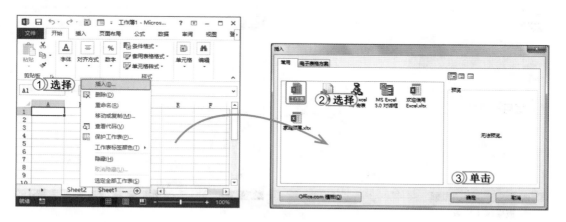

### （2）添加模板工作表

在 Excel 2013 中，除了新建空白工作表，用户还可以创建联机模板，或在已有工作表的基础上添加系统自带的本地模板。其方法为：选择当前工作表的标签，单击鼠标右键，在弹出的快捷菜单中选择"插入"命令，打开"插入"对话框，选择"电子表格方案"选项卡，在列表框中可根据实际需求选择不同的工作表，单击 确定 按钮即可。

117

72☒
Hours

62
Hours

52
Hours

42
Hours

32
Hours

22
Hours

12
Hours

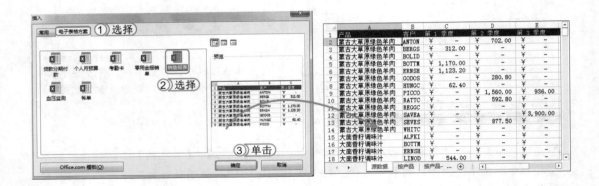

**问题小贴士**

问: 在 Excel 2013 中, 怎么删除不需要的工作表呢?

答: 删除工作表的方法其实很简单, 只需在"切换工作条"栏中选中需要删除的工作表的标签, 并单击鼠标右键, 在弹出的快捷菜单中选择"删除"命令, 弹出提示对话框, 单击 **确定** 按钮, 便可将其删除。

### 2. 隐藏与显示工作表

在 Excel 中, 为用户提供了隐藏与显示工作表功能(也可以隐藏与显示工作表的行和列), 用户可以将重要的工作表进行隐藏, 让其他用户无法查看工作表中的数据, 待需要时再将其进行显示, 下面将分别介绍其隐藏与显示工作表的方法。

🔑 隐藏工作表: 选择需要隐藏的工作表, 选择【开始】/【单元格】组, 单击"格式"按钮🗅, 在弹出的下拉列表中选择【隐藏和取消隐藏】/【隐藏工作表】选项, 便可将选择的工作表进行隐藏。

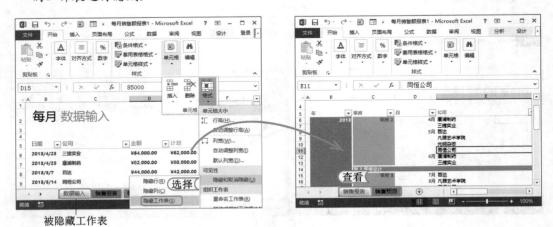

被隐藏工作表

🔑 显示工作表: 在工作表中, 选择【开始】/【单元格】组, 单击"格式"按钮🗅, 在弹出的下拉列表中选择【隐藏和取消隐藏】/【取消隐藏工作表】选项。打开"取消隐藏"对话框, 在"取消隐藏工作表"列表框中选择需显示的工作表, 单击 **确定** 按钮, 便可将工作表显示出来。

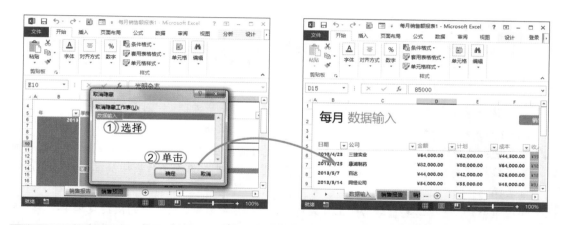

■ 经验一箩筐——快速隐藏与显示工作表

选择需要隐藏的工作表标签，单击鼠标右键，在弹出的快捷菜单中选择"隐藏"命令，即可将其隐藏；如果要显示工作表，在任一工作表标签上单击鼠标右键，在弹出的快捷菜单中选择"取消隐藏"命令，在打开的对话框中选择需要显示的工作表，单击 确定 按钮，便可将其显示。但需注意的是，一定要有隐藏的工作表，才能对显示工作表进行操作。

### 3. 移动与复制工作表

有时在工作簿中为了工作需求，而对工作表进行相应的调整，下面将介绍两种移动与复制工作表的方法。

🔑 **拖动法**：直接选择需要移动的工作表，按住鼠标左键不放，当鼠标光标变为 🔲 形状时，便可拖动鼠标，当 ▼ 标记移动到目标位置时，释放鼠标即可，而复制工作表，则在移动的过程中按住 Ctrl 键不放即可。

🔑 **对话框操作**：选择需要移动或复制的工作表标签，单击鼠标右键，在弹出的快捷菜单中选择"移动或复制"命令，打开"移动或复制工作表"对话框，在"下列选定工作表之前"列表框中选择需要将所选工作表移动到的位置，单击 确定 按钮即可，如果要对所选工作表进行复制，则要在该对话框中选中 ☑建立副本(C) 复选框即可。

提个醒

在"移动或复制工作表"对话框中的"工作簿"下拉列表框中可选择其他工作簿，便可将所选工作表移动或复制到其他工作簿中。

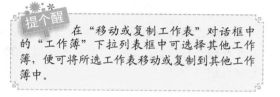 ——移动后的效果

 ——复制后的效果

62
Hours
▲

52
Hours
▲

42
Hours
▲

32
Hours

22
Hours
▲

12
Hours

### 4. 设置工作表

在 Excel 中，添加工作表时，工作表的标签中会显示系统默认的工作名及标签样式，这样不便于区别工作表的作用，一般工作表名要达到顾名思义的目的，因此可对工作表的名称和标签样式进行修改，下面将分别介绍其方法。

#### （1）重命名工作表

Excel 有多种重命名工作表的方法，下面将介绍两种最快且最适用的方法。

🔑 **双击法**：选择需要重命名的工作表标签，并使用鼠标左键双击该标签，此时工作表名称则呈可编辑状态，输入新的工作表名称，然后按 Enter 键或单击工作表中的其他位置完成重命名操作。

🔑 **快捷菜单法**：选择需要重命名的工作表标签，单击鼠标右键，在弹出的快捷菜单中选择"重命名"命令。此时工作表名称呈可编辑状态，输入新的工作表名称，然后按 Enter 键或单击工作表中的其他位置完成重命名操作。

#### （2）设置工作表标签颜色

设置工作表标签颜色，不仅可以起到美化的效果，还能达到醒目的目的。其方法为：选择需设置的工作表标签，单击鼠标右键，在弹出的快捷菜单中选择"工作表标签颜色"命令，在弹出的下一级菜单中选择需要的颜色即可，如果该菜单中的颜色不能满足用户的需求，此时还可以选择"其他颜色"命令，打开"颜色"对话框，在"自定义"选项卡中配置需要的颜色，单击 确定 按钮即可。

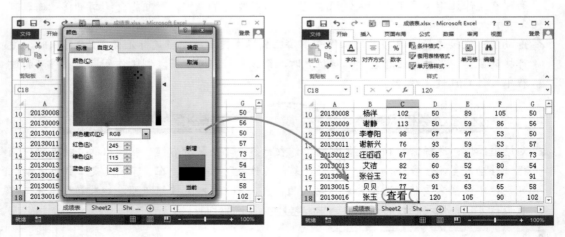

### 5. 保护和取消保护工作表

在 Excel 中，为了防止其他用户对工作表进行操作（插入、删除行和列、格式设置），可以对工作表进行保护。若用户需对设置保护的工作表进行编辑则必须撤销工作表的保护。下面将分别介绍其方法。

#### （1）保护工作表

在保护工作表的同时，也可以保护单元格中的数据。其方法为：选择需要保护的工作表，选择【开始】/【单元格】组，单击"格式"按钮，在弹出的下拉列表中选择"保护工作表"选项。打开"保护工作表"对话框，在其中输入密码并设置允许其他用户对该工作表进行的操作，单击 确定 按钮。打开"确认密码"对话框，再次输入密码，并单击 确定 按钮，完成保护工作表的操作。

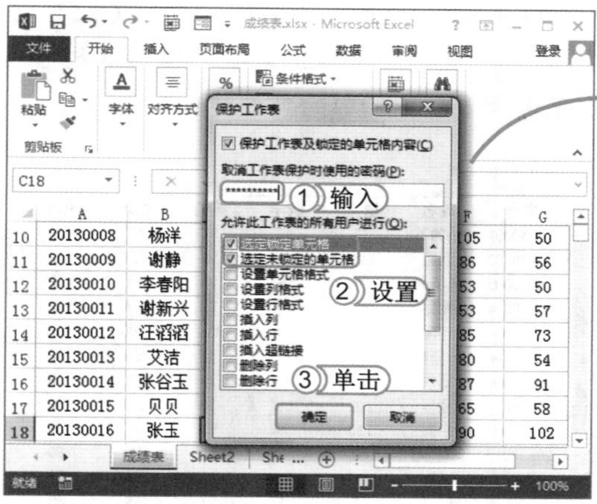


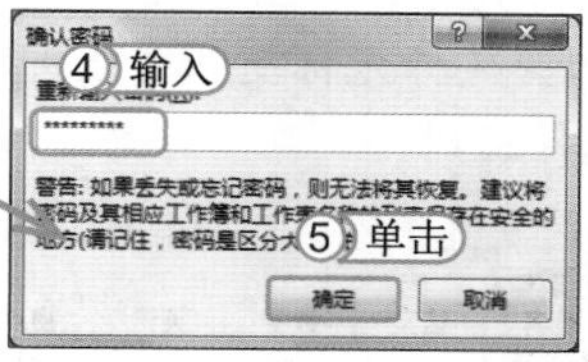


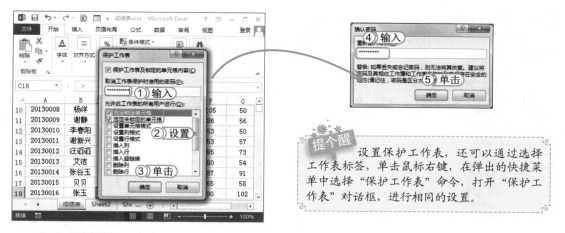

提个醒 设置保护工作表，还可以通过选择工作表标签，单击鼠标右键，在弹出的快捷菜单中选择“保护工作表”命令，打开“保护工作表”对话框，进行相同的设置。

（2）取消保护工作表

设置保护的工作表，若要取消该操作，则可选择【开始】/【单元格】组，单击“格式”按钮，在弹出的下拉列表中选择“撤销工作表保护”选项。打开“撤销工作表保护”对话框，在“密码”文本框中输入设置保护时输入的密码，单击确定按钮。

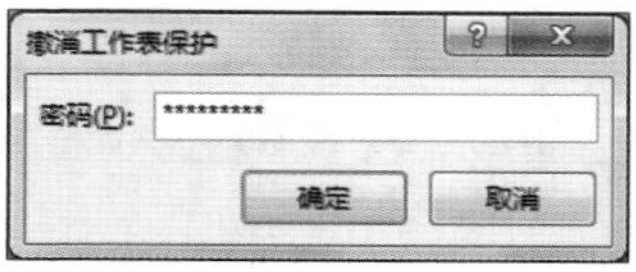


提个醒 设置取消保护工作表时，同样可以选择工作表标签，单击鼠标右键，在弹出的快捷菜单中选择“撤销工作表保护”命令，打开左图所示的对话框进行操作。

## 5.1.3 单元格的基本操作

单元格是构成电子表格的基础，也是输入和编辑数据的最终场所。因此作为办公人员一定要熟练掌握单元格的基本操作，如插入、合并、拆分、删除、移动和复制以及隐藏及显示单元格等。

### 1. 选择单元格

在对 Excel 中的单元格进行操作前，还需要了解如何选择单元格，对单元格的选择可以是单个、整行、整列、连续或不连续以及工作表中的所有单元格，下面将分别介绍其选择方法。

- 选择单个单元格：直接用鼠标左键单击单元格或在地址栏中输入单元格的行号和列号，然后按 Enter 键即可选择该单元格。

- 选择整行单元格：将鼠标光标移动到某一行行号上，当鼠标光标变成➡形状时，单击鼠标左键选择该行。

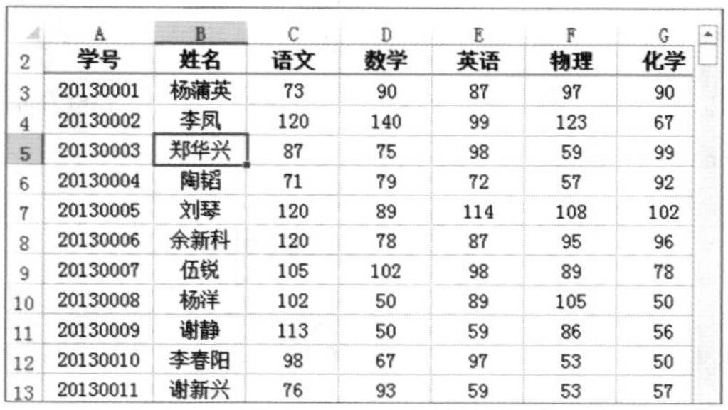

| | A | B | C | D | E | F | G |
|---|---|---|---|---|---|---|---|
| 2 | 学号 | 姓名 | 语文 | 数学 | 英语 | 物理 | 化学 |
| 3 | 20130001 | 杨浦英 | 73 | 90 | 87 | 97 | 90 |
| 4 | 20130002 | 李凤 | 120 | 140 | 99 | 123 | 67 |
| 5 | 20130003 | 郑华兴 | 87 | 75 | 98 | 59 | 99 |
| 6 | 20130004 | 陶韬 | 71 | 79 | 72 | 57 | 92 |
| 7 | 20130005 | 刘琴 | 120 | 89 | 114 | 108 | 102 |
| 8 | 20130006 | 余新科 | 120 | 78 | 87 | 95 | 96 |
| 9 | 20130007 | 伍锐 | 105 | 102 | 98 | 89 | 78 |
| 10 | 20130008 | 杨洋 | 102 | 50 | 89 | 105 | 50 |
| 11 | 20130009 | 谢静 | 113 | 50 | 59 | 86 | 56 |
| 12 | 20130010 | 李春阳 | 98 | 67 | 97 | 53 | 50 |
| 13 | 20130011 | 谢新兴 | 76 | 93 | 59 | 53 | 57 |

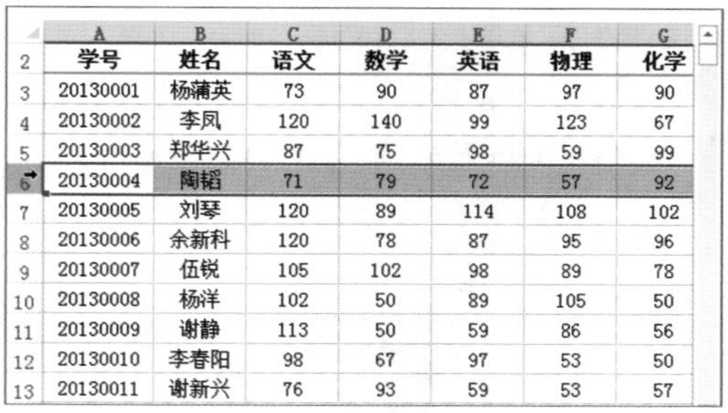

| | A | B | C | D | E | F | G |
|---|---|---|---|---|---|---|---|
| 2 | 学号 | 姓名 | 语文 | 数学 | 英语 | 物理 | 化学 |
| 3 | 20130001 | 杨浦英 | 73 | 90 | 87 | 97 | 90 |
| 4 | 20130002 | 李凤 | 120 | 140 | 99 | 123 | 67 |
| 5 | 20130003 | 郑华兴 | 87 | 75 | 98 | 59 | 99 |
| 6 | 20130004 | 陶韬 | 71 | 79 | 72 | 57 | 92 |
| 7 | 20130005 | 刘琴 | 120 | 89 | 114 | 108 | 102 |
| 8 | 20130006 | 余新科 | 120 | 78 | 87 | 95 | 96 |
| 9 | 20130007 | 伍锐 | 105 | 102 | 98 | 89 | 78 |
| 10 | 20130008 | 杨洋 | 102 | 50 | 89 | 105 | 50 |
| 11 | 20130009 | 谢静 | 113 | 50 | 59 | 86 | 56 |
| 12 | 20130010 | 李春阳 | 98 | 67 | 97 | 53 | 50 |
| 13 | 20130011 | 谢新兴 | 76 | 93 | 59 | 53 | 57 |

🔑 **选择整列单元格**：将鼠标光标移动到某一列列标上，当鼠标光标变成↓形状时，单击鼠标左键选择该列。

🔑 **选择不相邻的多个单元格**：按住 Ctrl 键不放，再使用鼠标逐个单击需要选择的单元格，即可选择多个不相邻的单元格。

| | A | B | C | D | E | F | G |
|---|---|---|---|---|---|---|---|
| 2 | 学号 | 姓名 | 语文 | 数学 | 英语 | 物理 | 化学 |
| 3 | 20130001 | 杨蒲英 | 73 | 90 | 87 | 97 | 90 |
| 4 | 20130002 | 李凤 | 120 | 140 | 99 | 123 | 67 |
| 5 | 20130003 | 郑华兴 | 87 | 75 | 98 | 59 | 99 |
| 6 | 20130004 | 陶韬 | 71 | 79 | 72 | 57 | 92 |
| 7 | 20130005 | 刘琴 | 120 | 89 | 114 | 108 | 102 |
| 8 | 20130006 | 余新科 | 120 | 78 | 87 | 95 | 96 |
| 9 | 20130007 | 伍锐 | 105 | 102 | 98 | 89 | 78 |
| 10 | 20130008 | 杨洋 | 102 | 89 | 89 | 105 | 50 |
| 11 | 20130009 | 谢静 | 113 | 50 | 59 | 86 | 56 |
| 12 | 20130010 | 李春阳 | 98 | 67 | 97 | 53 | 50 |
| 13 | 20130011 | 谢新兴 | 76 | 93 | 59 | 53 | 57 |
| | 20130012 | 汪泽涵 | 67 | 65 | 81 | 85 | 73 |

| | A | B | C | D | E | F | G |
|---|---|---|---|---|---|---|---|
| 2 | 学号 | 姓名 | 语文 | 数学 | 英语 | 物理 | 化学 |
| 3 | 20130001 | 杨蒲英 | 73 | 90 | 87 | 97 | 90 |
| 4 | 20130002 | 李凤 | 120 | 140 | 99 | 123 | 67 |
| 5 | 20130003 | 郑华兴 | 87 | 75 | 98 | 59 | 99 |
| 6 | 20130004 | 陶韬 | 71 | 79 | 72 | 57 | 92 |
| 7 | 20130006 | 余新科 | 120 | 78 | 87 | 95 | 96 |
| 8 | 20130007 | 伍锐 | 105 | 102 | 98 | 89 | 78 |
| 10 | 20130008 | 杨洋 | 102 | 50 | 89 | 105 | 50 |
| 11 | 20130009 | 谢静 | 113 | 50 | 59 | 86 | 56 |
| 12 | 20130010 | 李春阳 | 98 | 67 | 97 | 53 | 50 |
| 13 | 20130011 | 谢新兴 | 76 | 93 | 59 | 53 | 57 |
| 14 | 20130012 | 汪泽涵 | 67 | 65 | 81 | 85 | 73 |

🔑 **选择相邻的多个单元格**：选择相邻的第一个单元格后按住鼠标左键不放，拖动到最后一个目标单元格，释放鼠标即可；也可选择相邻的第一个单元格后按住 Shift 键的同时单击最后一个目标单元格。

🔑 **选择全部单元格**：在工作表的编辑区域的左上角，即行标记与列标记交叉处，单击"全选"按钮 ，便可将当前工作表中的所有单元格选中；也可按 Ctrl+A 组合键实现同样的效果。

| | A | B | C | D | E | F | G |
|---|---|---|---|---|---|---|---|
| 2 | 学号 | 姓名 | 语文 | 数学 | 英语 | 物理 | 化学 |
| 3 | 20130001 | 杨蒲英 | 73 | 90 | 87 | 97 | 90 |
| 4 | 20130002 | 李凤 | 120 | 140 | 99 | 123 | 67 |
| 5 | 20130003 | 郑华兴 | 87 | 75 | 98 | 59 | 99 |
| 6 | 20130004 | 陶韬 | 71 | 79 | 72 | 57 | 92 |
| 7 | 20130005 | 刘琴 | 120 | 89 | 114 | 108 | 102 |
| 8 | 20130006 | 余新科 | 120 | 78 | 87 | 95 | 96 |
| 9 | 20130007 | 伍锐 | 105 | 102 | 98 | 89 | 78 |
| 10 | 20130008 | 杨洋 | 102 | 50 | 89 | 105 | 50 |
| 11 | 20130009 | 谢静 | 113 | 50 | 59 | 86 | 56 |
| 12 | 20130010 | 李春阳 | 98 | 67 | 97 | 53 | 50 |
| 13 | 20130011 | 谢新兴 | 76 | 93 | 59 | 53 | 57 |

| | A | B | C | D | E | F | G |
|---|---|---|---|---|---|---|---|
| 2 | 学号 | 姓名 | 语文 | 数学 | 英语 | 物理 | 化学 |
| 3 | 20130001 | 杨蒲英 | 73 | 90 | 87 | 97 | 90 |
| 4 | 20130002 | 李凤 | 120 | 140 | 99 | 123 | 67 |
| 5 | 20130003 | 郑华兴 | 87 | 75 | 98 | 59 | 99 |
| 6 | 20130004 | 陶韬 | 71 | 79 | 72 | 57 | 92 |
| 7 | 20130005 | 刘琴 | 120 | 89 | 114 | 108 | 102 |
| 8 | 20130006 | 余新科 | 120 | 78 | 87 | 95 | 96 |
| 9 | 20130007 | 伍锐 | 105 | 102 | 98 | 89 | 78 |
| 10 | 20130008 | 杨洋 | 102 | 89 | 89 | 105 | 50 |
| 11 | 20130009 | 谢静 | 113 | 50 | 59 | 86 | 56 |
| 12 | 20130010 | 李春阳 | 98 | 67 | 97 | 53 | 50 |
| 13 | 20130011 | 谢新兴 | 76 | 93 | 59 | 53 | 57 |

### 2. 插入和删除单元格

在日常办公中，用户可根据实际的工作情况，将工作表中的单元格进行插入和删除操作，并且在插入或删除单元格时也包括整行或整列的插入或删除操作，其方法都可通过选择【开始】/【单元格】组，单击不同的按钮进行实现，下面将介绍其具体的操作方法。

🔑 **插入单元格**：在工作表中，选择需要插入单元格的位置，选择【开始】/【单元格】组，单击"插入"按钮 ，在弹出的下拉列表中选择"插入单元格"选项，打开"插入"对话框，便可选择需要插入单元格的方式后，单击 确定 按钮完成插入单元格操作。

🔑 **删除单元格**：在工作表中，选择需要删除的单元格，选择【开始】/【单元格】组，单击"删除"按钮 ，在弹出的下拉列表中选择"删除单元格"选项，打开"删除"对话框，选择需要删除单元格的方式后，单击 确定 按钮完成删除单元格操作。

**▌经验一箩筐——快速插入或删除单元格**

在工作表中，选择需要插入单元格的位置或选择需要删除的单元格，单击鼠标右键，在弹出的快捷菜单中选择"插入"或"删除"命令，将会打开"插入"或"删除"对话框，其操作与正文中所讲相同。如果插入或删除整行及整列则不会出现"插入"或"删除"对话框。

### 3. 合并与拆分单元格

在工作表中对单元格进行合并与拆分操作是非常见的，如在工作中输入的表格标题、名称、文本或数据等需要较大单元格的内容时，都需要进行合并操作，而拆分则只能对合并后的单元格进行。

#### （1）合并单元格

在工作表中合并单元格是非常简单的，其方法为：在工作表中选择需合并的单元格区域，选择【开始】/【对齐方式】组，单击"合并后居中"按钮右侧的下拉按钮▼，在弹出的下拉列表中选择合并单元格的方式即可完成合并，如下图所示为选择"合并后居中"选项的效果。

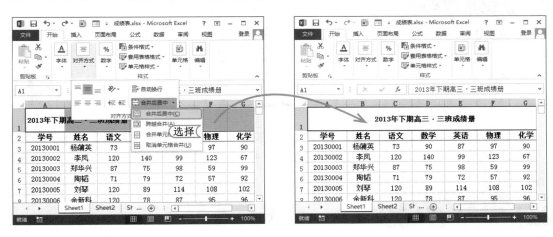

#### （2）拆分单元格

拆分单元格的方法与合并单元格的方法相似，在工作表中选择合并后的单元格，选择【开始】/【对齐方式】组，单击"合并后居中"按钮右侧的下拉按钮▼，在弹出的下拉列表中选择"取消单元格合并"选项，便可完成操作。

### 4. 设置单元格的行高和列宽

通过对单元格的行高和列宽进行调整，可更好地显示单元格中的数据内容，也可方便用户对整个工作表的浏览。调整行高和列宽的方法一般是通过拖动鼠标或使用对话框的形式进行调整，下面将分别讲解其操作方法。

🔑**拖动鼠标调整**：将鼠标光标移到行号或列标上的分隔线上，当鼠标光标变为➕或➕形状时，按住鼠标左键并拖动至合适的行高或列宽时释放鼠标左键即可完成调整行高和列宽的操作。

123

72图
Hours

62
Hours

52
Hours

42
Hours

32
Hours

22
Hours

12
Hours

🔑 **通过对话框调整**：在工作表中选择【开始】/
【单元格】组，单击"格式"按钮，在弹
出的下拉列表中选择"行高"或"列宽"选项，
便可打开"行高"或"列宽"对话框，在文
本框中输入具体的数据后，单击 **确定** 按钮，
便可完成使用对话框调整行高或列宽的操作。

▎**经验一箩筐——通过拖动鼠标与通过对话框调整的区别**

> 如果使用拖动鼠标的方法，更简单直接，但是不能精确地对行高和列宽进行调整，而利用对话
> 框则可对表格中的行高或列宽进行精确调整。

**上机 1 小时** ▶ **制作"获奖榜单"工作簿**

🔍 进一步掌握居中合并的方法。　　🔍 进一步熟练复制工作表的方法。

🔍 进一步掌握单元格的删除方法。　　🔍 巩固重命名工作表的操作。

🔍 熟练调整单元格的行高和列宽。　　🔍 进一步巩固保护工作表的方法。

　　下面将对"获奖榜单 .xlsx"工作簿中的工作表和单元格进行操作，如添加工作表、重命
名工作表，对单元格进行合并，调整单元格的行高和列高，在没有公布获奖名单时对工作表进
行隐藏等，其最终效果如下图所示。

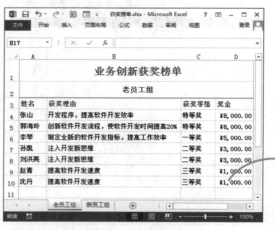

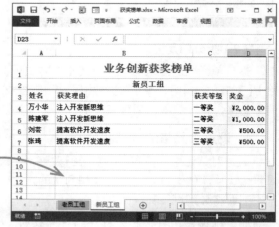

光盘
文件
素材 \ 第 5 章 \ 获奖榜单 .xlsx
效果 \ 第 5 章 \ 获奖榜单 .xlsx
实例演示 \ 第 5 章 \ 制作"获奖榜单"工作簿

**STEP 01：** 合并后居中单元格

1. 打开"获奖榜单.xlsx"工作簿，选择 A1:D1 单元格区域。

2. 选择【开始】/【对齐方式】组，单击"合并后居中"按钮，完成合并后居中操作。

> **提个醒**
> 　　如只需对单元格进行简单的合并居中，可直接单击"合并后居中"按钮，同样的操作也可在选择单元格后，单击鼠标右键，可在弹出的浮动面板中单击"合并后居中"按钮。

**STEP 02：** 合并其他单元格

分别选择 A2:D2 和 A11:D11 单元格区域。使用相同的方法将单元格进行合并居中，返回工作表中查看效果。

> **提个醒**
> 　　如果要同时选择连续和不连续的单元格，可以结合 Shift 键和 Ctrl 键选择，先使用选择连续的方法选择单元格，再使用不连续的方法选择单元格即可，但在选择的过程中不能用鼠标左键单击不需要选择的单元格。

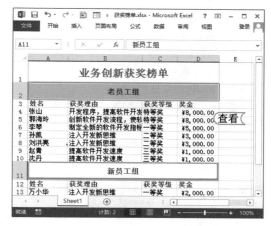

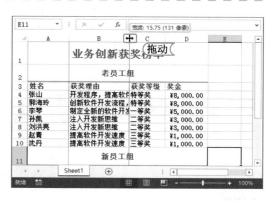

**STEP 03：** 调整列宽

将鼠标光标移至 B 列标和 C 列标之间的分隔线上，当鼠标光标变为 ✛ 形状时，按住鼠标左键拖动鼠标至合适的列宽，释放鼠标即可。

> **提个醒**
> 　　将鼠标光标移到行号和列宽的分隔线上，当鼠标光标变为 ✛ 或 ✛ 形状时，双击鼠标左键，便可以单元格的数据内容来调整行高和列宽的间距。

**STEP 04：** 调整行高

将鼠标光标移至行号为 3 和 4 之间的分隔线上，当鼠标光标变为 ✛ 形状时，按住鼠标左键拖动鼠标至合适的行高即可。

62
Hours
▲

52
Hours
▲

42
Hours
▲

32
Hours
▲

22
Hours
▲

12
Hours

**STEP 05：** 调整其他单元格的行高和列宽

重复调整单元格的列宽和行高的步骤，将工作表中的其他单元格调整至合适的行高和列宽的位置。

> **提个醒** 如果调整的单元格太多，建议选择所有需要调整的单元格，使用"行高"和"列宽"对话框进行调整。

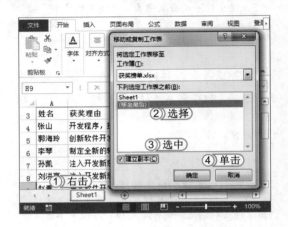

**STEP 06：** 复制工作表

1. 选择"Sheet1"工作表，单击鼠标右键，在弹出的快捷菜单中选择"移动或复制"命令，打开"移动或复制工作表"对话框。
2. 在"下列选定工作表之前"列表框中选择"（移至最后）"选项。
3. 选中☑️建立副本(C)复选框。
4. 单击 确定 按钮，完成复制工作表的操作。

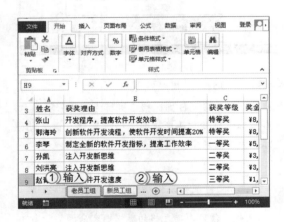

**STEP 07：** 重命名工作表

1. 选择"Sheet1"工作表，并双击该标签，输入文本"老员工组"，按 Enter 键，结束命名。
2. 选择"Sheet2"工作表，使用相同的方法，将其重命名为"新员工组"。

> **提个醒** 选择工作表标签时，按 F2 键，也可使工作表名的标签变为可编辑状态，输入其他的工作表名，达到重命名效果。

**STEP 08：** 设置工作标签的颜色

选择"老员工组"工作表，单击鼠标右键，在弹出的快捷菜单中选择【工作表标签颜色】/【红色，着色2，淡色60%】命令，同样将"新员工组"工作表标签设置为"水绿色，着色5，淡色40%"。

## STEP 09： 删除单元格

1. 切换到"老员工组"工作表，选择 A11:D16 单元格区域。单击鼠标右键，在弹出的快捷菜单中选择"删除"命令。

2. 打开"删除"对话框，在"删除"栏中选中 ⊙ 整行(R) 单选按钮。

3. 单击 确定 按钮，完成删除单元格操作。

## STEP 10： 继续删除单元格

1. 切换到"新员工组"工作表，选择 A2:D10 单元格区域。单击鼠标右键，在弹出的快捷菜单中选择"删除"命令。

2. 打开"删除"对话框，在"删除"栏中选中 ⊙ 整行(R) 单选按钮。

3. 单击 确定 按钮，完成删除单元格操作。

127

72图
Hours

62
Hours

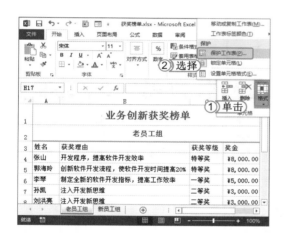

## STEP 11： 打开"保护工作表"对话框

1. 分别选择"老员工组"和"新员工组"工作表，选择【开始】/【单元格】组，单击"格式"按钮。

2. 在弹出的下拉列表中选择"保护工作表"选项，打开"保护工作表"对话框。

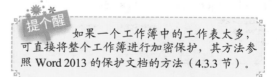
提个醒　如果一个工作簿中的工作表太多，可直接将整个工作簿进行加密保护，其方法参照 Word 2013 的保护文档的方法（4.3.3 节）。

52
Hours

42
Hours

## STEP 12： 设置密码保护

1. 在"取消工作表保护时使用的密码"文本框中输入密码"540397256"。

2. 在下拉列表框中取消选中 □选定锁定单元格 和 □选定未锁定的单元格 复选框。

3. 单击 确定 按钮，打开"确认密码"对话框。

4. 在"重新输入密码"文本框中再次输入"540397256"。

5. 单击 确定 按钮，按 Ctrl+S 组合键将其保存，完成本例所有操作。

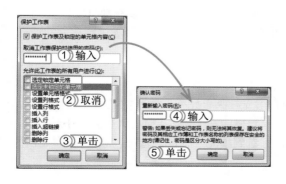

32
Hours

22
Hours

12
Hours

## 5.2 输入和管理数据

在 Excel 中，用户只能在单元格中输入内容，这些内容可以是英文字母、汉字、数字、符号和日期时间等。数据输入完成后，为了方便编辑，应该对 Excel 中的数据进行合理的管理操作，下面将分别对输入数据和管理数据的方法进行介绍。

**学习1小时**

- 🔍 掌握输入基本数据的方法。
- 🔍 掌握如何快速填充数据。
- 🔍 了解编辑数据的方法。
- 🔍 掌握查找和替换数据的功能。
- 🔍 掌握数据验证规则。

### 5.2.1 输入基本数据

在 Excel 的单元格中也可输入各种各样的数据，如最常见的文本、数字和日期时间等，其方法很简单，只需选中需要输入数据的单元格，即可直接将数据输入到单元格中。若想为下行单元格输入数据只需按 Enter 键即可。如果想在单元格中输入符号，则要通过选择需要输入特殊符号的单元格，选择【插入】/【符号】组，单击"符号"按钮 Ω，在打开的"符号"对话框中选择"符号"选项卡，在列表框中选择需要和字符，依次单击 [插入①] 按钮和 [关闭] 按钮即可。

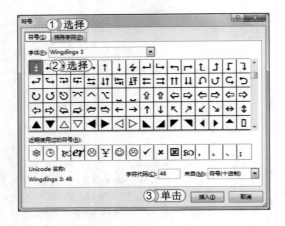

> ▌经验一箩筐——显示隐藏的数据
>
> 如果在单元格中输入的文本宽度超过单元格本身，并且其右侧的单元格中又有数据时，系统默认只显示单元格中列宽范围以内的数据内容，其余部分将会被隐藏，但却真实存在。

### 5.2.2 快速填充数据

当用户在工作簿中输入一些相同或有规律的数据时，可以使用快速填充数据功能大大提高工作效率。快速填充数据分为填充相同的数据和填充有规律的数据，下面就讲解它们的填充方法。

#### 1. 填充相同的数据

若需要在一列单元格中填充相同的数据，用户可先在某单元格中输入数据，如在 C3 单元格中输入"男"。选择 F4 单元格，将鼠标光标移至单元格的右下角，当鼠标光标变为 ✚ 形状时，按住鼠标左键向下拖动到 C4 单元格后释放鼠标，可看到填充了相同的数据，或选择要填充相同数据的单元格，按 Ctrl+Enter 组合键也可实现填充相同数据的效果。

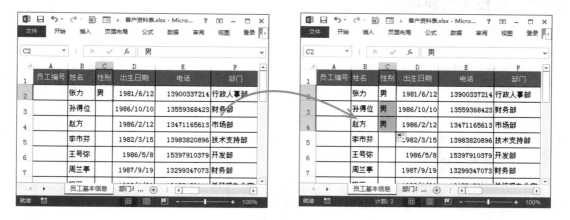

### 2. 填充有规律的数据

选择起始单元格并输入起始数据，选择【开始】/【编辑】组，单击"填充"按钮，在弹出的下拉列表中选择"序列"选项，打开"序列"对话框，在该对话框中设置填充方向、填充类型以及步长值和终止值，单击 **确定** 按钮，完成有规律数据的填充。

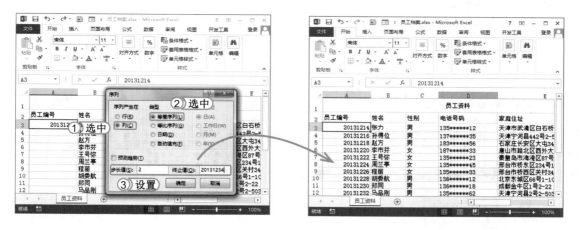

## 5.2.3 编辑数据

在数据表中输入数据后，为了满足工作需求，还需对输入后的数据进行编辑，如移动、复制、修改和删除等操作，其操作与 Word 的数据操作基本相同，下面将分别对其进行讲解。

🔑 **移动数据**：选择需要移动数据所在的单元格，按Ctrl+X组合键，进行剪切，选择目标单元格，按 Ctrl+V 组合键，进行粘贴，完成移动数据的操作。

🔑 **复制数据**：选择需要移动数据所在的单元格，按Ctrl+C组合键，进行复制，选择目标单元格，按 Ctrl+V 组合键，进行粘贴，完成复制数据的操作。

🔑 **修改数据**：通过使用鼠标单击或双击需要修改的单元格，然后直接重新输入数据。此外，也可选中需要修改的单元格，再在编辑栏中对数据重新输入以进行修改，完成数据修改操作。

🔑 **删除数据**：选择需要删除数据所在的单元格，直接按 Delete 键即可，也可以单击鼠标右键，在弹出的快捷菜单中选择"清除内容"命令，完成删除数据的操作。

129

72☒
Hours

62
Hours

52
Hours

42
Hours

32
Hours

22
Hours

12
Hours

### 5.2.4　查找和替换数据

在输入数据后，若要快速查看某一数据，可使用查找功能快速定位到数据所在的单元格，如果要查找一些特殊的数据或格式，还可使用定位条件功能，将其选择后设置。若要对数据进行修改，且修改的数量较大时，则可使用替换功能将其替换。下面将分别介绍其操作方法。

#### 1. 查找数据

在 Excel 中不仅可以查找普通的数据，也可对特殊的字符进行查找，如空值、公式所在的单元格以及条件格式等，下面将分别对其进行介绍。

##### （1）普通的数据查找

在工作表中查找数据，可选择【开始】/【编辑】组，单击"查找和选择"按钮 🔍，在弹出的下拉列表中选择"查找"选项，打开"查找和替换"对话框，在查找内容文本框中输入查找的数据，单击 查找全部(I) 按钮，即可在工作表中逐个查找并选择数据所在的单元格，如左图所示；如果单击 查找下一个(F) 按钮，查找所有满足条件的记录，并显示在"查找和替换"对话框底部的列表框中，如右图所示。

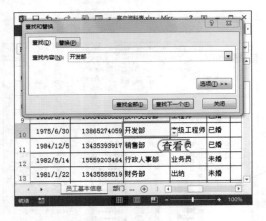

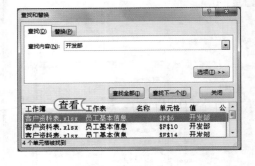

##### （2）查找特殊数据

在工作表中，可以使用定位条件的功能，对一些特殊字符进行批量查找并将其选中，其方法为：在工作表中选择【开始】/【编辑】组，单击"查找和选择"按钮 🔍，在弹出的下拉列表中选择"定位条件"选项，打开"定位条件"对话框，选中需要查找的单元格。单击 确定 按钮，便可在工作表中查找到所需数据的单元格。

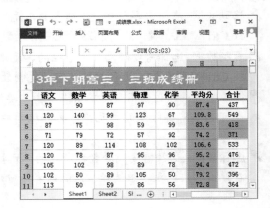

### 2. 替换数据

在 Excel 中，替换数据其实很简单，与 Word 2013 的替换一样，表格中出现错误的数据或已过时的数据，都可使用替换功能将其一次替换，从而提高工作效率，还不容易出错或漏掉。其方法为：选择【选择】/【编辑】组，单击"查找和替换"按钮 🔍，在弹出的下拉列表中选择"替换"选项，打开"查找和替换"对话框，选择"替换"选项卡，在"查找内容"文本框中输入需要查找的文本或数据，在"替换内容"文本框中输入需要替换成的文本或数据，单击 查找下一个(F) 按钮，便可在当前工作表中查找到符合条件的数据，单击 查找全部(I) 按钮将其全部替换。

**经验一箩筐——快速进行查找与替换**

不管是查找还是替换操作，都可按 Ctrl+F 组合键，打开"查找和替换"对话框，在"替换"和"查找"选项卡中设置需要查找或替换的内容。

## 5.2.5 数据的验证规则

在 Excel 中为了避免输入数据时，出现错误数据或重复数据，可先对输入的数据设置数据的验证规则，如有效性条件验证、出错警告提示等。如果在输入出错时，则会使用数据的验证规则对数据进行验证，如果不满足验证规则弹出提示错误对话框，这样既保证了数据的正确性，同时也提高了数据的录入效率。

### 1. 设置有效性条件验证

在 Excel 中，为了确保数据的有效性和唯一性，如公司代码、商品编号和身份证号码等，可设置数据的有效性条件验证。其方法为：在工作表中选择需要设置有效性条件验证的单元格，再选择【数据】/【数据工具】组，单击"数据验证"按钮 ⚓，在弹出的下拉列表中选择"数据验证"选项，打开"数据验证"对话框，选择"设置"选项卡，在"允许"下拉列表中设置所选数据的类型，在对话框下方进行条件的设置即可，单击 确定 按钮，完成有效性条件验证的设置。

**经验一箩筐——"数据验证"对话框**

"数据验证"对话框中的设置项会根据用户在"允许"下拉列表中选择的不同选项而进行改变，如左图则是选择了"文本长度"选项后的对话框。

### 2. 设置出错警告提示

在 Excel 中，设置出错警告提示的目的在于提示用户正确的输入数据。其方法为：打开"数据验证"对话框，选择"出错警告"选项卡，在"样式"下拉列表中选择弹出提示对话框的类型（停止、警告和信息），在"标题"文本框中输入数据错误的类型，如输入数据错误。在"错误信息"列表框中输入提示用户错误的情况，如检查输入数据是否超出范围，单击 确定 按钮，完成出错警告信息的设置。如果在输入数据时，输入的数据超出了设置的有效性规则，则会在工作表中弹出刚设置的提示对话框。

## 上机 1 小时 ▶ 制作"员工档案"工作簿

🔍 进一步掌握数据的输入及填充方法。　　🔍 进一步掌握数据验证规则的使用。

　　下面将制作"员工档案 .xlsx"工作簿，让用户进一步熟练各种类型的数据输入以及输入时数据的验证规则，进一步掌握数据的填充方法，加快用户制作表格的速度，提高工作效率，最终效果如下图所示。

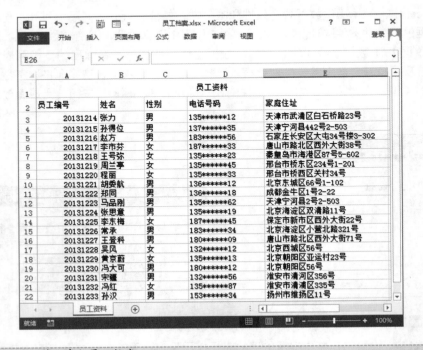

　　光盘　　效果\第5章\员工档案 .xlsx
　　文件　　实例演示\第5章\制作"员工档案"工作簿

### STEP 01: 创建工作表

1. 启动 Excel 2013，新建工作簿，将其保存为"员工档案 .xlsx"。
2. 将其默认的工作表"Sheet1"重命名为"员工资料"。

### STEP 02: 输入表头和列标题

1. 在"员工资料"工作表中选择 A1 单元格，输入文本"员工资料"。
2. 在 B1:E1 单元格区域中分别输入"员工编号、姓名、性别、电话号码和家庭住址"。
3. 选择 A1:E1 单元格区域，选择【开始】/【对齐方式】组，单击"居中后合并"按钮，将选择的单元格进行合并。

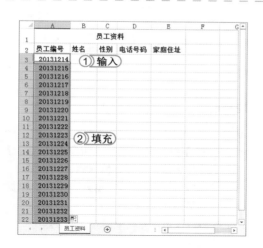

### STEP 03: 填充员工编号

1. 在 A3 单元格中输入第一个员工编号"20131214"，按 Enter 键结束输入。
2. 将鼠标光标移至 A3 单元格右下角，当鼠标光标变为 ✚ 形状时，按住 Ctrl 键同时，向下拖动鼠标至 A22 单元格，释放鼠标和键盘即按递增的形式快速填充员工编号。

提个醒　当输入的内容为数值时，通过拖动鼠标的方法，并按住 Ctrl 键也可填充有规律的数据。

### STEP 04: 输入姓名、性别和家庭住址

分别选择"姓名"、"性别"和"家庭住址"列，将插入点定位到各单元格中输入信息。

提个醒　在表格中如果遇到相同的数据可以选择复制，也可以选择快速填充相同数据的方法进行输入。

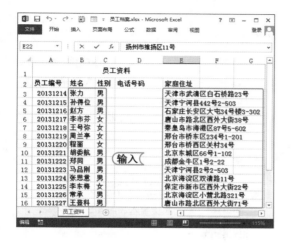

**STEP 05:** 打开"数据验证"对话框

1. 选择 D3:D22 单元格区域。
2. 选择【数据】/【数据工具】组，单击"数据验证"按钮，打开"数据验证"对话框。

读书笔记

**STEP 06:** 设置数据验证

1. 选择"设置"选项卡。
2. 在"允许"下拉列表中选择"文本长度"选项。在"数据"下拉列表中选择"等于"选项。
3. 在"长度"数据源文本框中输入"11"。

**STEP 07:** 设置出错警告

1. 选择"出错警告"选项卡。
2. 在"样式"下拉列表中输入"停止"选项，在"标题"文本框中输入"数据输入错误"文本。
3. 在"错误信息"文本框中输入"输入的数据长度一定要等于 11 位！"。
4. 单击 确定 按钮，完成数据验证设置。

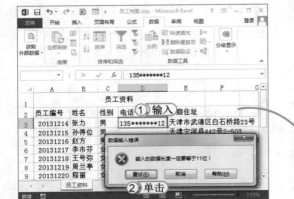

**STEP 08:** 输入数据并验证

1. 选择 D3 单元格，输入文本"135********12"。
2. 按 Enter 键，结束输入，弹出"数据输入错误"对话框，单击 重试(R) 按钮。
3. 让 D3 单元格变为编辑状态，输入数据"135******12"即可。

**STEP 09：**　输入其他单元格的电话号码

分别在 **D4:D22** 单元格区域输入其他员工的电话号码。

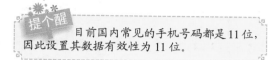
目前国内常见的手机号码都是 11 位，因此设置其数据有效性为 11 位。

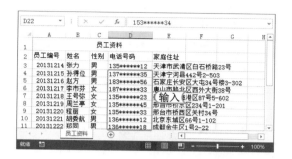

**STEP 10：**　调整行高和列宽

1. 将鼠标光标移至 E 和 F 列之间，当鼠标光标变为 ✚ 形状时，双击鼠标左键，调整列宽适合文本内容。

2. 使用相同的方法调整其他列和行之间的距离。

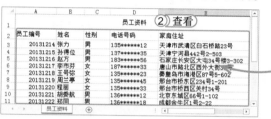

135

72⊠
**Hours**

62
Hours

52
Hours

42
Hours

32
Hours

22
Hours

12
Hours

## 5.3　美化表格

在 Excel 中的工作表都是统一的格式，看起来会很单调，为了解决该问题可以对字体格式、表格格式、条件格式、边框和底纹等进行设置，也可添加表格背景、插入图片以及艺术字等对象，让整个表格看起来更美观。

### 学习1小时

🔍 掌握字体和表格的格式设置。　　🔍 掌握设置条件格式的方法。

🔍 掌握如何添加边框和底纹。　　　🔍 熟悉插入图片的方法。

🔍 了解设置表格背景的方法。　　　🔍 熟悉添加艺术字的方法。

### 5.3.1　设置字体格式

在工作表中对文本的字体、字号及对齐方式进行设置，也可以达到美化表格的目的，下面将对工作表中的文本的格式及对齐方式的设置进行讲解。

#### 1. 设置文本格式

在 Excel 中，也可以对工作表中的数据进行字体、字号、字形及颜色的设置，下面将分别对其设置的方法进行介绍。

- 🔑 **字体设置**：选择需要设置的单元格的数据，选择【开始】/【字体】组，在"字体"下拉列表中选择需要设置的字体即可。

- 🔑 **字号设置**：选择需要设置的单元格的数据，选择【开始】/【字体】组，在"字号"下拉列表中选择需要设置的字号即可。

- 🔑 **字形设置**：选择需要设置的单元格的数据，选择【开始】/【字体】组，可分别单击"加粗"按钮 **B**、"倾斜"按钮 *I* 及"下划线"按钮 **U**，对选择的文本进行加粗、斜体及加下划线等操作。

- 🔑 **颜色设置**：选择需要设置的单元格的数据，选择【开始】/【字体】组，单击"颜色"按钮 **A**，在弹出的下拉列表中选择需要颜色即可。

### 2. 设置文本的对齐方式

工作表中默认的文本数据是左对齐，而数字型数据是右对齐的，为了让整个工作表中的数据看起来比较整齐、美观，可对其数据进行设置相应的对齐方式。其方法为：选择需要设置对齐方式的数据，选择【开始】/【对齐】组，可单击不同的对齐方式按钮让数据进行左对齐、右对齐、顶端对齐以及垂直居中等设置。

对齐方式

## 5.3.2 表格的格式设置

在工作表中，可根据工作的实际需求，对表格中的格式进行设置，如套用表格样式和自定义样式，这样不仅满足了工作需求，而且还达到了美化的效果。下面将分别介绍套用表格样式和自定义样式的方法。

### 1. 套用表格样式

在 Excel 2013 中套用表格样式其实非常简单，其方法为：打开需要套用表格样式的工作表，选择【开始】/【样式】组，单击"套用表格格式"按钮🖳，在弹出的下拉列表中选择需要的表格样式选项，打开"套用表格式"对话框，在"表数据来源"文本框中输入数据源，单击 **确定** 按钮即可将设置的表数据来源套用表格格式。

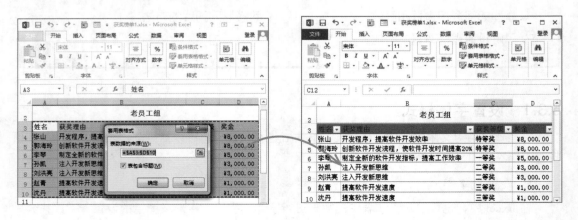

> **经验一箩筐——套用单元格样式**
>
> 在 Excel 中不仅可以套用表格样式，也可选择【开始】/【样式】组，单击"单元格格式"按钮，在弹出的下拉列表中可选择系统设置的默认单元格样式。

### 2. 自定义表格样式

在 Excel 中，如果觉得系统自带的表格样式不能满足工作需求，此时用户可自定义表格样式，其方法为：打开需要自定义的表格样式的工作表，选择【开始】/【样式】组，单击"套用表格格式"按钮，在弹出的下拉列表中选择"新建表格样式"选项，打开"新建表样式"对话框，在"名称"文本框中输入样式名，在"表元素"列表框中选择样式，单击 格式(F) 按钮，打开"设置单元格格式"对话框，对字体、颜色以及边框等格式进行设置，依次单击 确定 按钮完成自定义表格样式。

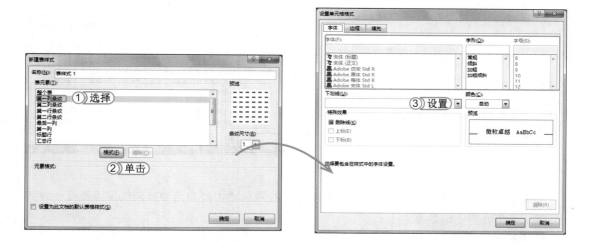

## 5.3.3 条件格式的使用

在工作表中，对单元格中的数据进行分析时，可为单元格设置条件格式，可以根据该条件更改单元格的格式，如果单元格中的数据符合该条件，则该单元格将显示设置的格式；如果条件不符，将保持原来的格式，这样不仅可突出满足条件的数据，还可以美化满足条件的数据。

### 1. 设置突出显示的单元格数据

突出显示单元格中的数据是指在工作簿中将某个大于、小于或等于某设定值的数据进行突出显示。下面将以"获奖榜单1.xlsx"工作簿为例，讲解突出显示获奖金额大于 4000 金额的数据。其具体操作如下：

光盘
文件

素材 \ 第 5 章 \ 获奖榜单 1.xlsx
效果 \ 第 5 章 \ 获奖榜单 1.xlsx
实例演示 \ 第 5 章 \ 设置突出显示的单元格数据

62
Hours

52
Hours

42
Hours

32
Hours

22
Hours

12
Hours

**STEP 01：** 打开"大于"对话框

1. 打开"获奖榜单 1.xlsx"工作簿，选择 D4:D10 单元格区域。
2. 选择【开始】/【样式】组，单击"条件格式"按钮。
3. 在弹出的下拉列表中选择【突出显示单元格规则】/【大于】选项，便可打开"大于"对话框。

**STEP 02：** 设置突出数据的填充格式

1. 在打开的对话框中的"为大于以下值的单元格设置格式"文本框中输入"¥4000.00"。
2. 在"设置为"下拉列表中选择"浅红色填充"选项。
3. 单击 确定 按钮，完成设置即可查看效果。

> 提个醒
> 在"大于"对话框中设置后，工作表中所选单元格区域中满足条件的数据，则会以设置的单元格格式显示数据。

### 2. 使用双色刻度比较数据

在 Excel 中，使用双色刻度比较数据其实就是在单元格中使用两种颜色的深浅程度比较某个区域所在单元格中的数据大小。

下面将在"成绩表 .xlsx"工作簿中使用双色刻度的功能来显示数据中英语成绩的大小。其具体操作如下：

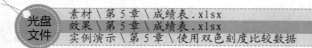

光盘 文件

素材 \ 第 5 章 \ 成绩表 .xlsx
效果 \ 第 5 章 \ 成绩表 .xlsx
实例演示 \ 第 5 章 \ 使用双色刻度比较数据

**STEP 01：** 打开"新建格式规则"对话框

1. 打开"成绩表 .xlsx"工作簿，选择 E3:E40 单元格区域。
2. 选择【开始】/【样式】组，单击"条件格式"按钮，在弹出的下拉列表中选择【色阶】/【其他规则】选项，打开"新建格式规则"对话框。

> 提个醒
> 在使用双色刻度比较数据时，可在弹出的下拉列表中选择系统默认的色阶块。

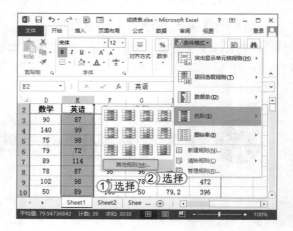

## STEP 02： 设置格式规则

1. 在"最小值"栏中的"类型"下拉列表中选择"数字"选项，在"值"文本框中输入"0"，在"颜色"下拉列表中选择"绿色"选项。

2. 在"最大值"栏中分别设置"类型"、"值"和"颜色"的参数为"数字"、"120"和"橙色"。

3. 单击 确定 按钮，完成设置。

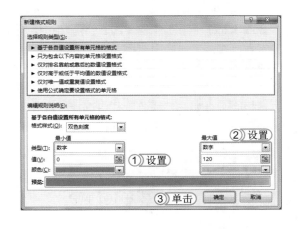

## STEP 03： 查看效果

返回工作表中，即可查看到所选择单元格区域设置的色阶效果。

> **提个醒**　在使用双色刻度比较数据时，可在弹出的下拉列表中选择系统默认的色阶块，并且其色阶并不只是双色，还有三色或多色表示，用户可根据工作的具体情况进行调整。

139

72区
**Hours**

62
Hours
▲

52
Hours
▲

42
Hours
▲

32
Hours
▲

22
Hours
▲

12
Hours

**问题小贴士**

问：在条件格式下拉列表中还有其他的方法比较数据吗？

答：当然还有，如使用数据条比较数据和使用图标集比较数据等。其方法为：选择【开始】/【样式】组，单击"条件格式"按钮，在弹出的下拉列表中可选择【数据条】/【其他规则】选项，打开"新建格式规则"对话框，在该对话中对数据条格式进行设置，而使用图标集比较数据则是在弹出的下拉列表中选择【图标集】/【其他规则】选项，打开"新建格式规则"对话框（如右图），在该对话框中对图标集的数据所在的单元格进行格式设置。

## 5.3.4 添加边框和底纹

在工作表中为了使制作的表格更具有层次感、更加美观，可为工作表中的所有或部分单元格区域添加边框和底纹。

### 1. 添加边框

在 Excel 中为工作表中的表格添加边框是非常简单的。其方法为：切换到需要添加边框的工作表，在该工作表中选择单元格区域，选择【开始】/【单元格】组，单击"格式"按钮，在弹出的下拉列表中选择"设置单元格格式"选项，打开"设置单元格格式"对话框，选择"边框"选项卡，在打开的对话框中对所选单元格区域设置边框（其具体操作与 Word 2013 中设置边框相同），如在"线条"栏中选择"双线"样式选项，在"颜色"下拉列表中选择"绿色"选项，在"预置"栏中分别选择外边框和内部选项，单击 确定 按钮即可。

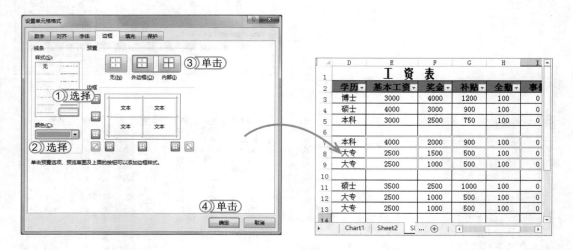

**经验一箩筐——其他添加边框的方法**

在工作表中选择需要添加边框的单元格或单元格区域，单击鼠标右键，在弹出的快捷菜单中选择"设置单元格格式"命令，打开"设置单元格格式"对话框，选择"边框"选择卡进行设置或选择【开始】/【字体】组，直接单击"边框"按钮 田▾快速为所选单元格区域添加边框效果，但无法设置边框样式。

### 2. 添加底纹

添加底纹和添加边框一样，都是通过"设置单元格格式"对话框进行的，在其中选择"填充"选项卡，在"背景色"列表框中选择相应色块，或设置图案颜色和样式等，单击 确定 按钮即可。

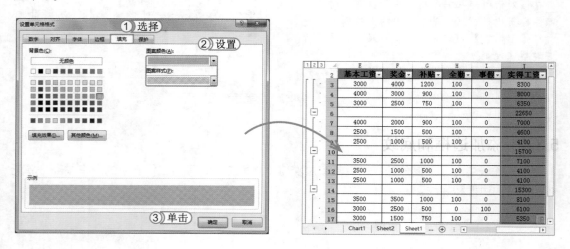

选择【开始】/【字体】组，单击"填充颜色"按钮 ◇▾，便可快速地将所选单元格区域填充颜色，但不可设置底纹的图案和样式。

## 5.3.5 设置表格背景

为了使工作表更加美观，还可以为工作表添加背景。在 Excel 2013 中，添加背景时可以添加本地、剪贴画或联机图片。下面将分别进行讲解。

🔑 **添加本地图片为背景**：切换到需要添加图片背景的工作表，选择【页面布局】/【页面设置】组，单击"背景"按钮 🖼，打开"插入图片"面板，单击"来自文件"栏后的"浏览"超级链接，打开"工作表背景"对话框，在该对话框中找到需要添加为背景的图片并将其选中，单击 **[打开(O)]** 按钮，成功添加本地图片为背景。

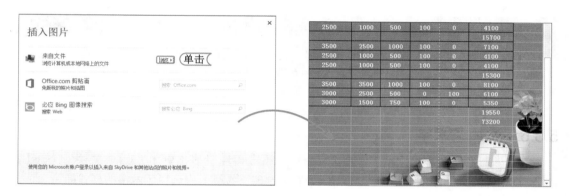

🔑 **添加剪贴画为背景**：打开"插入图片"面板，在第一个搜索文本框中输入需要搜索的剪贴画，按 Enter 键，进行搜索，搜索完毕后将会在打开的面板中显示的有搜索到剪贴画，选择一张需要的图片，单击 **[插入]** 按钮，完成添加剪贴画为背景的操作。

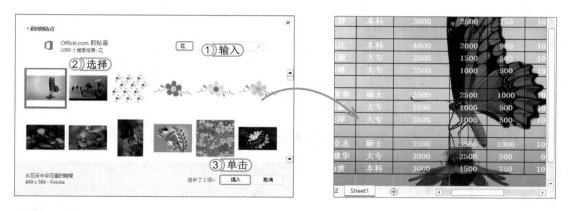

在加载后的面板中，可单击"返回到站点"超级链接，返回到"插入图片"面板中，重新选择需要添加为工作表的类型。

141

72☒
**Hours**

62
Hours
▲

52
Hours
▲

42
Hours
▲

32
Hours
▲

22
Hours
▲

12
Hours

🔑 **添加联机图片为背景:** 打开"插入图片"面板,在第二个搜索文本框中输入需要搜索的图片,按 Enter 键,进行搜索,搜索完毕后将会在打开的面板中显示的有搜索到的联机图片。选择一张需要的图片,单击 插入 按钮,完成添加联机图片为背景的操作。

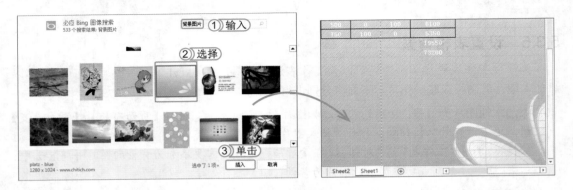

**经验一笆筐——删除背景图片**

在添加背景后,可在不需要的时候将其删除,其方法为:选择【页面布局】/【页面设置】组,单击"删除背景"按钮☒,便可将工作表中的背景删除,但不管用户删除或不删除背景,在打印的时候都不会打印背景。

## 5.3.6 添加艺术字

在 Excel 表格中,也可根据工作的实际情况添加艺术字,让表格更加美观。其方法为:选择【插入】/【文本】组,单击"艺术字"按钮4,在弹出的下拉列表中选择艺术字的样式即可。

**提个醒** 在工作表中插入了艺术字后,便可激活"绘图工具"选项卡,用户可通过选择【绘图工具】/【格式】组,对插入的艺术字进行样式、颜色、效果以及轮廓等进行设置。

**上机 1 小时** ▶ **制作"考核表"工作簿**

🔍 进一步掌握表格格式的设置。　　🔍 进一步掌握条件格式的使用。

🔍 进一步熟悉边框和底纹的使用。　　🔍 进一步掌握背景图片的插入方法。

本例将根据"考核表 .xlsx"工作簿中提供的表格,对表格样式、边框和底纹、条件格式以及背景图片进行设置,让整个表格看起来更加美观,让读者进一步掌握所学知识,其最终效果如下图所示。

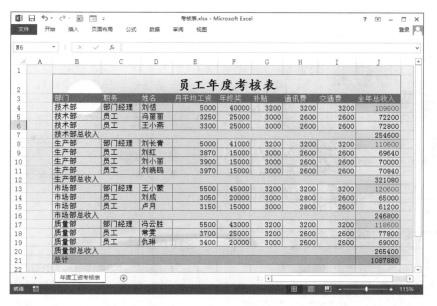

光盘
文件

素材\第5章\考核表.xlsx
效果\第5章\考核表.xlsx
实例演示\第5章\制作"考核表"工作簿

## STEP 01： 套用单元格样式

1. 打开"考核表.xlsx"工作簿，选择B3:J3单元格区域。

2. 选择【开始】/【样式】组，单击"单元格样式"按钮。

3. 在弹出的下拉列表中选择"着色5"选项。

提个醒　　在套用单元格格式时，可在弹出的下拉列表中选择"新建单元格样式"选项，打开"样式"对话框，设置单元格样式和其他单元格格式。

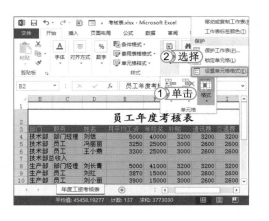

## STEP 02： 准备设置边框

1. 选择B2:J2单元格区域，选择【开始】【单元格】组，单击"格式"按钮。

2. 在弹出的下拉列表中选择"设置单元格格式"选项，打开"设置单元格格式"对话框。

读书笔记

## STEP 03： 设置边框

1. 选择"边框"选项卡。
2. 在"线条"栏中的"样式"列表框中选择"────"选项。
3. 在"颜色"下拉列表中选择"蓝色"选项。
4. 在"预置"栏中单击"外边框"按钮 ⊞ 和"内部"按钮 ⊞。
5. 单击 确定 按钮，完成边框设置。

## STEP 04： 添加底纹

1. 选择 B7:J7、B12:J12、B16:J16 和 B20:J20 单元格区域。
2. 选择【开始】/【字体】组，单击"填充颜色"按钮 ⬥。
3. 在弹出的下拉列表中选择"蓝色，着色 5，淡色 80%"选项。

## STEP 05： 继续添加底纹

1. 选择 B21:J21 单元格区域。
2. 选择【开始】/【字体】组，单击"填充颜色"按钮 ⬥。
3. 在弹出的下拉列表中选择"蓝色，着色 1，淡色 40%"选项。

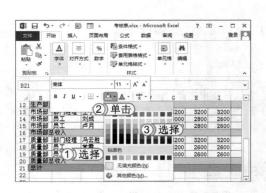

## STEP 06： 打开"大于"对话框

1. 选择 J4:J6、J8:J11、J13:J15 和 J17:J19 单元格区域。
2. 选择【开始】/【样式】组，单击"条件格式"按钮 ▦。
3. 在弹出的下拉列表中选择【突出显示单元格规则】/【大于】选项，打开"大于"对话框。

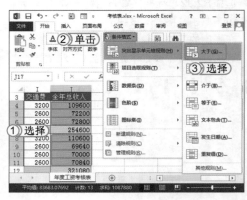

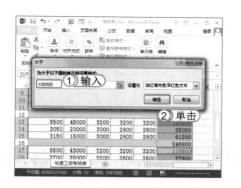

## STEP 07： 设置条件

1. 在"为大于以下值的单元格设置格式"文本框中输入"100000"，其余保持默认设置不变。
2. 单击 确定 按钮，完成条件设置操作。

**提个醒** 在"设置为"前面的对话框中输入的"100000"是设置的条件，即在选择的单元格区域内大于100000的就以"浅红填充色深红色文本"格式突出显示数据。

## STEP 08： 打开"插入图片"面板

在当前工作表中选择【页面布局】/【设置页面】组，单击"背景"按钮圖，打开"插入图片"面板。

**提个醒** 在添加背景时，如果背景图片小于该工作表，则会将插入的背景图片进行平铺，填满整个工作表。

## STEP 09： 加载搜索图片

1. 在打开面板的第二个搜索文本框中输入"背景图片"。
2. 在该文本框后单击"搜索"按钮 ，进行搜索图片。

## STEP 10： 插入背景图片

1. 打开加载图片的面板，在列表框中选择需插入的图片。
2. 单击 插入 按钮，完成整个例子的制作。

**提个醒** 在加载完联机图片时，会弹出提示是否显示所有Web图片，单击 显示所有 Web 结果 按钮即可。

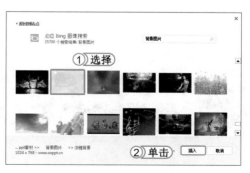

# 5.4 练习 1 小时

本章主要讲解了一些 Excel 2013 的基本知识，包括认识工作簿、工作表和单元格及简单操作、输入和编辑数据，最后对表格的美化进行了介绍。为了让用户更加熟练地使用所学知识，下面安排了两个练习，一个是制作“销量记录”工作簿；另一个是制作“业务统计”工作簿，让用户在练习中巩固所学知识，在工作中学以致用。

## 1. 制作“销量记录”工作簿

本例将创建一个“销量记录 .xlsx”工作簿，其中主要涉及重命名工作表、设置工作标签颜色、数据的输入（特殊字符的输入）、数据快速填充、合并单元格、调整单元格的行高和列宽以及应用表格样式等操作。在制作时，先创建工作簿，再根据上述涉及知识的顺序制作，效果如右图所示。

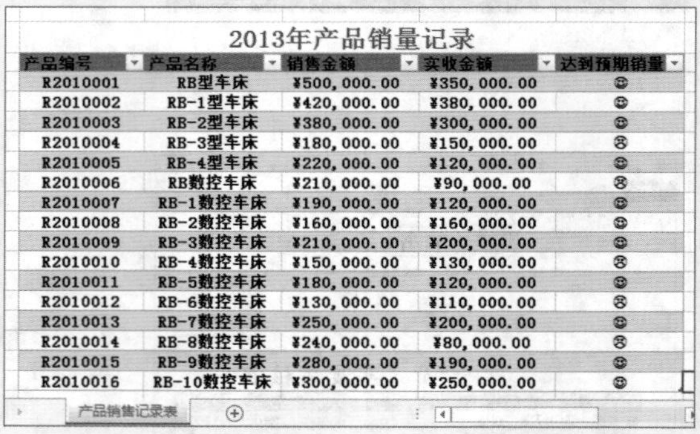

2013年产品销量记录

| 产品编号 | 产品名称 | 销售金额 | 实收金额 | 达到预期销量 |
|---|---|---|---|---|
| R2010001 | RB型车床 | ¥500,000.00 | ¥350,000.00 | ☺ |
| R2010002 | RB-1型车床 | ¥420,000.00 | ¥380,000.00 | ☺ |
| R2010003 | RB-2型车床 | ¥380,000.00 | ¥300,000.00 | ☺ |
| R2010004 | RB-3型车床 | ¥180,000.00 | ¥150,000.00 | ☹ |
| R2010005 | RB-4型车床 | ¥220,000.00 | ¥120,000.00 | ☺ |
| R2010006 | RB数控车床 | ¥210,000.00 | ¥90,000.00 | ☹ |
| R2010007 | RB-1数控车床 | ¥190,000.00 | ¥120,000.00 | ☺ |
| R2010008 | RB-2数控车床 | ¥160,000.00 | ¥160,000.00 | ☺ |
| R2010009 | RB-3数控车床 | ¥210,000.00 | ¥200,000.00 | ☺ |
| R2010010 | RB-4数控车床 | ¥150,000.00 | ¥130,000.00 | ☹ |
| R2010011 | RB-5数控车床 | ¥180,000.00 | ¥120,000.00 | ☺ |
| R2010012 | RB-6数控车床 | ¥130,000.00 | ¥110,000.00 | ☹ |
| R2010013 | RB-7数控车床 | ¥250,000.00 | ¥200,000.00 | ☺ |
| R2010014 | RB-8数控车床 | ¥240,000.00 | ¥80,000.00 | ☹ |
| R2010015 | RB-9数控车床 | ¥280,000.00 | ¥190,000.00 | ☺ |
| R2010016 | RB-10数控车床 | ¥300,000.00 | ¥250,000.00 | ☺ |

产品销售记录表

光盘文件

效果 \ 第 5 章 \ 销量记录 . xlsx

实例演示 \ 第 5 章 \ 制作“销量记录”工作簿

## 2. 制作“业务统计”工作簿

本例将制作一个“业务统计 .xlsx”工作簿，其中主要涉及合并后居中、调整行高和列宽、套用表格样式以及插入背景图片。在制作时，可根据上述涉及知识的顺序设置，效果如右图所示。

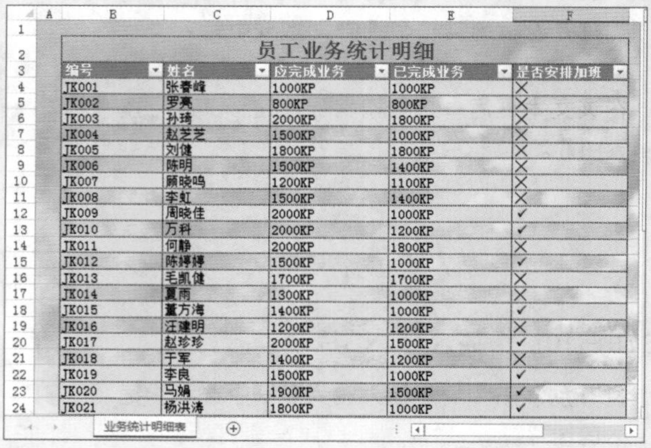

员工业务统计明细

| 编号 | 姓名 | 应完成业务 | 已完成业务 | 是否安排加班 |
|---|---|---|---|---|
| JK001 | 张春峰 | 1000KP | 1000KP | × |
| JK002 | 罗亮 | 800KP | 800KP | × |
| JK003 | 孙琦 | 2000KP | 1800KP | × |
| JK004 | 赵芝芝 | 1500KP | 1000KP | × |
| JK005 | 刘健 | 1800KP | 1800KP | × |
| JK006 | 陈明 | 1500KP | 1400KP | × |
| JK007 | 顾晓鸣 | 1200KP | 1100KP | × |
| JK008 | 李虹 | 1500KP | 1400KP | × |
| JK009 | 周晓佳 | 2000KP | 1000KP | ✓ |
| JK010 | 万科 | 2000KP | 1200KP | ✓ |
| JK011 | 何静 | 2000KP | 1800KP | × |
| JK012 | 陈婷婷 | 1500KP | 1000KP | ✓ |
| JK013 | 毛凯健 | 1700KP | 1700KP | × |
| JK014 | 夏雨 | 1300KP | 1000KP | × |
| JK015 | 董方海 | 1400KP | 1000KP | ✓ |
| JK016 | 汪建明 | 1200KP | 1200KP | × |
| JK017 | 赵珍珍 | 2000KP | 1500KP | ✓ |
| JK018 | 于军 | 1400KP | 1200KP | × |
| JK019 | 李良 | 1500KP | 1000KP | ✓ |
| JK020 | 马娟 | 1900KP | 1500KP | ✓ |
| JK021 | 杨洪涛 | 1800KP | 1000KP | ✓ |

业务统计明细表

光盘文件

素材 \ 第 5 章 \ 业务统计 . xlsx

效果 \ 第 5 章 \ 业务统计 . xlsx

实例演示 \ 第 5 章 \ 制作“业务统计”工作簿

72 HOURS

# 公式与函数的应用

第 **6** 章

学习 **3** 小时

在学习了对表格进行基本的编辑后，在日常
生活和工作中，经常还会需要计算一些比较复杂
的数据。这时，就可以使用公式和函数来进行计算。

- 公式的应用
- 函数的使用
- 常见函数的应用

上机 **4** 小时

## 6.1 公式的应用

Excel 是一款强大的数据处理软件，用户可以使用其强大的计算功能以简化处理数据的过程。Excel 的自动计算功能都是通过公式实现的，下面将分别讲解输入公式和公式的编辑及管理。

▌▌ **学习1小时** ▶ – – – – – – –

🔍 掌握插入公式的方法。

🔍 了解单元格的引用。

🔍 掌握使用公式计算数据的方法。

🔍 掌握使用公式计算数据的方法。

🔍 掌握公式的定义和公式审核。

### 6.1.1 输入公式并计算

在使用公式前需要对公式进行了解，公式是对工作表中的数据进行计算和操作的等式，它的特定语法或次序为：最前面是等号"="，然后是公式的表达式。因此公式是由运算符、常量数值、函数和单元格地址等组成。并且在公式中可分为一般公式和数组公式。

1. 一般公式

在 Excel 中，所谓一般公式与数学中的基本运算公式是一样的，就是由加、减、乘、除以及函数组成的简单公式，能在计算中得出简单的结果。

下面将在"期末成绩表 .xlsx"工作簿中输入公式，将工作表中的语文和数学相加，计算语文和数学单元格区域中的和，需注意的是，输入公式所计算的对象主要有单元格或单元格区域。其具体操作如下：

**光盘文件**
素材 \ 第 6 章 \ 期末成绩表 .xlsx
效果 \ 第 6 章 \ 期末成绩表 .xlsx
实例演示 \ 第 6 章 \ 输入公式并计算

**STEP 01：** 输入公式

1. 打开"期末成绩表 .xlsx"工作簿，选择 E3 单元格，在编辑栏中输入 "=C3+D3"，此时在编辑栏中输入的单元格则会变为彩色边框。

2. 按 Enter 键，即可在所选择单元格中计算结果。

**提个醒** 在输入公式时，不管是直接在单元格中输入公式还是选择在编辑栏中输入公式，在输入公式之前都必须先输入"="，否则 Excel 将不会认为输入的是公式。

## STEP 02： 继续输入公式

1. 选择 F3 单元格，在编辑栏中输入公式 "(C3+D3)/2"。
2. 按 Enter 键，即可在所选择单元格中计算结果。

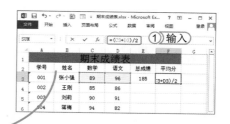

**提个醒**　　Excel 中公式的计算顺序与数学中的计算顺序相同，也是先计算括号里面的，再计算括号外面的，且乘除运算优先于加减运算。

### 经验一箩筐——快速计算公式的方法

如果要在工作表中输入相同结构的公式，可采取输入了第一个公式得到计算结果后，使用数据填充的方法将其拖动至需要输入相同的单元格中，或选择需要输入同一公式的所有单元格区域，按 Ctrl+Enter 组合键。

#### 2. 数组公式

数组公式可以说是 Excel 对公式和数组的一种扩充，即在 Excel 公式中，以数组为参数的一种应用，计算的结果可能是一个或多个值，数组公式即能将复杂的公式简单化，还能代替一般公式不能计算的公式。

下面将在"轿车销售表 .xlsx"工作簿中用数组公式的方法计算销售额。其具体操作如下：

**光盘文件**
素材 \ 第 6 章 \ 轿车销售表 . xlsx
效果 \ 第 6 章 \ 轿车销售表 . xlsx
实例演示 \ 第 6 章 \ 数组公式

## STEP 01： 输入公式

1. 打开"轿车销售表 .xlsx"工作簿，选择 E4:E20 单元格区域。
2. 在编辑栏中输入公式"=C4:C20*D4:D20"，此时在编辑栏中输入的单元格则会变为彩色边框。

**提个醒**　　输入数组公式与输入一般公式的方法基本相同，但是其输入的参数有所不同。

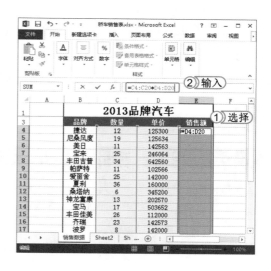

72圖 Hours

62 Hours

52 Hours

42 Hours

32 Hours

22 Hours

12 Hours

**STEP 02：** 计算结果

按 Shift+Ctrl+Enter 组合键，便可在所选择单元格的区域查看到计算后的所有结果。

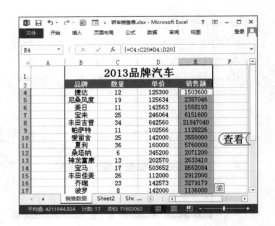

**提个醒** 　　输入数组公式，按 Shift+Ctrl+Enter 组合键，数组公式会自动加上大括号｛｝以和普通公式区分。｛｝不是手工输入的，否则Excel 会认为输入的是文本格式。

**问题小贴士**

问：如何对输入的公式进行编辑呢？

答：在 Excel 中，不同的公式编辑的方法所有不同，如果是一般公式则可直接在编辑栏或单元格中按 Backspace 或 Delete 键将其删除，再输入新的公式，而数组公式则须选取数组区域并且激活编辑栏，公式两边的括号将消失，然后使用一般公式的编辑方法进行编辑，最后按 Shift+Ctrl+Enter 组合键结束。

## 6.1.2　单元格的引用

在工作表中输入公式时，会引用到单元格的地址，因此需对单元格的各种引用方法做详细的了解，这样不仅方便以后对数据的操作，还可快速地引用各个单元格的数据。在 Excel 中，引用单元格包括相对引用、绝对引用、混合引用和其他工作表中的单元格引用，下面分别对各种引用方法进行讲解。

### 1. 相对引用

相对引用是指单元格的引用会随公式所在单元格位置的改变而改变，在相对引用下复制公式到其他单元格时，若公式所在单元格的位置改变，引用也将随之改变，若多行和多列地复制公式，引用则会自动进行调整。如 C2 单元格中存在公式"=A2+B2"，如果将其复制到 C3 单元格后，其公式则自动调整为"=A3+B3"。

### 2. 绝对引用

绝对引用不会随单元格位置的改变而改变其结果。在公式表示上绝对引用会在引用单元格的列标和行号之前分别加上符号"$"，通过该符号便可以区分单元格公式的类型。如"=$E$4"表示绝对引用 E4 单元格中的数据。

▌经验一箩筐——绝对引用和相对引用之间的转换

若想将绝对引用转换为相对引用，可以直接去掉公式中的"$"符号。使用这种方法很烦琐，用户还可以选中需要转换的单元格，再按 F4 键。按 F4 键的作用是完成绝对引用和相对引用之间的转换。

### 3. 引用不同工作表中的单元格

为了工作需要，有时会在同一工作簿中的不同工作表中引用单元格或单元格区域的数据，可以通过在单元格引用的前面加上工作表的名称和感叹号（！）来表示引用其他工作表中的单元格。

下面将在"员工工资表.xlsx"工作簿中将"绩效"工作表中的 D5 单元格的数值引用到"工资"工作表中并计算 C4:E4 的单元格区域之和。其具体操作如下：

光盘文件

素材＼第 6 章＼员工工资表.xlsx
效果＼第 6 章＼员工工资表.xlsx
实例演示＼第 6 章＼引用不同工作表中的单元格

#### STEP 01： 查看数据

1. 打开"员工工资表.xlsx"工作簿，切换到"绩效"工作表。
2. 在工作表中查看 D5 单元格的数据。

**提个醒**

　　在引用不同工作表中单元格数据的数据时，其单元格地址，可切换到单元格所在的工作中使用鼠标单击进行选择，此时编辑栏中自动会显示该单元格的地址。

#### STEP 02： 引用单元格

1. 切换到"工资"工作表。
2. 在工作表中选择 F4 单元格，在编辑栏中输入公式"=(绩效!D5)+C4+D4+E4"。
3. 按 Enter 键，便可在 F4 单元格中查看到计算的结果。

### 4. 引用不同工作簿的单元格

在 Excel 中，除了可以在同一工作簿中引用不同工作表中的单元格外，还可在不同的工作簿中引用单元格数据，其格式为："'工作簿存储地址 [工作簿名称] 工作表名称'！单元格地址"。

例如，将 C 盘中"temp"文件夹下的"考勤表.xlsx"工作簿中的"sheet1"工作表的 C5 单元格的数据，引用到当前表格所选单元格中，其方法为：在当前工作表的编辑栏中输入"='C:\temp\[考勤表.xlsx]Sheet1'!C5"（该路径也可使有鼠标选择"考勤表"中的 C5 单元格得到），而若"考勤表"工作簿已打开则表达式省略地址为："=[考勤表.xlsx]Sheet1!C5"。

62
Hours

52
Hours

42
Hours

32
Hours

22
Hours

12
Hours

### 6.1.3 定义公式名称

在 Excel 2013 中，用户可将常用且比较复杂的公式，为其定义名称，在下次使用时，直接引用其公式名称计算数据，不用每次都在编辑栏中输入相同的公式，这样既麻烦，又会影响到工作效率。

下面将在"订单统计表.xlsx"工作簿的"年度订单统计"工作表中，将 L3 单元格中的公式定义名称为"完成情况"，并在其他单元格中进行引用。其具体操作如下：

| 光盘文件 | 素材\第6章\订单统计表.xlsx |
|---|---|
| | 效果\第6章\订单统计表.xlsx |
| | 实例演示\第6章\定义公式名称 |

**STEP 01：** 打开"新建名称"对话框

1. 打开"订单统计表.xlsx"工作簿，切换到"年度订单统计"工作表中。
2. 选择 L3 单元格。
3. 选择【公式】/【定义的名称】组，单击"定义名称"按钮，打开"新建名称"对话框。

**STEP 02：** 定义名称

1. 在"名称"文本框中输入文本"完成情况"。
2. 在"范围"下拉列表中选择"工作簿"选项，其他保持默认设置。
3. 单击 确定 按钮，完成定义名称的操作。

> **提个醒** "定义名称"这一功能，不仅只有公式才能对其进行定义，还可以对输入次数较多的相同文本或网址等。

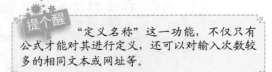
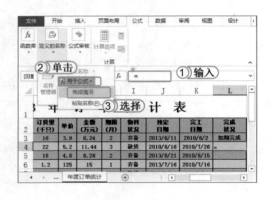

**STEP 03：** 引用名称

1. 选择 L4 单元格，在编辑栏中输入"="。
2. 选择【公式】/【定义的名称】组，单击"用于公式"按钮。
3. 在弹出的下拉列表中选择"完成情况"选项，即引用定义的公式名称。

**STEP 04：** 查看效果

1. 在编辑栏中即可查看到公式"= 完成情况"。
2. 按 Enter 键，便可在 L4 单元格中查看到结果。

153

72☒
Hours

62
Hours
▲

52
Hours
▲

42
Hours
▲

32
Hours
▲

22
Hours
▲

12
Hours

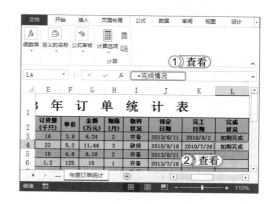

**提个醒**　如果定义名称过多，可单击"用于名称"按钮🖳，在弹出的下拉列表中选择"粘贴名称"选项，打开"粘贴名称"对话框，在"粘贴名称"列表框中选择需要引用的名称，单击 确定 按钮进行使用。

**问题小贴士**

问：定义了多个名称后，如果进行管理和编辑呢？

答：在 Excel 中，如果定义了多个名称，可以通过"名称管理器"对话框进行管理，其方法是：选择【公式】/【定义的名称】组，单击"名称管理器"按钮🖳，打开"名称管理器"对话框，在列表框中选择定义的名称，即可在列表框上单击 编辑(E)... 按钮，打开"编辑名称"对话框，对名称、引用位置进行更改。除了可以编辑已经存在的名称外，还可以新建名称。

## 6.1.4　公式审核

在工作表中使用公式对数据进行计算后，可对其公式进行检查，以免公式有误，影响整个数据的计算结果。在对公式进行检查时，可使用追踪引用单元格、追踪从属单元格和错误检查功能进行审核。下面将分别对其审核的方法进行介绍。

🔑 **使用追踪引用单元格审核公式：**选择需要审核的公式所在的单元格，选择【公式】/【公式审核】组，单击"追踪引用单元格"按钮🖳，便可使用箭头标识出影响所选单元格的单元格。

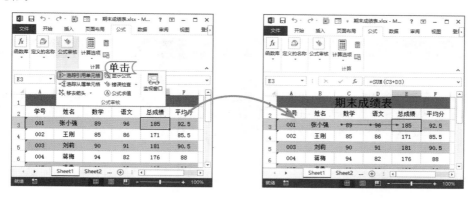

🔑 使用追踪从属单元格审核公式：选择需要审核的单元格，选择【公式】/【公式审核】组，单击"追踪从属单元格"按钮，便可使用箭头标识出受当前单元格值影响的其他单元格。

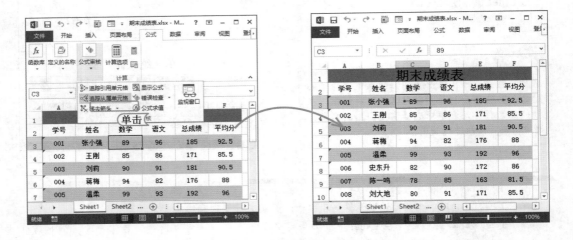

### 经验一箩筐——移除箭头

对工作表中的公式审核完成后，便可选择【公式】/【公式审核】组，单击"移去箭头"按钮，将工作表中的所有箭头移除，如果在工作表中使用前两种公式审核的方法，但现在只想移除其中一种箭头，此时可单击"移去箭头"按钮右侧的下拉按钮，在弹出的下拉列表中选择需要移除的箭头类型即可。

🔑 使用错误检查审核公式：打开需要进行错误检查的工作表，选择【公式】/【公式审核】组，单击"错误检查"按钮，如果工作表中有错误，则会打开"错误检查"对话框，在打开的对话框中便会根据系统检查规则显示出出错的单元格，并且还会提示出错的类型，此时用户可以单击 转换为数字(C) 按钮，进行更改；如果是正确的可单击 忽略错误(I) 按钮，将其忽略。

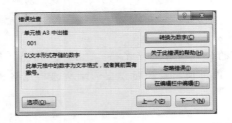

提个醒　在右侧对话框的 转换为数字(C) 按钮，会根据错误的类型不同而进行改变，因此该按钮的功能也会因此而改变。

### 经验一箩筐——追踪错误检查

其实在用户输入公式时，如果系统觉得该公式有误，也会自动启用错误检查功能中的追踪错误检查，表现在输入公式后，所输入公式所在单元格前的 符号，单击该符号，在弹出的下拉列表中将会提示出错的相关信息，如出错类型、关于此错误的帮助、显示计算步骤和错误检查选项等，也可在下拉列表中选择"忽略错误"选项，将其忽略。

**上机 1 小时** ▶ 制作"商品库存表"工作簿

🔍 进一步掌握公式的输入方法。　　　🔍 进一步掌握检查公式的方法。

🔍 进一步熟悉引用单元格的方法。

　　下面将制作"商品库存表 .xlsx"工作簿，根据上月库存与进出货量，输入公式计算出本月库存量，并使用相对引用，填充不同产品的库存量，并使用追踪引用单元格的功能审核输入公式。其最终效果如右图所示。

**光盘文件**
素材\第6章\商品库存表.xlsx
效果\第6章\商品库存表.xlsx
实例演示\第6章\制作"商品库存表"工作簿

**STEP 01：** 计算本月库存量

1. 打开"商品库存表 .xlsx"工作簿，选择 F3 单元格，在编辑栏中输入公式"=C3+D3-E3"。
2. 按 Enter 键，便可在 F3 单元格中查看到使用公式后计算的本月库存量。

**STEP 02：** 使用相对引用填充数据

1. 选择 F3 单元格。
2. 将鼠标光标移至所选单元格的右下角，当鼠标光标变为╋形状时，向下拖动鼠标至 F13 单元格即可。

**提个醒**
　　拖动鼠标时，系统自动复制所选单元格的公式，并根据相对引用的功能，改变不同单元格的引用，最后达到快速填充其他库存数量的目的。

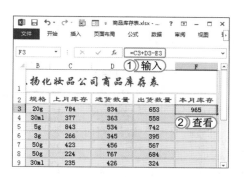

62
Hours

52
Hours

42
Hours

32
Hours

22
Hours

12
Hours

**STEP 03：** 计算上月库存量

1. 选择 C14 单元格。在编辑栏中输入公式"=C3+C4+C5+C6+C7+C8+C9+C10+C11+C12+C13"。
2. 按 Enter 键，便可在 C14 单元格中查看到计算后的结果。

**提个醒** 如果在编辑栏中输入的公式过长，显示不完整时，可单击编辑栏右侧的下拉按钮✔后便可进行查看。

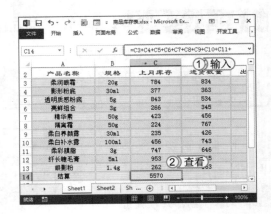

**STEP 04：** 填充公式

1. 选择 C14 单元格。
2. 将鼠标光标移到所选单元格右下角，当鼠标光标变为➕形状时，向右拖动鼠标至 E14 单元格。
3. 释放鼠标后，便可在拖动后的单元格中查看到计算的数据。

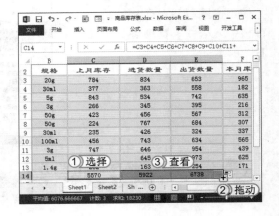

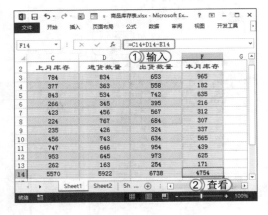

**STEP 05：** 计算最后的库存量

1. 选择 F14 单元格，在编辑栏中输入公式"=C14+D14-E14"。
2. 按 Enter 键，便可在所选的单元格中查看到计算结果。

**提个醒** 拖动填充数据，不管是向下或向上，还是向左或向右拖动都可达到快速填充数据的效果。

读书笔记

**STEP 06:** 追踪引用单元格

1. 选择 **F3** 单元格。
2. 选择【公式】/【公式审核】组，单击"追踪引用单元格"按钮 🔊。
3. 在工作表中即可查看到使用箭头标出影响公式所在单元格值的单元格。

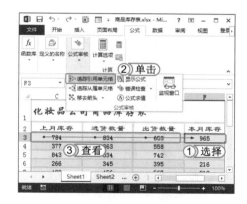

> 提个醒　如果检查引用单元格的公式为正确的，可单击"移去箭头"按钮 🔊，将工作表中的追踪箭头去掉。

## 6.2　函数的使用

在 Excel 中，如果只有单一的公式是不能满足办公人员的需要，此时用户便可以使用函数。函数就是已定义的公式，通过一些称为参数的数值按特定的顺序或结构执行某种计算操作。函数比公式更简练，而且可以避免出错，适合执行一些复杂的计算。

▶ **学习 1 小时**

- 🔍 了解函数的类型及作用。
- 🔍 掌握插入函数的方法。
- 🔍 熟悉使用函数计算数据的方法。
- 🔍 掌握嵌套函数的使用方法。

### 6.2.1　函数的类型及作用

在 Excel 中，系统为用户提供了各种各样的函数，在插入前先对函数的类型及作用进行了解，才能熟悉、准确地使用各类函数，从而提高办公效率。下面将分别介绍 Excel 2013 中各类函数的作用及查看方法。

🔑 **财务函数**：该类型函数主要用于财务方面的运算，通过选择【公式】/【函数库】组，单击"财务"按钮 🔲，可在弹出的下拉列表中查看到 Excel 2013 为用户提供的所有财务函数。

🔑 **逻辑函数**：该类型函数主要是指真假值的判断，或者是进行一些复合检验。如可以使用 IF 函数确定是否满足条件值，满足则为真，相反则为假，并由此返回不同参数的数值。通过选择【公式】/【函数库】组，单击"逻辑"按钮 🔃，可在弹出的下拉列表中查看到 Excel 2013 为用户提供的所有逻辑函数。

🔑 **文本函数**：该类型函数主要针对工作表中的文本字符。通过选择【公式】/【函数库】组，单击"文本"按钮 🄰，可在弹出的下拉列表中查看到 Excel 2013 为用户提供的所有文本函数。

🔑 **日期和时间函数**：该类型函数主要用于计算工作表中有关日期和时间数据。通过选择【公式】/【函数库】组，单击"日期和时间"按钮 🔲，可在弹出的下拉列表中查看到 Excel 2013 为用户提供的所有日期和时间函数。

🔑 **查找与引用函数**：该类型函数主要是检索，如根据实际需要，在工作表或者在多个工作簿中获取需要的信息或者数据。通过选择【公式】/【函数库】组，单击"查找与引用"按

157

72図
Hours

62
Hours

52
Hours

42
Hours

32
Hours

22
Hours

12
Hours

钮 ，可在弹出的下拉列表中查看到 Excel 2013 为用户提供的所有查找与引用函数。

🔑 **数学和三角函数**：该类型函数主要用于数学和三角函数中的计算。通过选择【公式】/【函数库】组，单击"数学和三角函数"按钮 ⬛，可在弹出的下拉列表中查看到 Excel 2013 为用户提供的所有数学和三角函数。

🔑 **其他函数**：在该类型函数中包括了几种不常用的函数，如统计函数、工程函数、多维数据集、信息函数、兼容性函数和 Web 函数等。可通过选择【公式】/【函数库】组，单击"其他函数"按钮 ⬛，可在弹出的下拉列表中查看到 Excel 2013 为用户提供其他类型的函数。

*读书笔记*

## 6.2.2 插入函数

在 Excel 2013 中可以通过两种方法插入函数，一种是使用函数向导；另一种是通过直接输入。不管是哪种方法，在插入函数前都要输入 "=" 符号，其中使用向导插入时会自动插入 "=" 符号。下面分别对其操作方法进行介绍。

### 1. 通过向导插入函数

在 Excel 中，通过向导插入函数，可在向导中选择要插入的函数，不用直接输入，避免输入函数时出错。其方法为：选择需要插入函数的单元格，选择【公式】/【函数库】组，单击"插入函数"按钮 $fx$，打开"插入函数"对话框，在"选择函数"列表框中选择需要插入的函数，单击 确定 按钮，打开"函数参数"对话框，在"Number1"数据源对话框中输入第一个参数，即单元格的引用地址，如果有多个参数，可直接将插入点定位到下一个数据源文本框中。最后单击 确定 按钮。即可完成函数的插入。

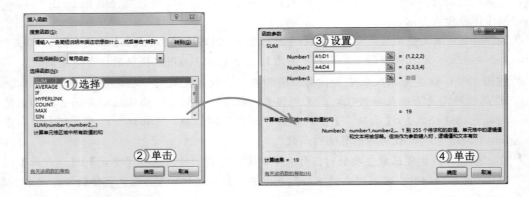

▌经验一箩筐——搜索函数

当需要使用函数，却不知道该函数如何输入时，可在"插入函数"对话框的"搜索函数"文本框中输入一句简单且能描述函数功能的语句后，单击 转到 按钮。Excel 将会根据输入的信息自动推荐相关函数以供选择。

### 2. 直接插入函数

使用直接插入函数的方法时，用户一定要熟记输入的函数，这样可提高插入函数的速度，输入函数时可在编辑栏中输入和单元格中输入，但不管是在编辑栏中输入，还是在单元格中输入，最终都会在编辑栏中出现输入的函数，而在单元格中显示计算的结果。下面将以 SUM 函数为例，介绍直接插入函数的方法。

🔑 **在编辑栏中输入函数：** 选择需要插入函数的单元格，将插入点定位到编辑栏中，先输入"="号，再输入函数 SUM()，并在括号中输入或选择单元格地址即可。

🔑 **在单元格中输入函数：** 选择需要插入函数的单元格，直接输入"="号，再输入函数 SUM()，并在括号中输入或选择单元格地址即可。

▌ **经验一箩筐——输入函数的技巧**

在编辑栏或单元格中输入了函数的第一个字母时，Excel 就会显示出满足第一个字母的所有函数，此时可直接用鼠标选择需要的函数。这样可避免函数过长而没有记住带来的不便。

## 6.2.3 使用函数计算数据

在 Excel 中，可根据不同的函数功能快速地计算出需要计算数据的结果。下面将在"销售业绩表.xlsx"工作簿中使用 SUM 函数对数据进行求和计算。其具体操作如下：

光盘文件
素材 \ 第 6 章 \ 销售业绩表.xlsx
效果 \ 第 6 章 \ 销售业绩表.xlsx
实例演示 \ 第 6 章 \ 使用函数计算数据

**STEP 01：** 选择单元格

1. 打开"销售业绩表.xlsx"工作簿，在"Sheet1"工作表中选择 F3 单元格。
2. 将文本插入点定位到编辑栏中。

**提个醒** 在编辑栏中可单击"插入函数"按钮 $f_x$，打开"插入函数"对话框，选择需要插入的函数进行插入。

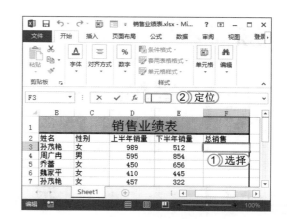

读书笔记

**STEP 02：** 输入函数并计算结果

1. 输入 "=SUM(D3:E3)"。
2. 按 Enter 键，便可在所选单元格中查看使用函数计算的总销售额。

> **提个醒**　引用单元格地址时，可直接使用鼠标单击需要参与计算的单元格，Excel 将会自动在编辑栏中插入单元格地址。

**STEP 03：** 计算其他单元格的销售额

1. 选择 F3 单元格。
2. 将鼠标光标移至该单元格的右下角，当鼠标光标变为➕形状时，向下拖动鼠标至 F14 单元格。

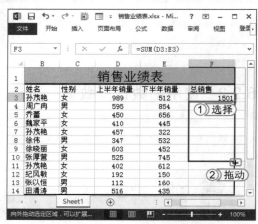

> **提个醒**　拖动鼠标时，系统将自动快速填充 F3 单元格中的函数公式。

**STEP 04：** 查看计算结果

释放鼠标，便可在 F3:F14 单元格区域中查看到使用 SUM 函数计算的销售额。

> **提个醒**　使用快速填充数据的方法，填充其函数计算结果，其原理是结合了相对引用单元格的功能，快速填充了公式，最终达到不用多次输入函数，则可得到计算结果的效果。

读书笔记

## 6.2.4 嵌套函数的使用

嵌套函数是指某个函数或公式以函数参数的形式参与计算，下面将在"办公用品领用记录.xlsx"工作簿中使用嵌套函数判断办公用品的总价格是否超过200。其具体操作如下：

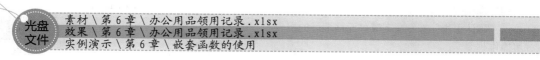

**光盘文件**
素材 \ 第6章 \ 办公用品领用记录.xlsx
效果 \ 第6章 \ 办公用品领用记录.xlsx
实例演示 \ 第6章 \ 嵌套函数的使用

**STEP 01：** 打开"插入函数"对话框

1. 打开"办公用品领用记录.xlsx"工作簿，选择H4单元格。
2. 单击编辑栏中的"插入函数"按钮 $f_x$，打开"插入函数"对话框。

> **提个醒**　用户还可以通过选择【公式】/【函数库】组，单击"最近使用的函数"按钮，在弹出的下拉列表中选择"其他函数"选项，打开"插入函数"对话框。

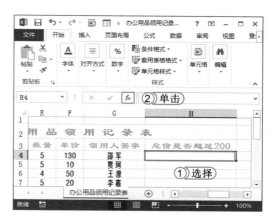

**STEP 02：** 选择函数类型

1. 打开"插入函数"对话框，在"或选择类别"下拉列表框中选择"逻辑"选项。
2. 在"选择函数"列表框中选择"IF"选项。
3. 单击 确定 按钮。

> **提个醒**　IF函数有三个参数，其功能是用于判断某个数值是否满足某个条件，如果满足则返回第二个参数的值，如果不满足则返回第三个参数值。

**STEP 03：** 引用单元格地址

1. 打开"函数参数"对话框，将插入点定位到"Logical_test"文本框中。
2. 单击"引用"按钮。

> **提个醒**　在"Logical_test"文本框中，可直接输入单元格地址，也可单击后面的"引用"按钮引用单元格地址。

62
Hours

52
Hours

42
Hours

32
Hours

22
Hours

12
Hours

### STEP 04： 输入公式

1. 单击 E4 单元格，再输入 "*"，单击 F4 单元格，输入 ">200"。此时 "函数参数" 对话框的文本框中将显示引用地址。
2. 单击 "确认引用" 按钮圆完成单元格地址的引用操作。

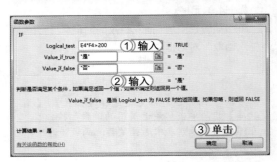

### STEP 05： 输入其他参数

1. 返回 "函数参数" 对话框，在 "Value_if_true" 文本框中输入 ""是""。
2. 在 "Value_if_false" 文本框中输入 ""否""。
3. 单击 确定 按钮。

### STEP 06： 判断其他单元格的值

1. 返回工作表即可查看结果，并选择 H4 单元格。
2. 将鼠标光标移至该单元格的右下角，当鼠标光标为 **+** 形状时，向下拖动鼠标至 H11 单元格，释放鼠标，即可查看判断结果。

---

**问题小贴士**

问： 公式的嵌套属于函数嵌套吗？

答： 嵌套函数并非是指字面意思，而是包括参数中带有公式或其他函数，而上述例子中则是嵌套的公式，如要嵌套函数，也可在编辑栏中直接输入

第一个函数，在第一个函数的参数中输入另一个参数或单击 "名称" 下拉列表框右侧的下拉按钮▼，在弹出的下拉列表中选择需要嵌套的函数，如果在列表框中没有，则可选择 "其他函数" 选项，打开 "插入函数" 对话框，在该对话框中选择需要嵌套的函数。

163

72 ⊠
Hours

62
Hours
▲

52
Hours
▲

42
Hours
▲

32
Hours
▲

22
Hours
▲

12
Hours

## 上机 1 小时 ▶ 制作"应聘考试成绩表"工作簿

🔍 进一步掌握插入函数的方法。　　　🔍 进一步掌握嵌套函数的使用。

🔍 进一步熟悉使用函数计算数据的方法。

下面在"应聘考试成绩表.xlsx"工作簿中，使用 SUM 函数计算总成绩，然后联合使用 IF 和 AND 函数，判断是否达到录取分数线，最后使用 RANK 函数对所有的人员成绩进行排名。效果如下图所示。

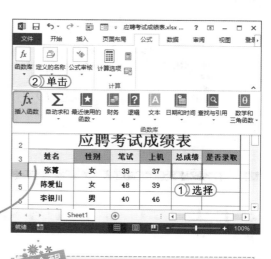

| 姓名 | 性别 | 笔试 | 上机 | 总成绩 | 是否录取 | 排名 |
|---|---|---|---|---|---|---|
| 张菁 | 女 | 35 | 37 | 72 | 淘汰 | 9 |
| 陈爱仙 | 女 | 48 | 39 | 87 | 淘汰 | 2 |
| 李银川 | 男 | 40 | 46 | 86 | 淘汰 | 3 |
| 沈鹏 | 男 | 41 | 41 | 82 | 录取 | 5 |
| 孙子伍 | 男 | 32 | 41 | 73 | 淘汰 | 8 |
| 陈琳 | 女 | 47 | 36 | 83 | 淘汰 | 4 |
| 王莎莎 | 女 | 39 | 40 | 79 | 淘汰 | 6 |
| 田恬 | 女 | 45 | 46 | 91 | 录取 | 1 |
| 梁家雯 | 女 | 28 | 46 | 74 | 淘汰 | 7 |
| 李强 | 男 | 34 | 42 | 42 | 淘汰 | 10 |

**光盘文件**
素材 \ 第 6 章 \ 应聘考试成绩表.xlsx
效果 \ 第 6 章 \ 应聘考试成绩表.xlsx
实例演示 \ 第 6 章 \ 制作"应聘考试成绩表"工作簿

### STEP 01： 插入函数

1. 打开"应聘考试成绩表.xlsx"工作簿，选择 F4 单元格。
2. 选择【开始】/【函数库】组，单击"插入函数"按钮 *fx*，打开"插入函数"对话框。
3. 在"选择函数"列表框中选择"SUM"选项。
4. 单击 **确定** 按钮。

**提个醒**　　SUM 函数是求和函数，其参数可以是多个，也可以是一个，但一个参数则没有什么意义。

### STEP 02： 输入参数

1. 打开"函数参数"对话框，在"Number1"文本框中输入"D4:E4"。
2. 单击 **确定** 按钮，即可返回工作表中，查看到使用函数计算后得到的结果。

### STEP 03： 快速计算其他单元格的结果

1. 选择 F4 单元格。
2. 将鼠标光标移至该单元格的右下角，当鼠标光标为 **+** 形状时，向下拖动鼠标至 F13 单元格。
3. 释放鼠标，即可查看结果。

### STEP 04： 判断是否淘汰

1. 选择 G4 单元格。在编辑栏中输入公式"=IF(AND(D4>40,E4>40),"录　取","淘汰")"。
2. 按 Enter 键，便可在所选的单元格中判断出是否淘汰。

**提个醒**　　在编辑栏中输入的公式"=IF(AND(D4>40,E4>40),"录取","淘汰")"的主要功能是判断笔试和机式都大于 40 的才能被录取。

读书笔记

## STEP 05： 判断其他的人员是否淘汰

选择 G4 单元格，使用快速填充数据的方法，判断其他人员是否被淘汰。

**提个醒** 这里使用到数据填充的原理是因为公式中的单元格引用是使用的相对引用，所以在拖动数据时，其单元格的引用地址会自动改变而判断出正确的结果。

## STEP 06： 计算排名

1. 选择 H4 单元格，在编辑栏中输入公式 "=RANK(F4,$F$4:$F$13)"。

2. 按 Enter 键，便可在选择的单元格中计算出排名结果。

**提个醒** 在编辑栏中输入的公式 "=RANK(F4,$F$4:$F$13)" 的主要作用是将总成绩列的分数按大小进行排名，其中 RANK 函数的作用是将某个数据，在特定的单元格区域中进行比较。

## STEP 07： 计算其他人员的排名

选择 H4 单元格，使用填充数据的方法将其他单元格的排名计算出来。

**提个醒** 公式中的引号，在输入时一定要在英文状态下进行输入。

读书笔记

165

72☑
Hours

62
Hours

52
Hours

42
Hours

32
Hours

22
Hours

12
Hours

## 6.3　常见函数的应用

在日常办公中，对函数的使用非常广泛，因此在 Excel 中为用户提供了多种不同类型的函数，下面将对不同类型的常见函数进行讲解。

**学习 1 小时**

- 掌握数学与三角函数的应用。
- 熟悉查找与引用函数的应用。
- 掌握财务函数的应用。
- 了解其他函数的应用。

### 6.3.1　数学与三角函数

Excel 中提供的数学与三角函数与数学中所用到的函数相同，使用该函数能在办公中提高工作效率，下面将介绍几个常见的数学与三角函数。

**1. ABS 函数**

ABS 函数的主要功能是返回给定数值的绝对值，即不带符号的数值。其语法结构为：ABS(number)，其参数 number 表示要进行求绝对值的数据。

**2. INT 函数**

INT 函数的主要功能是将数值向下取整为最接近的整数，其语法结构为：INT(number)，其参数 number 表示要进行向下取整的数据。如 4.536 用 INT 函数取值结果为 4，若为 -4.536 其取值结果则为 -5。

**3. SUM 函数**

SUM 函数在前面也有所提及，这里将对其进行详细讲解。该函数主要功能是用于计算单元格中所有数值的和，即所有单元格的数值相加。其语法结构为：SUM(number1,…)，其参数 number1,…表示要对其进行求和的数据。如 SUM(A1:A4)，即求 A1 单元格到 A4 单元格区域所有数据的和，与 SUM(A1+A2+A3+A4) 结果是相同的，还可以表示为 SUM(A1,A2,A3,A4)。

**4. MOD 函数**

MOD 函数的主要功能是返回两数相除之后的余数，其余数符号要与被除数的相同。其语法结构为：MOD(number,divisor)。其参数 number 为除数，而 divisor 则为被除数，如 MOD(5/3)，其结果为 2，若 3 为 -3，其值则为 -2；若 5 为 -5 则不受影响，其值还是为 2。

### 6.3.2　查找与引用函数

查找与引用函数方便用户在工作表中快速地查找相同或不同工作表中的数据信息，而引用函数则是引用单元格地址，根据单元格地址所在的数据计算出需要的数据信息，下面将介绍几个常见的查找与引用函数。

## 1. VLOOKUP 函数

VLOOKUP 函数的主要功能是搜索工作表区域首列满足条件的元素，确定待检索单元格区域中的行号，再进一步返回选定单元格的值( 默认情况下，工作表中的数据是按升序排列的 )，其语法结构为：VLOOKUP(lookup_value,table_array,col_index,range_lookup)，下面将分别介绍其参数含义。

🔑 lookup_value 参数：表示要在工作表或单元格区域的第一列中搜索的值。lookup_value 参数可以是值或引用的单元格。需注意的是，如果 lookup_value 参数提供的值小于 table_array 参数第一列中的最小值，则 VLOOKUP 函数将返回错误值 #N/A。

🔑 table_array 参数：包含数据的单元格区域。 可以使用单元格区域（ 如 A2:D8 ）或区域名称的引用。需注意的是，table_array 参数第一列中的值是用于 lookup_value 参数搜索的值。这些值可以是文本、数字或逻辑值。文本不区分大小写。

🔑 col_index 参数：返回 table_array 参数中匹配值的列号。如果 col_index_num 参数为 1，返回 table_array 参数第一列中的值；若 col_index_num 参数为 2，返回 table_array 参数第二列中的值，依此类推。

🔑 range_lookup 参数：该参数是一个逻辑值，返回该函数所查找数据的精确匹配值还是近似匹配值。如果 range_lookup 参数为 TRUE 或被省略，则返回精确匹配值或近似匹配值；如果找不到精确匹配值，则返回小于 lookup_value 参数的最大值；如果 range_lookup 参数为 FALSE，则返回查找到的精确匹配值。需注意的是，如果 table_array 的第一列中有两个或更多值与 lookup_value 参数匹配，则使用第一个找到的值。如果找不到精确匹配值，则返回错误值 #N/A。

下面将在 "商品价格表 .xlsx" 工作簿中，使用 VLOOKUP 函数计算出各种商品的零售价和销售价。其具体操作如下：

**STEP 01：** 计算商品的零售价

1. 打开 " 商品价格表 .xlsx" 工作簿，选择 F4 单元格。在编辑栏中输入公式 "=VLOOKUP(B4,B4:E8, 3, FALSE) * (1 + VLOOKUP(B4,B4:E8, 4, FALSE))"。

2. 按 Enter 键即可在 F4 单元格中计算出该商品的零售价。

提个醒 　在计算零售价时，在编辑栏中所输入的公式 "=VLOOKUP(B4,B4:E8,3,FALSE)*(1+VLOOKUP(B4,B4:E8,4,FALSE))"，其主要表述的是将 B4 单元格所在商品的成本价与涨幅的倍数相乘则得到该商品的零售价。如果将 B6 单元格地址的引用换成文本 "ST-340"，其结果相同。如果在编辑栏中输入的公式显示不完整时，可单击编辑栏右侧的下拉按钮▾，显示完整的公式。

167

72⊠
Hours

62
Hours

52
Hours

42
Hours

32
Hours

22
Hours

12
Hours

**STEP 02：** 计算其他商品的零售价

1. 选择 F4 单元格。
2. 将鼠标光标移至该单元格的右下角，当鼠标光标为➕形状时，向下拖动鼠标至 F8 单元格。释放鼠标左键，查看其效果。

**提个醒** 如果 VLOOKUP 函数的第一个参数是文本引用，则不能使用快速填充公式的方法计算其他商品的零售价。

**STEP 03：** 计算商品的销售价

1. 选择 G4 单元格，在编辑栏中输入公式 "= (VLOOKUP(B4, B4:E8, 3, FALSE) * (1 + VLOOKUP(B4, B4:E8, 4, FALSE))) * (1 - 20%)"。
2. 按 Enter 键，便可在 G4 单元格中查看到计算结果。

**提个醒** 在计算商品的销售价时，其中公式里的 20% 是假设其折扣价为 20%。

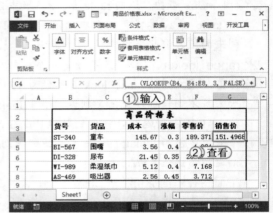

**STEP 04：** 计算其他商品的销售价

1. 选择 G4 单元格。
2. 将鼠标光标移至该单元格的右下角，当鼠标光标为➕形状时，向下拖动鼠标至 G8 单元格。释放鼠标左键，查看其效果。

### 2. ADDRESS 函数

ADDRESS 函数的主要功能是根据指定行号和列号获得工作表中的某个单元格的地址，其语法结构为：ADDRESS(row_num,column_num,abs_num,a1,sheet_text)。下面将对其参数进行具体的介绍。

🔑 row_num 参数：该参数的类型是一个数值，是指定要在单元格引用中使用的行号，其值不可省略。

🔑 column_num 参数：该参数的类型是一个数值，是指定要在单元格引用中使用的列标，其参数不可省略。

🔑 abs_num 参数：该参数的类型是一个数值，指定要返回的引用类型，该参数可省略。如果其值为1或省略，则返回的引用类型为绝对URL；如果其值为2，则返回的引用类型为绝对行号，相对列号；如果其值为3，则返回的引用类型为相对行号，绝对列标；如果其值为4，则返回的引用类型则为相对单元格引用。

🔑 a1 参数：该参数是一个逻辑值，指定A1或R1C1引用样式。在A1样式中，列和行将分别按字母和数字顺序添加标签。在R1C1引用样式中，列和行均按数字顺序添加标签。该参数可省略，如果参数A1为TRUE或被省略，则ADDRESS函数返回A1样式引用；如果为FALSE，则ADDRESS函数返回R1C1样式引用。

🔑 sheet_text 参数：该参数一个文本值，指定要用作外部引用的工作表的名称。例如，公式 "=ADDRESS(1,1,,,"Sheet2")"，则返回Sheet2!$A$1。其参数可省略，如果省略参数sheet_text，则不使用任何工作表名称，并且该函数所返回的地址引用当前工作表上的单元格。

下面将使用表格的形式举例说明使用ADDRESS函数引用的各种类型的参数，以及最终返回的结果值。

**ADDRESS函数的各种使用情况表**

| 公　式 | 说　明 | 结　果 |
|---|---|---|
| =ADDRESS(2,3) | 绝对引用 | $C$2 |
| =ADDRESS(2,3,2) | 绝对行号，相对列标 | C$2 |
| =ADDRESS(2,3,2,FALSE) | 绝对行号，R1C1引用样式中的相对列标 | R2C[3] |
| =ADDRESS(2,3,1,FALSE,"[Book1]Sheet1") | 对另一个工作簿和工作表的绝对引用 | '[Book1]Sheet1'!R2C3 |
| =ADDRESS(2,3,1,FALSE,"EXCEL SHEET") | 对另一个工作表的绝对引用 | 'EXCEL SHEET'!R2C3 |

## 6.3.3　财务函数

在日常办公中，熟练地使用财务函数不仅能能提高办公人员的工作效率，还能解决一些复杂的数据计算，下面将介绍几种常见的财务函数。

### 1. FV 函数

FV函数的主要功能是基于固定利率和等额分期付款方式，返回某项投资的未来值。其语法结构为：FV(rate,nper,pmt,pv,type)。下面分别介绍其参数含义。

🔑 rate 参数：该参数是指各期利率，其参数值不可省略。

🔑 nper 参数：该参数是指付款总期数，即分为多少期进行支付，其参数值不可省略。

🔑 pmt 参数：该参数是指各期应支付的金额，在整年期间保持不变。通常pmt包括本金和利息，但不包括其他费用或税款。其参数可省略，如果省略pmt，则必须包括pv参数。

🔑 pv 参数：该参数是指现值，或一系列未来付款的当前值的累积之和。该参数值可省略，

62
Hours
▲

52
Hours
▲

42
Hours
▲

32
Hours
▲

22
Hours
▲

12
Hours
▲

如果省略 pv，则假定其值为 0（零），且必须包括 pmt 参数。

🔑 type 参数：该参数为数字 0 或 1，用以指定各期的付款时间是在期初还是期末。其参数值可省略，如果省略 type，则假定其值为 0。

下面假设某用户一次性投资 5000 元，并且在日后提取收入中的 1000 元存入银行，然后在 20 年后以每年年利率为 4.25% 来计算其金额。

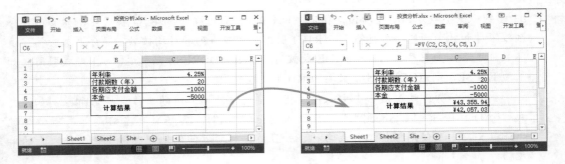

### 2. NPV 函数

NPV 函数的主要功能是指使用贴现率和一系列未来支出（负值）和收益（正值）来计算一项投资的净现值。其语法结构为：NPV(rate,value1,value2,...)。下面将分别进行介绍其参数的含义。

🔑 rate 参数：该参数是指某一期间的贴现率，其参数值不可省略。

🔑 value1,value2,... 参数：该参数是指支出及收入的 1~254 个参数。

下面假设某公司初期投资 30000 万元，其年贴现率为 8.25%，前 5 年的收益如下表所示，并使用 NPV 函数在下表求出该公司投资的净现值。

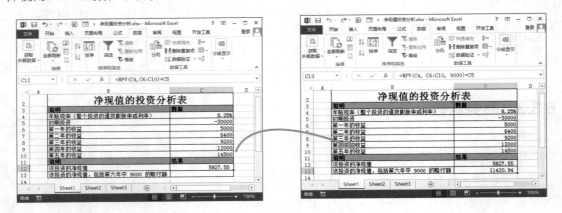

▌经验一箩筐——注意事项

在使用 value1,value2,... 参数时需要注意几点：第一点是在时间上必须具有相等间隔，并且都发生在期末；第二点是一定要按正确的顺序输入支出值和收益值；第三点是忽略以下类型的参数，包括参数为空白单元格、逻辑值、数字的文本表示形式、错误值或不能转化为数值的文本；第四点是如果参数是一个数组或引用，则只计算其中的数字。

## 6.3.4 其他函数

在 Excel 中除了上述讲解的几种常见的函数外，还包括了很多其他类型的函数，如果办公人员能结合各种函数的功能在工作表中进行数据计算，从而会大大地提高工作效率，减少一些复杂计算的问题，下面将介绍几种其他类型的常见函数。

### 1. AVERAGE 函数

AVERAGE 函数主要是用于求工作表中单元格或单元格区域所在数据的平均值，其语法结构为：AVERAGE(value1,value2, ...)，其参数含义与 SUM 函数一样。

下面将在"学生成绩表 .xlsx"工作簿中使用 AVERAGE 函数计算出每个学生的平均成绩。其具体操作如下：

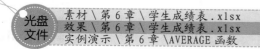

光盘文件　素材 \ 第 6 章 \ 学生成绩表 .xlsx
效果 \ 第 6 章 \ 学生成绩表 .xlsx
实例演示 \ 第 6 章 \AVERAGE 函数

**STEP 01：** 计算平均值

1. 打开"学生成绩表 .xlsx"工作簿，选择 G4 单元格，在编辑栏中输入公式"=AVERAGE(D4:E4)"。
2. 按 Enter 键，便可在所选单元格中查看到计算结果。

> **提个醒**　在学生成绩表中，计算平均分时，所使用到的公式"=AVERAGE(D4:E4)"，表示计算 D4 和 E4 单元格所在的数据值之和的平均值。

**STEP 02：** 计算其他单元格的平均值

1. 选择 G4 单元格。
2. 将鼠标光标移至该单元格的右下角，当鼠标光标为 **+** 形状时，向下拖动鼠标至 G14 单元格。
3. 释放鼠标左键，查看其效果。

### 2. COUNT 函数

COUNT 函数主要用于计算包含数字的单元格以及参数列表中数字的个数。使用 COUNT 函数获取单元格区域所在的数字或数组中的数字类型的项目数。其语法结构为：COUNT(value1, value2, ...)，下面将分别介绍其参数含义。

🔑 value1 参数：要计算其中数字所在单元格引用或单元格区域，其参数值不可省略。

62
Hours
▲

52
Hours
▲

42
Hours
▲

32
Hours
▲

22
Hours
▲

12
Hours

🔑 value1,value2,... 参数：要计算其中数字个数的其他项、单元格引用或单元格区域，最多可包含 255 个参数值。

▌经验一箩筐——哪些情况会被 COUNT 函数计算在内

如果参数为数字、日期或者代表数字的文本（如用引号引起的数字，如 "1"），则将被计算在内；如果参数为逻辑值和直接输入到参数列表中代表数字的文本，则会被计算在内；如果参数为错误值或不能转换为数字的文本，则不会被计算在内；如果参数是一个数组或引用，则只计算其中的数字，其中数组或引用中的空白单元格、逻辑值、文本或错误值将不计算在内。若要计算逻辑值、文本值或错误值的个数，可使用 COUNTA 函数，若要只计算符合某一条件的数字的个数，可使用 COUNTIF 函数或 COUNTIFS 函数（可在 Excel 帮助中查看其功能）。

### 3. MAX/MIN 函数

MAX 函数被称为最大值函数，使用该函数可快速寻找单元格区域中的最大数据。而 MIN 函数被称为最小值函数，使用该函数可快速寻找单元格区域中的最小值。这两个函数的语法结构分别为：MAX(number1, number2, ...) 和 MIN(number1, number2, ...)。其参数含义基本相同的，表示从 number1,number2,... 中找出最大值或最小值，最多可包含 1 ～ 255 个参数。

下面将在 "月产品销售量表 .xlsx" 工作簿中使用 MAX 和 MIN 函数找出销售量最高和最低的数据。其具体操作如下：

**STEP 01：** 找出销售量的最大值

1. 打开 "月产品销售量表 .xlsx" 工作簿，选择 C11 单元格，在编辑栏中输入公式 "=MAX(D4:D10)"。
2. 按 Enter 键，便可在所选单元格中查看到计算结果。

**STEP 02：** 找出销售量的最小值

1. 选择 C12 单元格，在编辑栏中输入公式 "=MIN(D4:D10)"。
2. 按 Enter 键，便可在所选单元格中查看到计算结果。

### 4. RANK.EQ 函数

RANK.EQ 函数为排位函数，使用该函数可以排列出数字在某一个单元格区域列表中的排位，如果排名相同，则返回最佳排名。其语法结构为：RANK.EQ(number,ref,order)。下面将分别介绍其参数含义。

🔑 number 参数：该参数是指要找到其排位的数字，其参数值不可省略。

🔑 ref 参数：数字列表的数组，对数字列表的引用。ref 参数中的非数字值会被忽略，其参数值不可省略。

🔑 order 参数：该参数是指一个指定数字排位方式的数字，其值可省略，如果 order 0（零）或省略，Microsoft Excel 对数字的排位是基于 ref 为按照降序排列的列表；如果 order 不为零，Microsoft Excel 对数字的排位是基于 ref 为按照升序排列的列表。

下面将在"宿舍卫生评估表.xlsx"工作簿，使用函数RANK.EQ计算出宿舍卫生清洁度名次。其具体操作如下：

光盘文件
素材 \ 第 6 章 \ 宿舍卫生评估表 .xlsx
效果 \ 第 6 章 \ 宿舍卫生评估表 .xlsx
实例演示 \ 第 6 章 \RANK.EQ 函数

**STEP 01：** 计算清洁卫生名次

1. 打开"宿舍卫生评估表 .xlsx"工作簿，选择 D7 单元格，在编辑栏中输入公式"=RANK.EQ(C7,$C$7:$C$16)"。

2. 按 Enter 键，便可在所选单元格中查看到计算结果。

**提个醒**　在清洁卫生栏中，计算名次所使用的公式"=RANK.EQ(C7,$C$7:$C$16)"，表示 C7 单元格所在的数据在 C7 到 C16 单元格区域中的排名。

**STEP 02：** 计算其他宿舍的名次

1. 选择 D7 单元格。

2. 将鼠标光标移至该单元格的右下角，当鼠标光标为➕形状时，向下拖动鼠标至 D16 单元格。

3. 释放鼠标左键，查看其效果。

*读书笔记*

62
Hours

52
Hours

42
Hours

32
Hours

22
Hours

12
Hours

**STEP 03：** 计算物品名次

1. 选择 G7 单元格，在编辑栏中输入公式 "=RANK.EQ(F7,$F$7:$F$16)"。
2. 按 Enter 键，便可在所选单元格中查看到计算结果。

> **提个醒**
> 如果 F7 所在的单元格中的数值不在 $F$7:$F$16 中，即 value 参数不在 column-name 参数中，则 RANK.EQ 函数返回空白值。

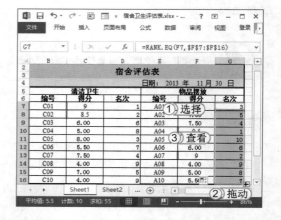

**STEP 04：** 计算其他单元格的名次

1. 选择 G7 单元格。
2. 将鼠标光标移至该单元格的右下角，当鼠标光标为➕形状时，向下拖动鼠标至 G16 单元格。
3. 释放鼠标左键，查看其效果。

**问题小贴士**

问：如何学习及应用其他函数？

答：Excel 工作表中远远不止上述所介绍的几种函数，如果用户要学习及使用其他函数，则可打开"插入函数"对话框，在"或选择类别"下拉列表中选择"全部"选项，便可在"选择函数"列表框中查看到 Excel 中所有的函数，选择需要了解的函数，系统则会在该列表框的下方简单的介绍其函数的作用，如果用户想进一步学习该函数，则可按 F1 键，打开帮助窗口，在帮助窗口的"搜索"文本框中输入想学习的函数，按 Enter 键，即可搜索出该函数的相关知识及如何应用的方法。

**上机 1 小时 ▶ 制作"工资综合评比表"工作簿**

🔍 进一步掌握 SUM 函数的用法。　　🔍 进一步掌握 MAX/MIN 函数的用法。

🔍 进一步掌握 RANK.EQ 函数的用法。

下面将在"工资综合评比表.xlsx"工作簿中使用 SUM 函数计算出每个员工的工资总金额，并且对所有员工的工资总额进行排名，以方便上级查看每个员工的工资排名情况，以了解每个员工的工作状态。最后找出最高工资金额和最低工资金额。其最终效果如右图所示。

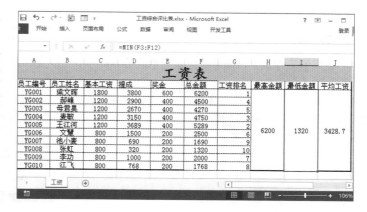

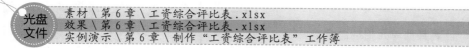

光盘文件

素材\第6章\工资综合评比表.xlsx
效果\第6章\工资综合评比表.xlsx
实例演示\第6章\制作"工资综合评比表"工作簿

### STEP 01： 打开"插入函数"对话框

1. 打开"工资综合评比表.xlsx"工作簿，选择 F3 单元格。
2. 在编辑栏中单击"插入函数"按钮，打开"插入函数"对话框。

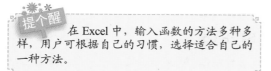

提个醒　在 Excel 中，输入函数的方法多种多样，用户可根据自己的习惯，选择适合自己的一种方法。

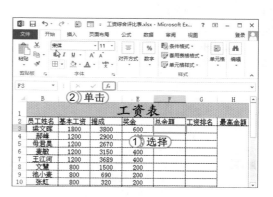

### STEP 02： 打开"函数参数"对话框

1. 在打开对话框的"或选择类别"下拉列表中选择"常用函数"选项。
2. 在"选择函数"列表框中选择"SUM"函数。
3. 单击 确定 按钮，便可打开"函数参数"对话框。

### STEP 03： 设置函数参数

1. 将文本插入点定位到"Number 1"文本框中，让对话框保持打开的状态，使用鼠标在工作表中选择 C3:E3 单元格区域，此时则会在"Number 1"文本框中显示单元格地址。
2. 单击 确定 按钮，便可完成 SUM 函数的参数设置。

62
Hours

52
Hours

42
Hours

32
Hours

22
Hours

12
Hours

STEP 04： 查看效果

1. 返回到工作表中，即可在编辑栏中查看到插入的函数公式。
2. 在 F3 单元格中，即可查看到使用函数计算出的员工工资的总金额。

STEP 05： 计算其他单元格的总金额

1. 选择 F3 单元格。
2. 将鼠标光标移至该单元格的右下角，当鼠标光标为 ✚ 形状时，向下拖动鼠标至 F12 单元格。
3. 释放鼠标左键，查看其效果。

STEP 06： 计算工资排名

1. 选择 G3 单元格，在编辑栏中输入公式 "=RANK.EQ(F3,$F$3:$F$12)"。
2. 按 Enter 键，即计算出 F3 单元格所在的数据在 F3:F12 单元格区域之间的排名。

读书笔记

STEP 07： 计算其他单元格的排名

1. 选择 G3 单元格。
2. 将鼠标光标移至该单元格的右下角，当鼠标光标为 ✚ 形状时，向下拖动鼠标至 G12 单元格。
3. 释放鼠标左键，查看其效果。

**STEP 08：** 计算最高工资

1. 选择 H3 单元格，在编辑栏中输入公式"=MAX(F3:F12)"。
2. 按 Enter 键，即可在所有员工总金额中计算出最高工资。

**STEP 09：** 计算最低工资

1. 选择 I3 单元格。在编辑栏中输入公式"=MIN(F3:F12)"。
2. 按 Enter 键，便可在 I3 单元格中计算出最低工资。

> **提个醒** 在插入函数时，如果是比较常见的函数，如 SUM、MAX、MIN、COUNT 和 AVERAGE 函数，则可直接在【公式】/【函数库】组中单击"自动求和"下方的下拉按钮。

**STEP 10：** 计算平均工资

1. 选择 J3 单元格。在编辑栏中输入公式"=AVERAGE(F3:F12)"。
2. 按 Enter 键，便可在 J3 单元格中计算平均工资。

读书笔记

## 6.4 练习 1 小时

本章主要对 Excel 的公式及函数的应用进行了不同深度的讲解，为了让读者熟练地掌握所讲解的知识，下面将以制作"化妆品库存表"工作簿和"人事考核表"工作簿为例，让读者进行练习，在练习中查缺补漏。

62
Hours

52
Hours

42
Hours

32
Hours

22
Hours

12
Hours

## 1. 制作"化妆品库存表"工作簿

本次练习，主要是练习公式的使用，在制作"化妆品库存表.xlsx"工作簿时，先根据上月库存和进货数量之和，减去出货数量计算本月库存总额，再根据单价与本月库存数据计算货物金额。完成"化妆品库存表.xlsx"工作簿的制作。

## 2. 制作"人事考核表"工作簿

本次练习，主要是练习函数公式的使用，在制作"人事考核表.xlsx"工作簿时，先使用 SUM 函数计算出 D5:F5 单元格区域的总成绩，使用 RANK.EQ 函数进行名次排列，使用 IF 函数判断评优情况，再使用 AVERAGE 函数计算各考核项目的平均成绩，最后使用 MAX/MIN 函数计算各考核项目的最高分和最低分。完成"人事考核表.xlsx"工作簿的制作。

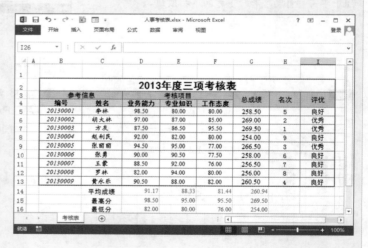

读书笔记

72 HOURS

# 数据和图表的完美体现

## 第 7 章

学习 4 小时

除了可以在表格中输入相应的数据外，还可以对数据进行管理，以及应用图表、数据透视表和数据透视图来进一步分析数据。

- 数据管理
- 创建并设置图表
- 图表的高级应用
- 数据透视表和数据透视图

上机 7 小时

# 7.1 数据管理

在办公应用中熟练地掌握数据分析的各种方法或相关知识，不仅可提高办公效率，还可以提高工作质量。如使用数据排序的各种方法对数据进行有效的排序、对数据进行筛选、对数据进行分类汇总以及汇总不同工作表中的数据等，下面将分别对其进行讲解。

**学习 1 小时**

- 🔍 掌握数据的排序方法。
- 🔍 掌握数据的筛选方法。
- 🔍 了解分类汇总的方法。
- 🔍 掌握汇总多个工作表数据的方法。

## 7.1.1 数据排序

在日常办公中，难免遇到一些表格数据凌乱的情况，如果将数据按照一定的规律排序，将有助于快速直观地显示、理解并查找需要的数据。Excel 2013 中提供了单一字段排序、多重字段排序以及自定义排序，下面将分别进行介绍。

### 1. 单一字段排序

在 Excel 中使用单一字段进行排序时，只要按照一个字段对数据进行升序或降序排序，其方法为：选择需进行排序的数据，选择【数据】/【排序和筛选】组，单击"排序"按钮，打开"排序"对话框，系统默认进行单一字段排序，分别设置"列"、"排序依据"和"次序"，单击 确定 按钮，完成单一字段排序的操作。

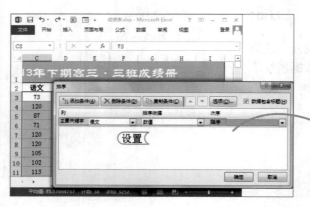

### 经验一箩筐——排序小提示

在进行排序时，如果所选择数据左侧或右侧还存在其他数据时，单击"排序"按钮后，会先打开"排序提醒"对话框，在该对话框中会提供两个单选按钮，如果用户选中 ⊙扩展选定区域(E) 单选按钮则会将工作表中的数据全部选中；如果选中 ⊙以当前选定区域排序(C) 单选按钮，则只对用户选择的数据进行排序。

### 2. 多重字段排序

很多时候单一字段排序并不能达到工作需求，这时就可以使用多重字段进行排序。多重字段排序是指按多列字段设置多个条件排序数据，其方法与单一字段排序相似。

下面将在"产品销量记录表.xlsx"工作簿中，以"销售数量"为主要排序条件，并设置当销售数量相同时以"销售价格"为次要条件进行排序。其具体操作如下：

光盘文件

素材 \ 第7章 \ 产品销量记录表 .xlsx
效果 \ 第7章 \ 产品销量记录表 .xlsx
实例演示 \ 第7章 \ 多重字段排序

**STEP 01：** 打开"排序"对话框

1. 打开"产品销量记录表.xlsx"工作簿，选择B3:E19单元格区域。
2. 选择【数据】/【排序和筛选】组，单击"排序"按钮，打开"排序"对话框。

提个醒 对数据进行排序，通过选择【开始】/【编辑】组，单击"排序和筛选"按钮，在弹出的下拉列表中也可选择不同的选项对数据进行排序。

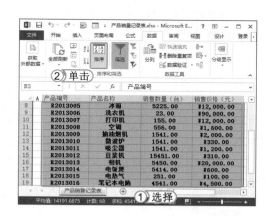

181

72 图
Hours

62
Hours

52
Hours

42
Hours

32
Hours

22
Hours

12
Hours

**STEP 02：** 设置主要关键字排序条件

1. 在"列"的"主要关键字"下拉列表框中选择"销售数量（台）"选项。
2. 在"排序依据"下拉列表中选择"数值"选项。
3. 在"次序"下拉列表框中选择"降序"选项。
4. 单击"添加条件(A)"按钮，添加次要关键字排序条件。

**STEP 03：** 设置次关键字排序条件

1. 在"列"的"次关键字"下拉列表框中选择"销售价格（元）"选项。
2. 在"排序依据"和"次序"下拉列表中分别选择"数值"和"降序"选项。
3. 单击"确定"按钮，返回工作表。

提个醒 如果添加了多余的排序条件，则可在"排序"对话框中选择条件并单击"删除条件(D)"按钮，将其删除。

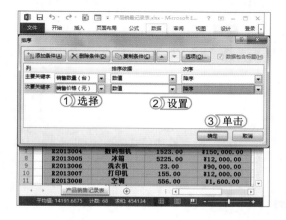

## STEP 04： 查看效果

在工作表中即可查看到"销售数量"的数据大小
是按降序进行排列的，而"销售数量"相同的则
是按照"销售价格"为"降序"条件进行排序数据。

> **提个醒**　在 Excel 中，数据排序不仅仅局限于
> 数字类型的数据，用户也可以对文本、日期和
> 时间等数据进行排序，默认情况下，对文本数
> 据进行排序时，是按照拼音的首字母进行排列，
> 而日期和时间则是按照从早到晚或是从晚到早
> 的顺序进行排列的。

### 3. 自定义排序

在对数据进行排列时，为了能更清晰地查看排序的结果，可根据工作的实际需求，对工作
表中的数据进行自定义排序，所谓自定义排序就是在设置排序条件时，将需要的顺序输入为排
序的关键字，然后系统将按照设置的关键字进行排序。

下面将在"员工记录表.xlsx"工作簿中，将"职务"按照自定义的顺序进行排序。其具
体操作如下：

| 光盘文件 | 素材＼第 7 章＼员工记录表 .xlsx |
| --- | --- |
| | 效果＼第 7 章＼员工记录表 .xlsx |
| | 实例演示＼第 7 章＼自定义排序 |

## STEP 01： 打开"排序"对话框

1. 打开"员工记录表.xlsx"工作簿，选择
   B3:H21 单元格区域。
2. 选择【数据】/【排序和筛选】组，单击"排序"
   按钮☒☒，打开"排序"对话框。

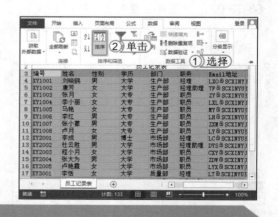

### 经验一箩筐——设置排序选项

在 Excel 中还可以对排序的方式进行设置，包括是否区分大小写、排序的方向和排序的方法。
其方法是：在"排序"对话框中单击
选项(O)按钮，打开"排序选项"对话框，
在其中进行设置即可。如选中 ◉ 按行排序(L)
单选按钮，则可使表格的排序方式由列变
为行，此时"排序"对话框中"主要关键字"
下拉列表框将显示"行"。

## STEP 02： 打开"自定义序列"对话框

1. 在"列"的"主要关键字"下拉列表中选择"职务"选项。
2. 在"排序依据"下拉列表中选择"数值"选项。
3. 在"次序"下拉列表框中选择"自定义序列"选项，打开"自定义序列"对话框。

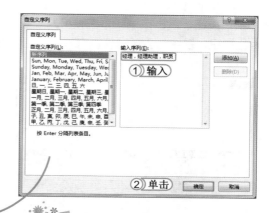

## STEP 03： 设置自定义序列

1. 在"输入序列"文本框中输入"经理,经理助理,职员"。
2. 单击 确定 按钮。
3. 返回到"排序"对话框中，便可在"次序"下拉列表中查看到自定义的排序顺序。
4. 单击 确定 按钮。

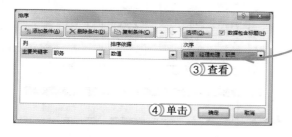

**提个醒** 在"自定义序列"对话框中可以单击 添加(A) 按钮，手动添加多条自定义序列。还可以在"自定义序列"列表框中选择系统默认的排列顺序。

## STEP 04： 查看效果

返回到工作表中，便可查看到按经理、经理助理、职员的顺序进行排序的"职务"列的数据。

**提个醒** 在进行自定义排序时，也可以在"排序"对话框的"排序依据"下拉列表中选择除"数值"选项以外的其他选项，如"单元格颜色"、"字体颜色"和"单元格图标"。

## ▌经验一箩筐——快速排序

排序数据，如果要对数据进行条件设置，都可选择单一字段排序、多重字段排序或自定义排序中的任一种，但如果只需要对数据进行简单的升序或降序排列，则不必考虑以上几种方法，只需选择【数据】/【排序和筛选】组，单击"升序"按钮↓或"降序"按钮↓，即可对选择的数据进行排序。

62
Hours

52
Hours

42
Hours

32
Hours

22
Hours

12
Hours

## 7.1.2 数据的筛选

Excel 提供的数据筛选功能可以帮助用户筛选符合条件的记录，并对不满足的条件记录进行隐藏。在 Excel 2013 中为用户提供了 3 种筛选方法，分别为自动筛选、自定义筛选和高级筛选。下面将分别对其操作方法进行讲解。

### 1. 自动筛选

使用自动筛选的方法只能对选择的数据进行简单的筛选，其方法为：选择需要进行筛选的数据，选择【数据】/【排序和筛选】组，单击"筛选"按钮▼，此时所选择数据的表头后将添加▼按钮，单击该按钮，在弹出的下拉列表中选中需要进行显示的数据前的复选框，单击 确定 按钮，系统将会自动将没有被选中复选框的数据隐藏起来。

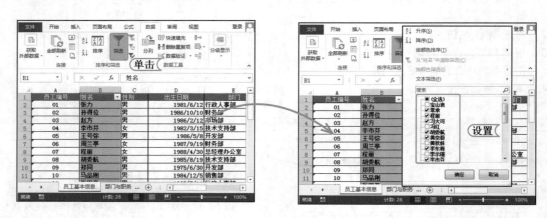

**问题小贴士**

问：下拉列表中的"搜索"文本框有何作用？

答：在"搜索"文本框中可以直接输入需筛选的数据，还可以使用通配符"*"和"?"，其中，"*"表示任意多个字符；而"?"则表示任意一个字符。若在上述表格中搜索姓张的数据，则可在"搜索"文本框中输入"张*"；若要搜索姓张但只有两个字的数据，则可在"搜索"文本框中输入"张?"。但需注意的是，在输入通配符时，一定要在英文状态下输入，否则系统将不会将其作为通配符看待。

### 2. 自定义筛选

在 Excel 中还可以自定义条件，然后再按自定义的条件进行筛选，自定义条件需要在"自定义自动筛选方式"对话框中进行设置。

下面将在"各部门员工资料表 .xlsx"工作簿中，自定义筛选条件，显示姓张和姓李的员工的数据资料。其具体操作如下：

| 光盘文件 | 素材 \ 第7章 \ 各部门员工资料表.xlsx |
| --- | --- |
| | 效果 \ 第7章 \ 各部门员工资料表.xlsx |
| | 实例演示 \ 第7章 \ 自定义筛选 |

**STEP 01：** 添加下拉按钮

1. 打开"各部门员工资料表.xlsx"工作簿，选择 A1:E28 单元格区域。

2. 选择【数据】/【排序和筛选】组，单击"筛选"按钮 ▼，在表头后添加下拉按钮。

**提个醒**

在进行筛选时，Excel 会根据表头内容的不同，其下拉列表中显示的选项也会不同，如表头内容为数据时，下拉列表中将显示为"数字筛选"，如果是文本，则会在下拉列表中显示"文本筛选"选项。

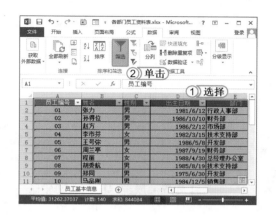

**STEP 02：** 选择"自定义筛选"选项

单击"姓名"列后的下拉按钮 ▼。在弹出的下拉列表中选择【文本筛选】/【自定义筛选】选项。

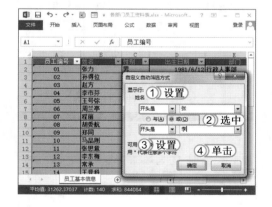

**STEP 03：** 设置自定义筛选条件

1. 打开"自定义自动筛选方式"对话框，在"姓名"栏中的第一个下拉列表框中选择"开头是"选项。在第二个下拉列表框中输入文本"张"。

2. 选中 ◉或(O) 单选按钮。

3. 在下方的第一个下拉列表框中选择"开头是"选项，在其后的下拉列表框中输入文本"李"。

4. 单击 确定 按钮，返回到工作表中。

**经验一箩筐——◉与(A)单选按钮和◉或(O)单选按钮的区别**

在自定义筛选时，筛选对话框中提供了◉与(A)和◉或(O)单选按钮，其中◉与(A)单选按钮表示筛选满足对话框中设置的所有条件的记录；而◉或(O)单选按钮则表示满足对话框中设置条件的任意一个条件的记录。

185

72
Hours

62
Hours

52
Hours

42
Hours

32
Hours

22
Hours

12
Hours

**STEP 04：** 查看效果

在工作表中便可查看到根据自定义筛选条件，显示的数据。

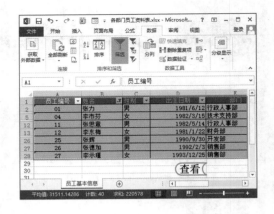

读书笔记

### 3. 高级筛选

自定义筛选数据最多只能设置两个条件，如果要对工作表中的数据设置更多满足条件的数据记录，则要使用高级筛选功能完成。高级筛选其实是通过在单元格中预先设置筛选条件，再以选择数据源的方式进行筛选。

下面将在"业绩销售表.xlsx"工作簿中自定义筛选条件，让其显示出销售数量大于30，单价大于300且销售总额大于1000的记录。其具体操作如下：

光盘文件　素材\第7章\业绩销售表.xlsx
效果\第7章\业绩销售表.xlsx
实例演示\第7章\高级筛选

**STEP 01：** 输入条件文本

打开"业绩销售表.xlsx"工作簿，分别在B13：D14单元格区域中输入条件文本"单价（元）"、">300"、"数量（件）"、">30"、"销售额"和">1000"。

> **提个醒**　输入的条件文本包括表头内容和条件，输入的表头内容一定要和表格原有的内容相同，否则不能实现筛选。

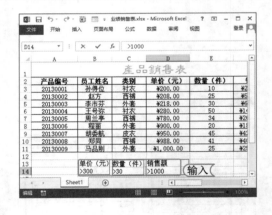

**STEP 02：** 打开"高级筛选"对话框

1. 输入完条件文本后，使用鼠标选择工作表中的空白单元格。
2. 选择【数据】/【排序和筛选】组，单击"高级"按钮，打开"高级筛选"对话框。

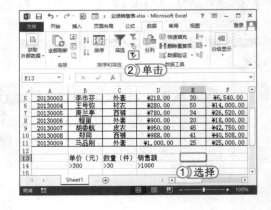

## STEP 03： 设置列表区域

1. 在打开的对话框中的"列表区域"文本框后，单击"引用"按钮图。
2. 打开"高级筛选 – 列表区域"对话框，在工作表中选择 A2:F11 单元格区域。再次单击"引用"按钮图，返回到"高级筛选"对话框。即可在"列表区域"文本框中显示"Sheet1!$A$2:$F$11"。

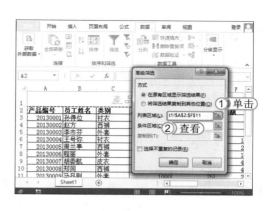

## STEP 04： 设置条件区域

1. 在"条件区域"文本框后，单击"引用"按钮图。
2. 打开"高级筛选 – 条件区域"对话框，在工作表中选择 B13:D14 单元格区域。再次单击"引用"按钮图，返回到"高级筛选"对话框。即可在"条件区域"文本框中显示"Sheet1!$B$13:$D$14"。
3. 单击 确定 按钮，完成条件筛选。

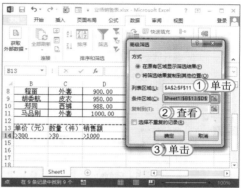

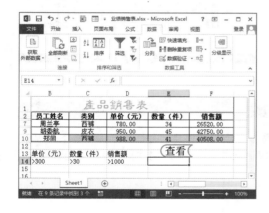

## STEP 05： 查看效果

返回工作表，即可查看到按照条件筛选数据记录。

**提个醒**　在设置高级筛选时，在"高级筛选"对话框的"方式"栏中，可通过选中 ● 在原有区域显示筛选结果(F) 单选按钮和 ● 将筛选结果复制到其他位置(O) 单选按钮，设置筛选后数据的位置。

### ▌经验一箩筐——清除筛选

如果对某个工作表中的数据进行了筛选后，又需要查看表格中的所有记录，此时可以清除工作表中的筛选条件，还原表格中的原始数据记录，其方法是：选择【数据】/【排序和筛选】组，单击"清除"按钮 ▼。

### 7.1.3 分类汇总

在办公应用中，往往会遇到表格数据繁多的情况，为了清楚明了地查看表格中的数据，可在 Excel 2013 中使用分类汇总功能对表格中的数据进行分类，再将相同性质的数据汇总起来，也可根据用户的需要将分类汇总后的某些字段进行隐藏或显示。但需要注意的是，在进行分类汇总前需要对数据进行排序。下面将对分类汇总的创建、隐藏与显示的操作方法进行介绍。

**1. 创建分类汇总**

在 Excel 中，对表格中的数据进行排序后，才能进行相应的分类汇总，如求和汇总、计数汇总、平均值、最大值、最小值以及乘积汇总等方式，便于数据的查看与管理。其方法是：选择工作表中的任一包含数据的单元格，并对该表格中需汇总的关键字进行排序，然后选择【数据】/【分级显示】组，单击"分类汇总"按钮▦，打开"分类汇总"对话框，在"分类字段"下拉列表框中选择需要的分类，在"汇总方式"下拉列表框中选择汇总方式，然后在"选定汇总项"列表框中选择需要汇总的项目后，单击 <u>确定</u> 按钮完成基本的分类汇总，如下图所示即为对"性别"进行分类汇总的效果。

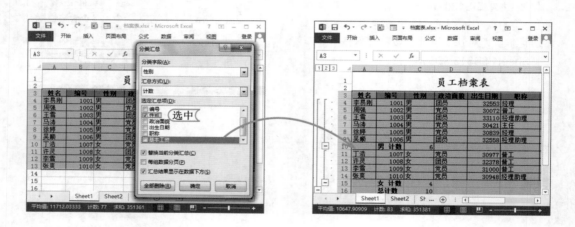

**■ 经验一箩筐——嵌套分类汇总**

在 Excel 中，嵌套分类汇总是指在已有的分类汇总基础上，再创建汇总，其方法与基本分类汇总的方法相同，但需要注意的是，在"分类汇总"对话框中一定要取消选中 ▢替换当前分类汇总(C) 复选框。

**2. 隐藏与显示分类汇总**

在 Excel 中可根据需要对数据进行隐藏和显示，从而提高数据安全性，隐藏和显示分类汇总的方面主要有两种方法，下面分别进行介绍：

🔑 选择需要隐藏的分类汇总的数据，选择【数据】/【分级显示】组，单击"隐藏明细数据"按钮▪(如左图)或单击"显示明细数据"按钮▪(如右图)，即可完成隐藏与显示分类汇总中的相应数据。

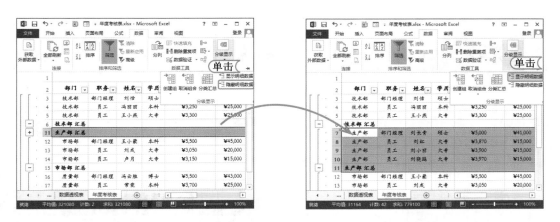

🔑 在对工作表中的数据进行了分类汇总后，会在每类汇总的数据左侧出现 ⊟ 按钮，如果单击该按钮将会把不需要查看的数据进行隐藏，在隐藏后 ⊟ 按钮将会变为 ⊞ 按钮，单击该 ⊞ 按钮则会将隐藏的数据显示出来。

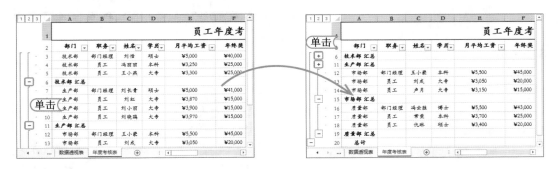

**问题小贴士**

问：如果在工作表中不需要对数据进行分类汇总，如何对其数据进行还原呢？

答：如果想把数据还原到没有进行分类汇总的操作前的状态，其方法很简单，可在工作表中选择任一包含数据的单元格，再选择【数据】/【分级显示】组，单击"分类汇总"按钮，打开"分类汇总"对话框，在该对话框中单击 全部删除(R) 按钮，最后单击 确定 按钮，即可还原到分类汇总前的内容。

## 7.1.4 汇总多个工作表的数据

从统计数据的角度讲，分类汇总只能对同一工作表中的数据进行统计或计算，如果要对多个工作表中数据进行统计和计算，分类汇总功能则办不到，此时可选择使用 Excel 中提供的合并计算功能，计算不同工作表中的数据，从而提高办公效率。

下面将在"季度销售业绩统计表.xlsx"工作簿中采用合并计算的方法，将各季度的销售总金额汇总到一个工作表中。其具体操作如下：

62
Hour
52
Hour
42
Hour
32
Hour
22
Hour
12
Hour

### STEP 01： 打开"合并计算"对话框

1. 打开"季度业绩销售统计表 .xlsx"工作簿，单击"一季度"工作表标签，切换到该工作表中。
2. 选择 G3 单元格。
3. 选择【数据】/【数据工具】组，单击"合并计算"按钮，打开"合并计算"对话框。

### STEP 02： 设置合并计算的条件

1. 在打开对话框的"函数"下拉列表框中选择"求和"选项。
2. 在"引用位置"文本框后单击"引用"按钮，打开"合并计算 - 引用位置"对话框。

> **提个醒**
> 合并计算功能不仅能计算同一工作簿中的数据，还可以在"合并计算"对话框中，单击 浏览(B)... 按钮，引用其他工作簿的数据，达到计算不同工作簿中的数据。

### STEP 03： 选择数据源

1. 在不关闭"合并计算 - 引用位置"对话框的状态下，单击工作表的 F3 单元格，输入冒号，再单击 F9 单元格，便可在该对话框中显示"$F$3:$F$9"地址。
2. 单击"引用"按钮，返回到"合并计算"对话框。

## STEP 04： 添加数据源

1. 单击 添加(A) 按钮，将"引用位置"文本框中的单元格地址添加到"所有引用位置"列表框中。
2. 单击"引用"按钮 图，再次打开"合并计算 - 引用位置"对话框。

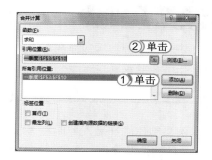

## STEP 05： 选择数据源

1. 在不关闭"合并计算 - 引用位置"对话框的状态下，在工作簿中切换到"二季度"工作表中。
2. 选择 F3:F10 单元格区域，则可在该对话框中显示"二季度 !\$F\$3:\$F\$10"地址。
3. 单击"引用"按钮 图，返回到"合并计算"对话框。

## STEP 06： 添加数据源

1. 单击 添加(A) 按钮，将"引用位置"文本框中"二季度"工作表中的单元格地址添加到"所有引用位置"列表框中。
2. 使用相同的方法将"三季度"和"四季度"工作表中的季度总额所在的单元格地址添加到"所有引用位置"列表框中。
3. 单击 确定 按钮，完成所有数据源的添加。

## STEP 07： 查看效果

返回工作表中，系统自动切换到"一季度"工作表中，计算出四个季度的销售总额。

> 提个醒
>
> 在合并计算各工作表中的数据时，如果引用位置出错，则可在"合并计算"对话框中单击 删除(D) 按钮，将其删除，再重新对单元格地址进行引用。

62
Hours

52
Hours

42
Hours

32
Hours

22
Hours

12
Hours

## 上机1小时 ▶ 制作"产品入库明细表"工作簿

🔍 进一步掌握数据的筛选方法。　　🔍 进一步掌握分类汇总的创建方法。

🔍 进一步熟悉数据排序的方法。

　　本例将制作"产品入库明细表.xlsx"工作簿，让用户进一步掌握数据的筛选、排序以及分类汇总的方法及作用，在实际办公中学以致用。本例将对有发票的数据进行筛选，并按"类别"列进行分类，最后再进行分类汇总。其最终效果如下图所示。

| | | A | B | C | D | E | F | G | H | I | J |
|---|---|---|---|---|---|---|---|---|---|---|---|
| 20 | | 入库单编号 | 入库日期 | 产品代码 | 产品名称 | 类别 | 规格 | 单位 | 入库数量 | 金额 | 有无发票 |
| 21 | | 1311-00015 | 2013/11/8 | NK0004 | 豆奶 | 饮料 | 瓶 | 112 | 200 | 22400 | 有 |
| 22 | | 1311-00016 | 2013/11/12 | NK0013 | 百事可乐 | 饮料 | 瓶 | 126 | 120 | 15120 | 有 |
| 23 | | | | | | 饮料 汇总 | | | | 37520 | |
| 24 | | | | | | | | | | | |
| 25 | | 1310-00011 | 2013/10/20 | NK0002 | 红富士苹果 | 水果 | 瓶 | 100 | 12 | 1200 | 有 |
| 26 | | 1311-00012 | 2013/11/1 | NK0010 | 橙子 | 水果 | 瓶 | 56 | 300 | 16800 | 有 |
| 27 | | 1311-00014 | 2013/11/5 | NK0016 | 香蕉 | 水果 | 瓶 | 60 | 300 | 18000 | 有 |
| 28 | | | | | | 水果 汇总 | | | | 36000 | |
| 29 | | 1310-00005 | 2013/10/16 | NK0001 | 大白菜 | 蔬菜 | 袋 | 26 | 300 | 7800 | 有 |
| 30 | | 1310-00007 | 2013/10/20 | NK0011 | 菠菜 | 蔬菜 | 公斤 | 3 | 80 | 240 | 有 |
| 31 | | 1310-00009 | 2013/10/20 | NK0012 | 白萝卜 | 蔬菜 | 袋 | 52 | 60 | 3120 | 有 |
| 32 | | | | | | 蔬菜 汇总 | | | | 11160 | |
| 33 | | 1309-00002 | 2013/9/7 | NK0003 | 精瘦肉 | 肉食 | 公斤 | 36 | 100 | 3600 | 有 |
| 34 | | 1310-00004 | 2013/10/4 | NK0015 | 鱼肉 | 肉食 | 公斤 | 16 | 200 | 3200 | 有 |
| 35 | | | | | | 肉食 汇总 | | | | 6800 | |
| 36 | | 1309-00001 | 2013/9/5 | NK0006 | 青花瓷碗 | 餐具 | 套 | 268 | 60 | 16080 | 有 |
| 37 | | | | | | 餐具 汇总 | | | | 16080 | |
| 38 | | | | | | 总计 | | | | 107560 | |

Sheet1

---

光盘文件　素材\第7章\产品入库明细表.xlsx
效果\第7章\产品入库明细表.xlsx
实例演示\第7章\制作"产品入库明细表"工作簿

---

### STEP 01：　　准备设置列表区域

1. 打开"产品入库明细表.xlxs"工作簿。选择【数据】/【排序和筛选】组，单击"高级"按钮。

2. 打开"高级筛选"对话框，在"方式"栏中选中⊙将筛选结果复制到其他位置(O)单选按钮。

3. 在"列表区域"文本框后单击"引用"按钮。

> **提个醒**　　如果在"高级筛选"对话框中选中☑选择不重复的记录(R)复选框，则会去除满足筛选条件的重复数据记录。

---

读书笔记

## STEP 02： 选择列表区域的数据源

1. 打开"高级筛选-列表区域"对话框，在不关闭"高级筛选-列表区域"对话框的情况下，在工作表中选择 A2:J19 单元格区域。
2. 在该对话框的文本框中即可查看到单元格地址，单击"引用"按钮，返回到"高级筛选"对话框。

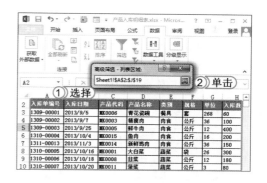

## STEP 03： 选择条件区域的数据源

1. 在"条件区域"文本框后，单击"引用"按钮。
2. 打开"高级筛选-条件区域"对话框，在不关闭"高级筛选-条件区域"对话框的情况下，在工作表中选择 J2:J3 单元格区域。
3. 单击"引用"按钮，返回到"高级筛选"对话框，便可查看其引用的条件地址。

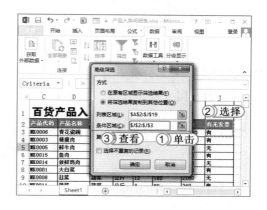

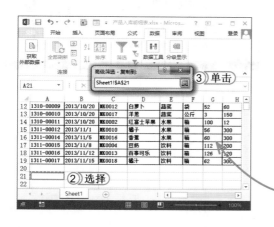

## STEP 04： 设置复制数据的位置

1. 在"复制到"文本框后单击"引用"按钮，打开"高级筛选-复制到"对话框。
2. 在工作表中选择 A21 单元格。
3. 在该对话框中单击"引用"按钮。

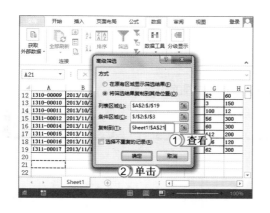

## STEP 05： 设置复制数据的位置

1. 返回"高级筛选"对话框，即可查看到引用的单元格地址。
2. 单击 确定 按钮，返回工作表中即可在工作表中查看到筛选后的效果。

62 Hour
52 Hour
42 Hours
32 Hours
22 Hours
12 Hours

**STEP 06：** 对筛选后的数据排序

1. 在工作表中选择 E21 单元格。
2. 选择【数据】/【排序和筛选】组，单击"降序"按钮，让 E21 列单元格区域中的数据进行降序排序。

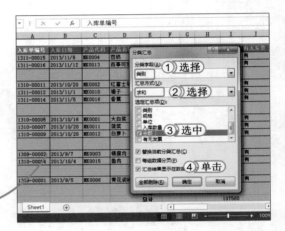

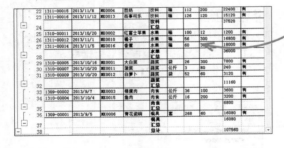

**STEP 07：** 设置分类汇总

1. 选择【数据】/【分级显示】组，单击"分类汇总"按钮，打开"分类汇总"对话框，在"分类字段"下拉列表中选择"类别"选项。
2. 在"汇总方式"下拉列表框中选择"求和"选项。
3. 在"选定汇总项"列表框中选中☑全额复选框，其他保持默认设置。
4. 单击 确定 按钮，完成该案例的所有操作。

## 7.2 创建并设置图表

在 Excel 2013 中使用图表分析数据，可将复杂、枯燥的数据以视觉效果的形式进行表现，使数据更清楚，容易理解。因此对于办公人员而言掌握图表的创建、图表的布局以及图表样式的操作是必不可少的。

### 学习1小时

- 🔍 掌握创建图表的各种方法。
- 🔍 了解设置图表样式的方法。
- 🔍 熟悉图表布局的设置方法。
- 🔍 了解图表大小和位置的设置方法。

## 7.2.1　创建图表

在 Excel 2013 中，系统提供了各种类型的图表，如柱形图、折线图和饼图等，用户可以根据实际的工作情况选择不同的图表来表达工作表中的数据，下面将介绍几种创建图表的方法。

🔑 **从图表组中创建图表**：选择需要创建图表数据的单元格区域，选择【插入】/【图表】组，在其中单击相应的图表按钮，在弹出的下拉列表中选择具体的图表类型即可。如单击"插入柱形图"按钮 📊，在弹出的下拉列表中选择一种柱形图样式。

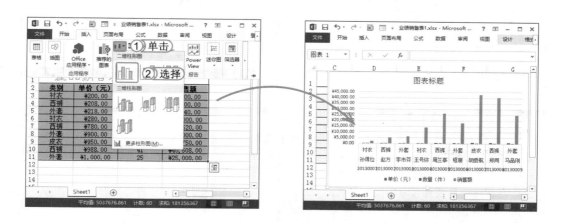

🔑 **使用推荐图表**：选择需要创建图表数据的单元格区域，在工作表中便会弹出"快速分析"按钮 📊，单击该按钮，在弹出的下拉列表中选择"图表"选项卡，在该选项卡中选择一种图表样式，便可插入图表，如果列表框中的图表不是用户想要的，也可选择"更多图表"选项，在"插入图表"对话框中选择图表。

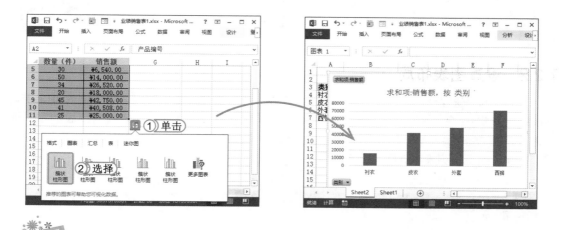

🌸 **提个醒**　在插入推荐图表的同时，会自动对所选择的数据进行简单的筛选并显示筛选后的一些数据记录。

🔑 **使用对话框创建图表**：选择需要创建图表数据的单元格区域，选择【插入】/【图表】组，单击"功能扩展"按钮 ▣，在打开的对话框中选择"所有图表"选项卡，在该选项下选择需要的图表类型并选择该类型的图表，单击 确定 按钮，完成图表的创建。

195

72图
Hour

62
Hour

52
Hour

42
Hour

32
Hour

22
Hour

12
Hour

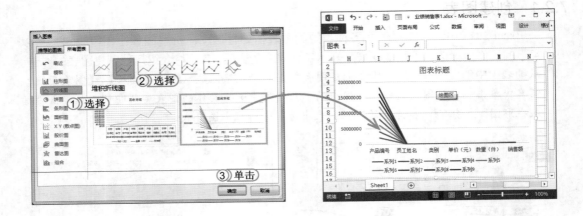

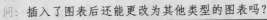

**问题小贴士**

问：插入了图表后还能更改为其他类型的图表吗？

答：在 Excel 中完全能做到插入图表后，再将图表更改为其他类型的图表。其方法为：选择图表，选择【图表工具】/【设计】/【类型】组，单击"更改图表类型"按钮 ▮▮，打开"更改图表类型"对话框，可在该对话框中选择"推荐的图表"或"所有图表"选项卡，在弹出的选项卡面板中选择需要更改类型的图表，然后单击 确定 按钮，完成图表的更改。

## 7.2.2　设置图表布局

创建好图表后，可根据办公应用的实际需求，对图表进行重新布局，在 Excel 2013 中，系统给用户提供了多种默认的布局方式，用户可以通过选择默认的布局方式对图表的布局进行修改，其方法为：选择【图表工具】/【设计】/【图表布局】组，单击"快速布局"按钮，在弹出的下拉列表中选择符合用户要求的图表布局方式即可。

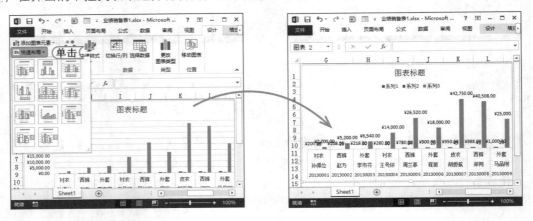

## 7.2.3 设置图表的大小和位置

为了满足办公需求，用户可以手动调整图表或图表对象的位置和大小，下面将分别对其调整方法进行介绍。

🔑 调整图表的位置：选择需要调整位置的图表或图表对象，将鼠标光标移动到图表或图表对象中，此时鼠标光标将会变为⛆形状，按住鼠标左键进行拖动，到目标位置释放鼠标左键即可。

🔑 调整图表的大小：选择需要调整大小的图表或图表对象，此时图表或图表对象周围则会出现多个控制柄，将鼠标光标移到图表或图表对象中任意一个控制柄上，按住鼠标左键进行拖动，拖动至合适的大小后，释放鼠标即可完成图表或图表对象大小的调整。

### ▌经验一箩筐——布局方式的小技巧

更改默认图表的布局时，可先选择系统提供的布局方式，再在系统布局方式的基础上进行修改，这样可提高修改布局样式的效率。

## 7.2.4 设置图表样式

在 Excel 中创建图表后，系统默认的图表都比较单一，用户可根据实际的办公情况自定义整个图表样式，让其更加美观，符合创建图表的需求。一般可对图表区域、绘图区、坐标轴、网格线和图例格式等进行设置，主要包括字体样式、填充效果、边框颜色和样式、阴影效果及三维格式效果等进行设置。在 Excel 中更改图表样式可通过两种方法进行更改，一种是通过选项卡的形式；另一种是通过按钮的形式，下面将分别进行介绍。

### 1. 通过选项卡设置图表样式

在 Excel 中，使用选项卡对图表可以设置多种不同风格的样式，让其更加美观，符合要求。

下面将在"产品销量统计分析表 .xlsx"工作簿中对图表样式进行设置，如设置数据系列的阴影、更改数据系列的格式、设置绘图区的填充效果、设置网格的线条等，让整个图表看起来更加美观。其具体操作如下：

> **光盘文件**
> 素材\第7章\产品销量统计分析表 .xlsx
> 效果\第7章\产品销量统计分析表 .xlsx
> 实例演示\第7章\通过选项卡设置图表样式

**STEP 01：** 快速应用样式

1. 打开"产品销量统计分析表 .xlsx"工作簿，选择图表的绘图区，选择【设计】/【图表样式】组，单击"其他"按钮▽。
2. 在弹出的下拉列表中选择"样式9"选项。

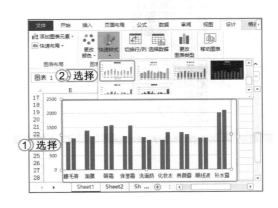

62
Hours

52
Hours

42
Hours

32
Hours

22
Hours

12
Hours

## STEP 02： 设置阴影效果

选择上半年的数据系列柱形图，选择【格式】/【形状样式】组，单击"形状效果"按钮 🔘，在弹出的下拉列表中选择【阴影】/【右上斜偏移】选项。

> **提个醒**　　在图表中为数据系列图形设置阴影效果时，方法多种多样，如在选择了数据系列图形后，单击鼠标右键，在弹出的快捷菜单中选择"设置数据系列格式"命令，打开"设置数据系列格式"面板，也可进行设置。

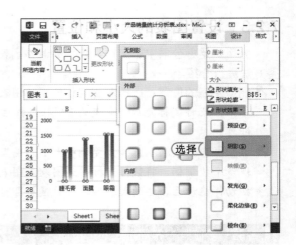

## STEP 03： 设置阴影效果

使用相同方法将下半年数据系列柱形图的阴影效果设置为"右上斜偏移"。

> **提个醒**　　在图表中为数据系列设置阴影还可以选择预设效果、发光、柔化边缘、棱台以及三维旋转等效果。

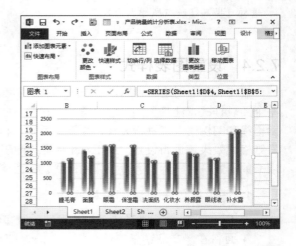

## STEP 04： 更改图表颜色

1. 在工作表中选择整个图表，选择【设计】/【图表样式】组。单击"更改颜色"按钮 ❖。
2. 在弹出的下拉列表中选择"颜色4"选项。

> **提个醒**　　单击"更改颜色"按钮 ❖，在弹出的下拉列表中选择颜色组，默认情况就是更改数据系列中的所有形状颜色，如果用户想对数据系列中的形状颜色进行单独设置，则需要分别选择其形状，选择【格式】/【形状样式】组，单击"形状填充"按钮 🖌，在弹出的下拉列表中选择需要填充的颜色。

## STEP 05： 更改图表中的文本样式

1. 在工作表中选择整个图表，选择【格式】/【艺术字样式】组，单击"其他"按钮▾。
2. 在弹出的下拉列表中选择"图案填充 - 白色，文本 2，深色上对角线，阴影"选项。

> **提个醒**
> 在图表中如果不选择图表中每个文本框对象，在设置文本样式时，将默认设置图表中所有文本对象的样式，如果要对其单独设置文本的不同样式，则需分别进行选择设置文本的填充效果、文本轮廓以及文本填充等效果。

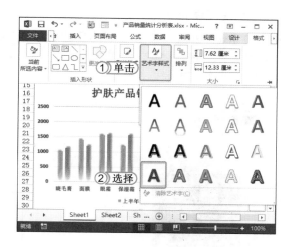

## STEP 06： 填充整个图表的背景色

1. 在工作表中选择整个图表，选择【格式】/【形状样式】组，单击"其他"按钮▾。
2. 在弹出的下拉列表中选择"细微效果 - 水绿色，强调颜色 5"选项，完成所有操作。

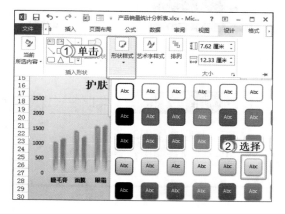

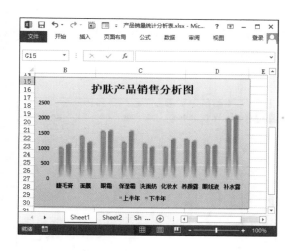

## STEP 07： 查看效果

返回工作表中查看对图表设置的所有样式效果。

> **提个醒**
> 在为图表对象设置各种样式时，其样式效果都可灵活设置，并不一定要按照上述中的样式进行设置，用户可根据办公需求设置不同样式的效果。

### ▌经验一箩筐——设置图表的方法

在工作表中插入图表后，如果要对插入的图表进行设置，都可通过选择图表后，选择"格式"或"设计"选项卡，对图表布局或样式等进行设置。

199

72☒
Hours

62
Hours

52
Hours

42
Hours

32
Hours

22
Hours

12
Hours

### 2. 快速调整图表外观

在 Excel 2013 中调整图表外观更加方便、快捷，只需选择图表后，在图表右侧单击第二个按钮，即"图表样式"按钮📈，在弹出的下拉列表中可选择"样式"或"颜色"选项卡，以达到快速调整图表的外观效果。

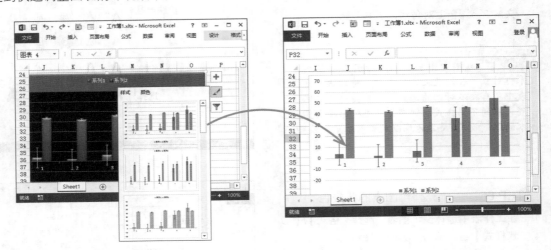

**上机1小时** ▶ 制作"糖类信息统计表"工作簿

🔍 进一步掌握图表的创建。 　　🔍 进一步掌握图表样式的设置。

🔍 进一步熟悉图表布局的设置。

下面将在"糖类信息统计表.xlsx"工作簿中创建图表，以图表的形式来表现数据，并对创建好的图表进行布局和样式设置，以巩固本节所学的知识，让用户达到熟能生巧的目的。素材与最终效果如下图所示。

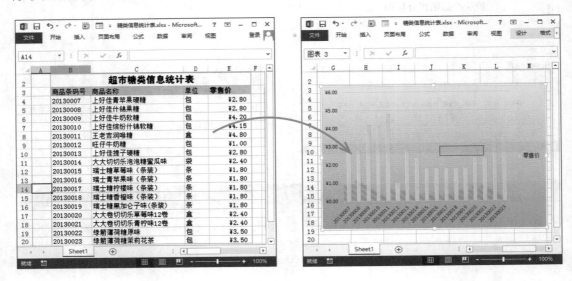

光盘
文件
素材\第7章\糖类信息统计表.xlsx
效果\第7章\糖类信息统计表.xlsx
实例演示\第7章\制作"糖类信息统计表"工作簿

**STEP 01：** 打开"插入图表"对话框

1. 打开"糖类信息统计表.xlsx"工作簿，选择 B3:E20 单元格区域。
2. 在工作表中单击"快速分析"按钮。
3. 在弹出的面板中选择"图表"选项卡，在该选项卡面板中选择"更多图表"选项，打开"插入图表"对话框。

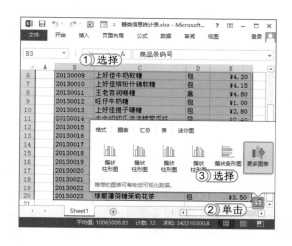

**提个醒** 单击"快速分析"按钮，在弹出的面板中还存在其他选项卡，其中有一项是"迷你图"选项卡，迷你图是放入单个单元格中的小型图表，每个迷你图代表所选内容中的一行数据。

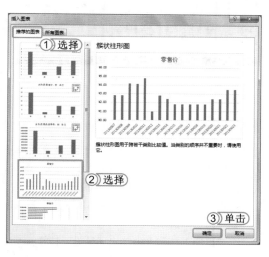

**STEP 02：** 更改图表颜色

1. 在打开的对话框中选择"推荐的图表"选项卡。
2. 在左侧列表框中选择第四种图表。
3. 单击 确定 按钮，完成图表的创建。

**提个醒** 在"插入图表"对话框中，不管是选择"使用推荐"选项卡，还是选择"所有图表"选项卡，都会将选择的图表效果，在对话框的右侧窗格中显示出来。

**STEP 03：** 移动图表并选择布局方式

1. 将鼠标放到图表上，当鼠标光标变为形状时，按住鼠标左键将其拖动到合适的位置，释放鼠标。
2. 选择【设计】/【图表布局】组，单击"快速布局"按钮。
3. 在弹出的下拉列表中选择"布局11"选项。

**STEP 04:** 更改图表样式

1. 选择整个图表，选择【格式】/【形状样式】组，单击"其他"按钮。
2. 在弹出的下拉列表中选择"细微效果，蓝色，强调颜色1"选项。

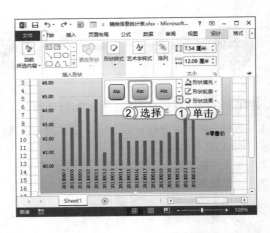

**STEP 05:** 设置形状填充

1. 选择数据系列图形，选择【格式】/【形状样式】组，单击"形状填充"按钮。
2. 在弹出的下拉列表中选择"黄色"选项。

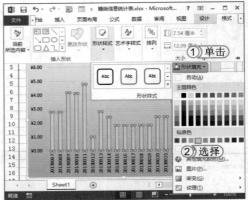

> **提个醒** 对于数据系列进行形状填充，除了填充单纯的颜色外，还可根据需求对其填充图片、渐变颜色以及纹理等效果。

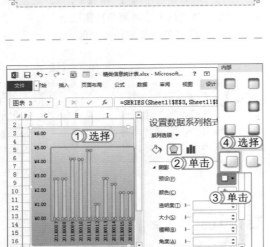

**STEP 06:** 设置数据系列阴影

1. 选择数据系列图形，单击鼠标右键，在弹出的快捷菜单中选择"设置数据系列格式"命令，打开"设置数据系列格式"面板。
2. 单击"效果"按钮，在弹出的下拉列表中选择"阴影"选项。
3. 在弹出的下拉列表中单击"预设"按钮。
4. 在弹出的下拉列表中选择"左上角透视"选项，在该面板右上角单击"关闭"按钮，将其关闭。

读书笔记

STEP 07： 设置文本填充效果

1. 选择整个图表，选择【格式】/【艺术字样式】
   组，单击"文本填充"按钮▲。
2. 在弹出的下拉列表中选择"橄榄色，着色3，
   深色50%"选项，完成所有操作。

提个醒　不管是对图表中的形状还是文本都
能进行填充、轮廓和效果的设置。

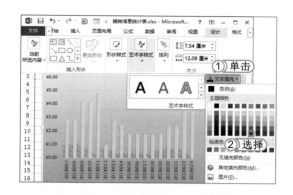

问题小贴士

问：其他类型的图表的设置方法相同吗？

答：在 Excel 中，创建不同类型的图表、对图表的布局、设置样式等操作
都是相同的，只要用户学会了一种图表的操作方法，其他类型的图表都是
相同的。

## 7.3 图表的高级应用

学会了图表的创建、布局和样式设置后，还可了解图表其他更深入的知识，让办公人员对
图表的使用更加随心所欲，满足其更多的工作需求，如对图表的数据编辑、组合图的制作及制
作动态图表等。

▌学习1小时▶ - - - - - -

🔍 掌握在图表中编辑数据的方法。　　　　🔍 了解制作动态图表的方法。
🔍 熟悉组合图的创建。

### 7.3.1 编辑图表

图表是在数据的基础进行创建的。因此可对图表中的所有数据记录、数据系列以及数据元
素等进行操作，以图表形式完美展现工作表中的数据。下面将分别介绍图表中的各种数据操作
方法。

1. 编辑数据记录

在创建数据图表后，根据实际的工作需求，可对图表中的数据记录进行相应的编辑，如添
加数据记录和删除数据记录操作（避免用户重新插入图表）。让其图表能更加合理地展示工作表
中的数据记录。其方法为：选择图表，选择【设计】/【数据】组，单击"选择数据"按钮📊，
打开"选择数据源"对话框，在"图表数据区域"文本框后单击"引用"按钮📑。在工作表
中直接重新选择需要的数据区域，然后再次单击"选择数据源"对话框中的"引用"按钮📑，
单击 确定 按钮返回工作表中即可查看添加或删除数据后的效果。

62
Hours

52
Hours

42
Hours

32
Hours

22
Hours

12
Hours

**■ 经验一箩筐——添加删除数据记录的原理**

所谓在图表中添加和删除数据记录，其实是在以前图表样式不变的基础上，通过重新选择数据源的功能，在工作表中选择不同的单元格，重置整个图表。

## 2. 编辑数据系列

数据系列是指以柱形或折线的形式显示的数据，编辑数据系列，可将工作表中的新数据以数据系列的形式添加到图表中或将不需要的系列数据从图表中删除，其方法与数据记录的编辑类似，都需要打开"选择数据源"对话框。

下面将在"市场调查表 .xlsx"工作簿中，将工作表中的新增数据以数据系列的形式添加到图表中，以图表形式进行展示。其具体操作如下：

> **光盘 文件**
> 素材 \ 第 7 章 \ 市场调查表 .xlsx
> 效果 \ 第 7 章 \ 市场调查表 .xlsx
> 实例演示 \ 第 7 章 \ 编辑数据系列

**STEP 01：** 打开"选择数据源"对话框

1. 打开"市场调查表 .xlsx"工作簿，选择整个图表。
2. 选择【设计】/【数据】组，单击"选择数据"按钮，打开"选择数据源"对话框。

> **提个醒**
> 在打开"选择数据源"对话框时，除了上述方法，还可以通过在图表上单击鼠标右键，在弹出的快捷菜单中选择"选择数据"命令。

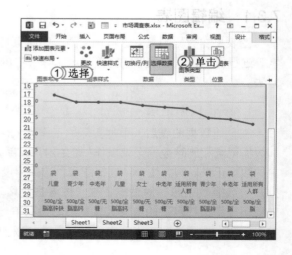

**STEP 02：** 打开"编辑数据系列"对话框

1. 在打开的对话框中单击 添加(A) 按钮。
2. 打开"编辑数据系列"对话框，在"系列名称"文本框中输入"调整后的价格"。
3. 在"系列值"文本框后，单击"引用"按钮 图，打开"编辑数据系列"对话框。

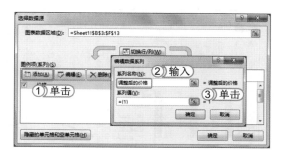

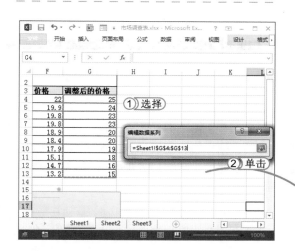

**STEP 03：** 完成数据源的选择

1. 在工作表中选择新增的数据源，这里选择 G4:G13 单元格区域，此时会在该对话框的文本中以默认的方式默示所选单元格区域。
2. 单击"引用"按钮 图，返回"编辑数据系列"对话框。
3. 单击 确定 按钮，返回"选择数据源"对话框，完成数据源的选择。

**STEP 04：** 打开"编辑数据系列"对话框

1. 在"图例项"列表框中选择"价格"选项。
2. 单击 删除(R) 按钮，将其从"图例项"列表框中进行删除。
3. 单击 确定 按钮，完成数据系列的所有编辑。
4. 返回工作表中查看效果。

**提个醒** 在"选择数据源"对话框中，在"图例项"列表框中取消选中□ 价格复选框也能达到同样的删除效果。

### 3. 快速编辑图表数据

Excel 2013 为用户提供了快速对图表中的数据进行筛选的按钮，以提高整个工作的效率，其方法为：选择图表，单击图表右侧的第三个按钮，即"图表筛选器"按钮 ，在弹出的下拉列表中取消选中或选中各数据元素前的复选框后，单击 应用 按钮，完成图表的简单筛选，如果要对筛选的数据进行编辑，可在弹出的下拉列表中的右下角单击"选择数据 ..."超级链接，打开"选择数据源"对话框进行设置。

205

72区
Hours

62
Hours

52
Hours

42
Hours

32
Hours

22
Hours

12
Hours

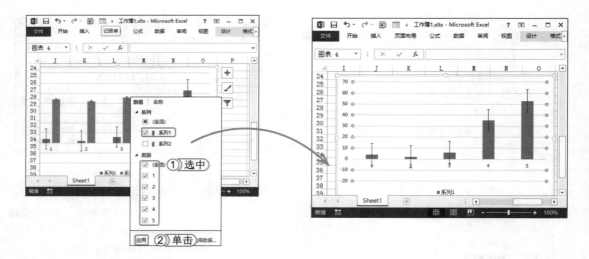

### 4. 添加图表元素

在图表中，图表元素是指解释数据的具体标识，为图表合理地添加图表元素可让图表展示得更直观、易懂。在图表中，图表元素主要包括坐标轴、轴标题、图表标题、数据标签、误差线、网格线、图例和趋势线等，并且各种元素的添加方法都可采用选项卡中的按钮和图表中自带的添加元素按钮。下面将分别介绍添加元素的不同操作方法。

#### （1）使用选项卡添加

在 Excel 中，所有图表操作都可通过选项卡进行设置，因此添加图表元素也不例外，其方法为：选择【设计】/【图表布局】组，单击"添加图表元素"按钮，在弹出的下拉列表中选择一种需要添加的图表元素，在弹出的子列表中对图表元素的属性进行设置即可。

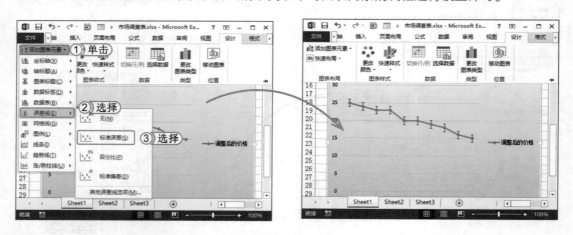

> **经验一箩筐——打开不同元素的面板进行设置**
>
> 如果用户选择不同的元素，并在弹出的下一级列表中选择了最后一个选择，系统则会根据用户所选择的元素，打开相应的元素面板，如选择"其他标题选项"选项，则会打开"设置图表标题格式"面板，用户还可以在该面板中对其进行样式设置，相当于绘图工具中的"格式"选项卡下的"形状样式"和"艺术字"组中的功能。

### （2）快速添加图表元素

在 Excel 2013 中，可使用新增的图表按钮快速更改图表元素，其方法为：创建图表，单击图表右侧的第一个按钮，即"图表元素"按钮 ，在弹出的下拉列表中选中不同元素类型前的复选框即可，将其图表元素进行显示或隐藏，如果要对图表元素进行更改，则需单击元素类型右侧的下拉按钮 ，在弹出的下拉列表中选择不同的选项，完成设置。需注意的是，不同的图表元素，弹出的下拉列表则会不同。

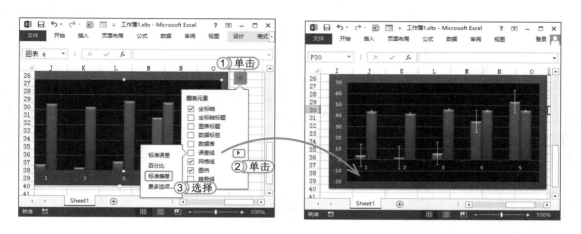

## 7.3.2　创建组合图

在 Excel 中，不仅可以用单独的一个图表表示工作表的数据，有时为了工作需求，还需在同一个图表中用不同的图表类型表示工作表中的数据，此时就可以创建组合图进行表示。其方法为：选择需要创建图表的数据，选择【插入】/【图表】组，单击"扩展"按钮 ，打开"插入图表"对话框，选择"所有图表"选项卡，在右侧窗格中选择"组合"选项，在右侧窗格的"为您的数据系列选择图表类型和轴"栏中，为数据系列选择不同的数据类型，单击 确定 按钮，完成组合图的创建。

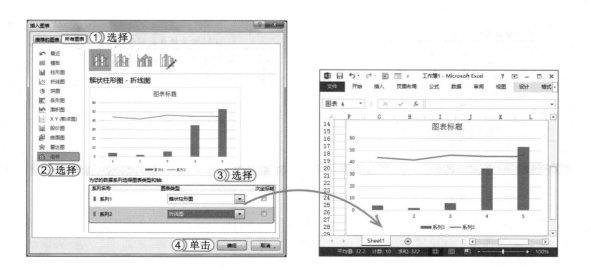

62
Hours

52
Hours

42
Hours

32
Hours

22
Hours

12
Hours

**问题小贴士**

问：能将组合图表保存为模板，以备下次使用吗？

答：在 Excel 中不仅可以将创建的组合图表保存为图表模板，还可以将用户自定义的图表保存为图表模板，以备下次使用。其方法与保存相似，选择【文件】/【另存为】/【计算机】命令，单击"浏览"按钮 📁，打开"另存为"对话框，在该对话框中选择保存路径，并输入保存文件名，在"保存类型"下拉列表框中要选择"Excel 模板（*.xltx）"选项，单击 保存(S) 按钮即可，在下次要使用时，找到该文件打开即可进行使用。

### 7.3.3 制作动态图表

动态图表也可称为交互式图表，其作用是通过选择不同的预设项目，在图表中动态显示对应的数据。在 Excel 中可使用 3 种方法制作动态图表，其方法分别为自动筛选动态图表、公式动态图表和定义名称动态图表。下面将分别对其进行介绍。

#### 1. 自动筛选动态图表

在几种制作动态图表的方法中，自动筛选动态图表是最简单的方法，同样使用该方法也只能制作最简单的动态图表。其方法为：在工作表中插入图表，选择工作表中有数据的任意一个单元格，选择【数据】/【排序和筛选】组，单击"筛选"按钮 ▼，为数据列表头添加筛选按钮，单击列表头的下拉按钮 ▼，进行数据的筛选，此时图表中的数据则会随着筛选后的数据进行变化。

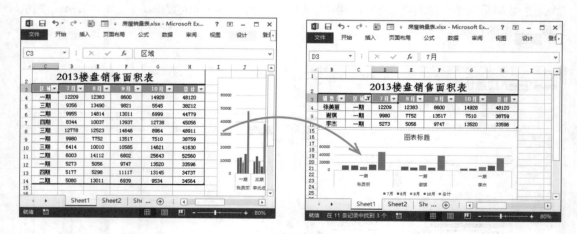

#### 2. 公式动态图表

公式动态图表包括数据的选择和动态图表两个部分。在使用公式动态图表制作动态图表时，需要在工作表中创建辅助行或列，再结合公式的使用，取得对应项目的数据，从而实现动态图表的效果。

下面将在"房产销售表.xlsx"工作簿中，选择所有数据后，为其插入图表，再创建辅助序列，使用 VLOOKUP 函数实现动态图表的效果，即在辅助序列中选择不同的数据时，图表数据会随着选择不同的数据而改变。其具体操作如下：

素材\第7章\房产销售表.xlsx
效果\第7章\房产销售表.xlsx
实例演示\第7章\公式动态图表

**STEP 01：** 设置数据验证

1. 打开"房产销售表.xlsx"，在工作中选择 C16 单元格。
2. 选择【数据】/【数据工具】组，单击"数据验证"按钮，打开"数据验证"对话框。
3. 在"允许"下拉列表中选择"序列"选项。
4. 将插入点定位到"来源"文本框，在工作表中选择 C4:C14 单元格区域。
5. 单击 确定 按钮，完成数据有效性设置。C16 单元格右侧则会出现一个下拉按钮。

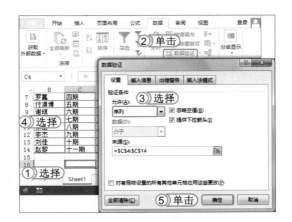

**STEP 02：** 输入公式

1. 单击 C16 右侧的下拉按钮，在弹出的下拉列表中选择"一期"选项。
2. 选择 D16 单元格，在编辑栏中输入公式 "=VLOOKUP($C$16,$C$3:$H$14,COLUMN()-2,FALSE)"，按 Enter 键。
3. 将 D16 单元格的公式填充到 H16 单元格。

提个醒　公式"=VLOOKUP($C$16,$C$3:$H$14,COLUMN()-2,FALSE)"主要表示的是在 C3:H14 单元格区域中以 COLUMN()-2 为索引找出精确匹配 C16 单元格中的数据。

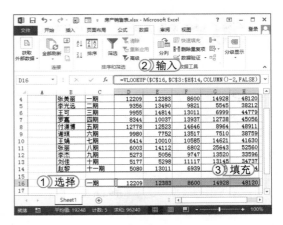

**STEP 03：** 插入图表

1. 选择 C16:H16 单元格区域。选择【插入】/【图表】组，单击"插入柱形图"按钮。
2. 在弹出的下拉列表中选择第一个柱形图。

提个醒　在工作表中将会以辅助行区域 C16:H16 单元格区域为数据系列，选择该区域后制作图表后，该区域中的数据变化时，则关联的图表也会进行相应的变化。

209

72
Hours

62
Hours

52
Hours

42
Hours

32
Hours

22
Hours

12
Hours

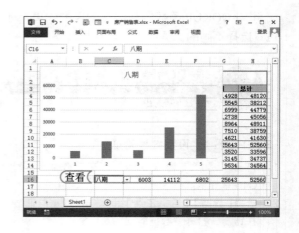

**STEP 04:** 查看效果

返回工作表中，在 C16 单元格中单击右侧的下拉按钮 ▾，在弹出的列表中选择不同的期数据选项，D16:H16 单元格区域和图表中的数据则会相应发生变化。

> **提个醒** 在整个动态图表的制作过程中，主要有设置数据有效性、输入函数公式以及插入图表这三个环节，在输入函数公式时一定要理解到公式的意义，才能灵活应用。

### 3. 定义名称动态图表

定义名称动态图表其实是结合了绘制控件、定义名称以及使用 OFFSET 函数等知识，最终达到动态图表的效果。

下面将在"生产量统计表 .xlsx"工作簿中，在该工作表中启动"开发工具"功能，并绘制控件结合 OFFSET 函数制作动态图表。其具体操作如下：

**光盘文件**
素材\第 7 章\生产量统计表 .xlsx
效果\第 7 章\生产量统计表 .xlsx
实例演示\第 7 章\定义名称动态图表

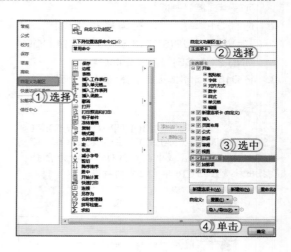

**STEP 01:** 添加"开发工具"选项卡

1. 选择【文件】/【选项】命令，打开"Excel 选项"对话框，在左侧选择"自定义功能区"选项。
2. 在右侧的"自定义功能区"下拉列表框中选择"主选项卡"选项。
3. 在下方的列表框中选中 ☑开发工具 复选框。
4. 单击 [ 确定 ] 按钮。

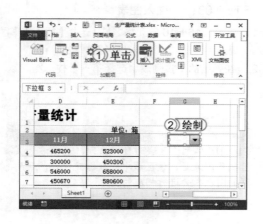

**STEP 02:** 组合框控件

1. 选择【开发工具】/【控件】组，单击"插入"按钮，在弹出的下拉列表中选择"组合框"选项，此时鼠标光标将变成 ✛ 形状。
2. 在工作表中拖动鼠标绘制一个组合框。

**STEP 03：** 打开"设置控件格式"对话框

在组合框上单击鼠标右键，在弹出的快捷菜单中选择"设置控件格式"命令，打开"设置控件格式"对话框。

读书笔记

**STEP 04：** 设置控件格式

1. 选择"控制"选项卡。
2. 在"数据源区域"文本框中输入"$A$4:$A$11"，在"单元格链接"文本框中输入"$H$3"。
3. 单击 确定 按钮。

提个醒 "设置控件格式"对话框中的单元格链接的值，用户可任意选择单元格，所选择单元格将显示"数据源区域"中相应单元格数据的第几个数值。

**STEP 05：** 查看链接单元格后的效果

返回工作表中，单击组合框右侧的▾按钮，在弹出的下拉列表中选择某选项后，H3单元格中将显示对应的数值。

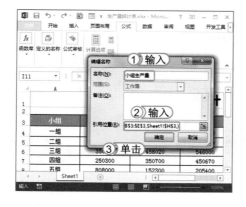

**STEP 06：** 定义名称

1. 选择【公式】/【定义的名称】组，单击"名称管理器"按钮，打开"新建名称"对话框，单击 新建(N) 按钮。在打开对话框的"名称"文本框中输入"小组生产量"。
2. 在"引用位置"文本框中输入"=OFFSET (Sheet1!$B$3:$E$3,Sheet1!$H$3,)"。
3. 单击 确定 按钮，返回"新建名称"对话框。

62
Hours

52
Hours

42
Hours

32
Hours

22
Hours

12
Hours

## STEP 07： 继续定义名称

1. 在 "新建名称" 对话框中，单击 新建(N)... 按钮，打开 "编辑名称" 对话框。在 "名称" 文本框中输入 "月份"。

2. 在 "引用位置" 文本框中输入 "=OFFSET(Sheet1!$A$3,Sheet1!$H$3,)"。

3. 单击 确定 按钮。

4. 返回 "新建名称" 对话框，即可查看到列表框中已经存在两个定义好的名称。单击 关闭 按钮，返回工作表中。

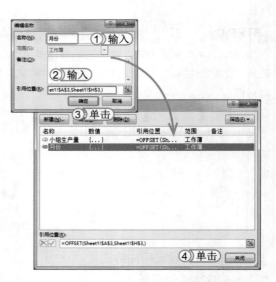

## STEP 08： 插入空白图表

选择任一空白单元格，单击 "插入条形图" 按钮 ☰，在弹出的下拉列表中选择 "簇状条形图" 选项，在工作表中插入一张空白图表，并将其移动到合适位置。

> 提个醒
> 用户可根据实际情况插入其他类型的空白图表。

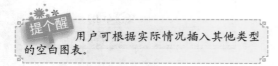

## STEP 09： 打开对话框

1. 选择空白图表，选择【设计】/【数据】组，单击 "选择数据" 按钮 ☷。

2. 打开 "选择数据源" 对话框，单击 添加(A) 按钮，打开 "编辑数据系列" 对话框。

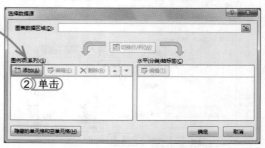

## STEP 10： 编辑数据系列

1. 在"系列名称"文本框中输入"=Sheet1!月份"。
2. 在"系列值"文本框中输入"=Sheet1! 小组生产量"。
3. 单击 确定 按钮。

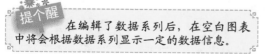
提个醒　在编辑了数据系列后，在空白图表中将会根据数据系列显示一定的数据信息。

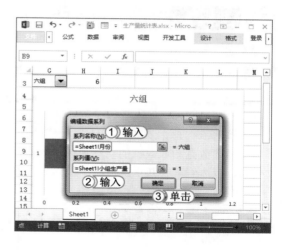

## STEP 11： 编辑水平（分类）轴标签

1. 返回"选择数据源"对话框，在"水平（分类）轴标签"列表框中单击 编辑(T) 按钮。
2. 打开"轴标签"对话框，在"轴标签区域"文本框中输入"=Sheet1!$A$4:$A$11"。
3. 依次单击 确定 按钮，返回到工作表中。

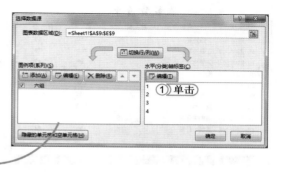

## STEP 12： 查看效果

返回工作表中，即可查看到创建的动态图表，且图表显示的数据与组合框中的选项是相关联的。

提个醒　图表中的数据会根据，单击"组合框"右侧的下拉按钮▼，在弹出的下拉列表中选择选项改变数据。

读书笔记

213

72 ⊠
Hours

62
Hours

52
Hours

42
Hours

32
Hours

22
Hours

12
Hours

## 上机 1 小时 ▶ 制作"服装货价单"工作簿

🔍 进一步掌握组合图的创建方法。　　　🔍 进一步掌握选择数据源的方法。

🔍 进一步熟悉设置图表标题和颜色的方法。

下面将在"服装货价单.xlsx"工作簿中，为工作表中的所有数据创建组合图表，并使用添加或筛选数据图表数据的功能将图表中作用不大的数据删除或隐藏，最后为创建好的图表更改样式，以达到巩固知识的目的。最终效果如下图所示。

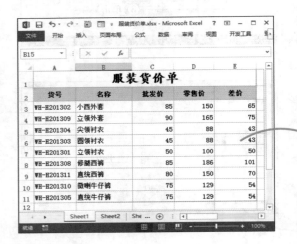
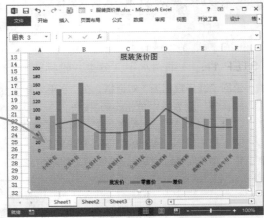

光盘
文件

素材 \ 第 7 章 \ 服装货价单 .xlsx
效果 \ 第 7 章 \ 服装货价单 .xlsx
实例演示 \ 第 7 章 \ 制作"服装货价单"工作簿

### STEP 01: 打开"插入图表"对话框

1. 打开"服装货价单.xlsx"工作簿，选择 A2:E11 单元格区域。

2. 选择【插入】/【图表】组，单击"扩展"按钮▣，打开"插入图表"对话框。

提个醒

在"图表"组中单击某种类型的图表，在弹出的下拉列表中选择更多类型的图表选项，也可将"插入图表"对话框打开。

读书笔记

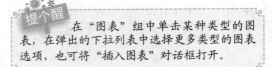

## STEP 02： 创建组合图表

1. 选择"所有图表"选项卡。

2. 在左侧选择"组合"选项。

3. 在右侧"为您的数据系列选择图表类型和轴"栏中分别将批发价、零售价和差价的图表类型设置为"簇状柱形图"、"簇状柱形图"和"折线图"。

4. 单击 确定 按钮，完成组合图的创建。

> **提个醒** 在"为您的数据系列选择图表类型和轴"栏中还可以选中"次坐标轴"下的复选框，将不同的坐标轴显示出来。

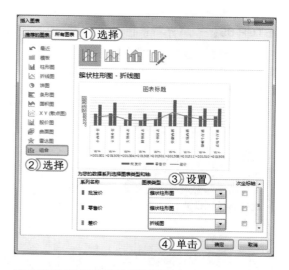

## STEP 03： 更改图表标题和颜色

1. 选择"图表标题"文本框，输入"服装货价图"。

2. 选择整个图表，在图表右侧单击"图表样式"按钮 。

3. 在弹出的下拉列表中选择"颜色"选项卡。

4. 在颜色面板中选择"颜色4"选项，完成图表标题和颜色的更改。

> **提个醒** 通过"图表样式"按钮 只能简单更改图表样式或颜色，如果要进行细致的更改，还是要使用"图表工具"选项卡。

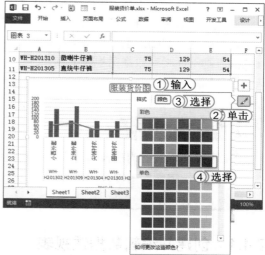

## STEP 04： 更改图表数据源

1. 选择整个图表，选择【设计】/【数据】组，单击"选择数据"按钮 。

2. 打开"选择数据源"对话框，将插入点定位到"图表数据区域"文本框中。在工作表中选择 B2:E11 单元格区域，即可在"图表数据区域"文本框中显示引用地址。

3. 单击 确定 按钮。

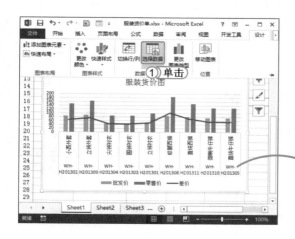

215

72⊠
Hours

62
Hours

52
Hours

42
Hours

32
Hours

22
Hours

12
Hours

**STEP 05：** 填充背景色

选择整个图表，选择【格式】/【形状样式】组，单击"其他"按钮，在弹出的下拉列表中选择"细微效果 - 紫色，强调颜色4"选项，完成所有操作。

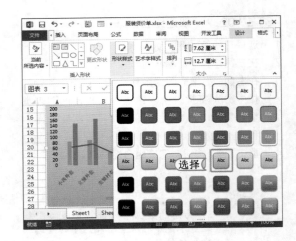

> **提个醒** 在制作图表的过程中，用户可根据工作的实际需求对图表数据、图表样式或颜色进行选择性设置。

# 7.4　数据透视表和数据透视图

　　数据透视表是一种交互式报表，它可以满足对表格中的一切操作（排序、筛选以及分类汇总），而数据透视图则是为现有数据清单、数据库和数据透视表中的数据提供图形化分析的交互式图表。下面将对数据透视表的创建、编辑、样式和布局的方法，以及数据透视图的创建方法进行介绍。

### 学习1小时

- 🔍 掌握创建数据透视表的方法。
- 🔍 熟悉编辑数据透视表的方法。
- 🔍 了解数据透视表的样式和布局设置方法。
- 🔍 掌握数据透视图的创建方法。

## 7.4.1　创建并编辑数据透视表

　　在工作簿中选择数据源后，便可创建数据透视表。但需注意的是，新创建的数据透视表是没有数据的，需要用户手动添加数据，因此要为数据透视表添加数据或对添加的数据进行筛选等操作。下面将分别介绍其操作方法。

### 1. 创建数据透视表

　　选择【插入】/【表格】组，单击"数据透视表"按钮，打开"创建数据透视表"对话框，在"表/区域"文本框中输入或选择工作表中的数据，再设置创建位置，单击 确定 按钮，在创建没有数据的透视表的同时会打开"数据透视表字段"面板，在面板中选中需要显示的字段名称前的复选框，便可在数据透视表中显示相应的数据内容。如果不小心关闭了"数据透视表字段"面板，可通过选择【分析】/【显示】组，单击"字段列表"按钮，打开"数据透视表字段"面板。

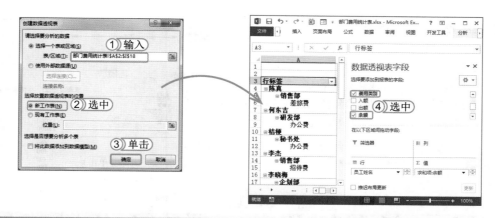

---

**经验一箩筐——更改数据透视表名称**

在创建数据透视表时，系统会默认命名为透视表 1，此时用户可选择【分析】/【数据透视表】组，在"数据透视表名称"文本框中输入新的数据透视表表名称即可。

### 2. 数据筛选

在创建数据透视表时不仅可以添加筛选条件从数据源表格中筛选数据，同样的，在创建好的数据透视表中还可以对数据进行筛选，查看需要的数据，暂时隐藏不需要查看或编辑的其他数据。

#### （1）特定条件的数据筛选

在 Excel 中，如果要对生成某个字段的数据透视表中的字段进行分类数据查看，可设置筛选条件。在数据透视表中设置筛选的方法与工作表中进行快速筛选的方法类似，都可通过单击单元格右侧的下拉按钮进行设置。

下面将在"公费统计表 .xlsx"工作簿中添加费用类别筛选条件。其具体操作如下：

光盘文件
素材\第 7 章\公费统计表 .xlsx
效果\第 7 章\公费统计表 .xlsx
实例演示\第 7 章\特定条件的数据筛选

**STEP 01:** 添加费用类别筛选器

1. 打开"公费统计表 .xlsx"工作簿，在"数据透视表字段"面板的"选择要添加到报表的字段"栏中的"费用类型"选项上单击鼠标右键。

2. 在弹出的快捷菜单中选择"添加到报表筛选"命令，即可在透视表的顶部添加费用类别的筛选器。

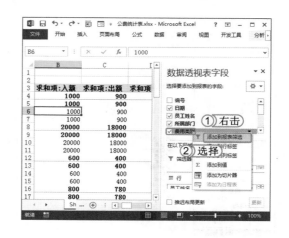

## STEP 02： 设置筛选条件

1. 单击费用类别筛选器右侧的下拉按钮▼，在弹出的下拉列表中选择"宣传费"选项。
2. 单击 确定 按钮，完成筛选条件的设置。
3. 返回到工作表中即可查看到数据透视表中的数据是按筛选条件进行显示数据。

**提个醒** 在选择筛选条件时，可以同时选择多个条件，但需要在弹出的下拉列表中选中 ☑选择多项 复选框。

### 经验一箩筐——缩小筛选范围

如果需要显示某个区域的数据或筛选某个类别下的子类别数据，可通过缩小筛选范围来获得需要的数据。其方法为：选择需要显示的数据，在选择的单元格区域上单击鼠标右键，在弹出的快捷菜单中选择【筛选】/【仅保留所选项目】命令。

### （2）自定义条件筛选

在数据透视表中，默认情况下行／列标签单元格右侧都有▼按钮，通过单击该按钮，在弹出的下拉列表中可选择按标签筛选和按值筛选两种方法进行自定义筛选。下面将分别进行介绍。

🔑 按标签进行筛选：单击行标签单元格右侧的▼按钮，在弹出的下拉列表中选择"标签筛选"选项，在弹出的子列表中可看到系统设置的一系列标签筛选选项，选择需要筛选的条件，如选择"开头不是"选项，在打开的对话框中设置筛选条件后单击 确定 按钮完成按标签进行筛选。

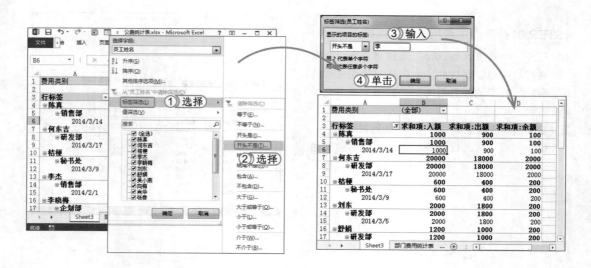

🔑 **按值进行筛选**：与按行标签进行筛选的操作相似，只需单击行标签单元格右侧的 🔽 按钮，在弹出的下拉列表中选择"值筛选"选项，再在弹出的子列表中选择需要筛选的条件，打开"值筛选"对话框，设置筛选条件后单击 [确定] 按钮。

▌ 经验一箩筐——筛选方法的总结

在数据透视表中筛选数据的方法与在一般工作表中对字段进行筛选的操作类似，只要熟练掌握了工作表中筛选数据的方法，在数据透视表中便可举一反三，掌握其使用方法。

## 7.4.2　设置数据透视表的样式和布局

在 Excel 2013 中，可通过设计数据透视表的报表布局和样式使数据更加符合用户的阅读习惯，并能让报表变得更加清晰和美观。下面将分别对其进行介绍。

### 1. 设置数据透视表的样式

数据透视表和一般的工作表结构基本相似，也可对其样式进行设置，使数据透视表样式更加美观。其方法为：在数据透视表中选择任意包含数据的单元格，选择【数据透视表工具】/【设计】/【数据透视表样式】组，在其下拉列表框中选择需要应用的样式即可。

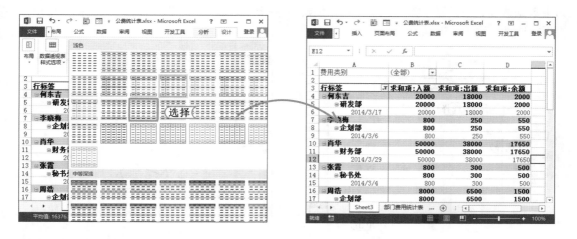

62
Hours
▲

52
Hours
▲

42
Hours
▲

32
Hours
▲

22
Hours
▲

12
Hours
▲

### 2. 调整数据透视表的布局

在 Excel 2013 中，系统为用户提供了压缩、大纲、表格和重复所有项目标签等类型的报表布局方式，用户可以根据工作需要进行相应设置。其方法为：选择数据透视表中的任意单元格或整个数据，选择【数据透视表工具】/【选项】/【布局】组，单击"报表布局"按钮，在弹出的下拉列表中选择布局方式即可。

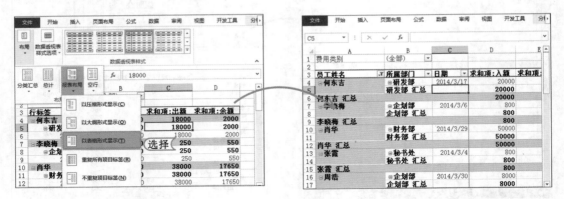

下面将介绍各种布局的特点。

🔑 **以压缩形式显示**：使有关数据在屏幕上水平折叠并帮助最小化滚动。侧面的开始字段包含在一个列中，并且缩进以显示嵌套的列关系。

🔑 **以大纲形式显示**：以经典数据透视表样式显示数据大纲。

🔑 **以表格形式显示**：以传统的表格样式显示所有数据。

🔑 **重复所有项目标签**：在大纲形式或表格形式显示下，选择该命令可使数据中的各个项目字段进行重复显示。

🔑 **不重复所有项目标签**：取消重复项目标签命令，使相同类别的数据恢复汇总样式的显示。

## 7.4.3 创建数据透视图

在 Excel 中，创建数据透视图的方法与创建一个图表的方法相同，唯一不同的是，创建数据透视图还有其他的创建方法，如在数据透视表中选择任意单元格，再选择【插入】/【图表】组或【分析】/【工具】组，单击"数据透视图"按钮，打开"插入图表"对话框，在该对话框中，选择需要插入的图表类型，单击 **确定** 按钮，完成数据透视图的创建，需注意的是，如果数据透视表中设置了筛选操作，则在创建的数据透视图中会自带筛选功能的按钮，用户可根据筛选按钮进行筛选操作。

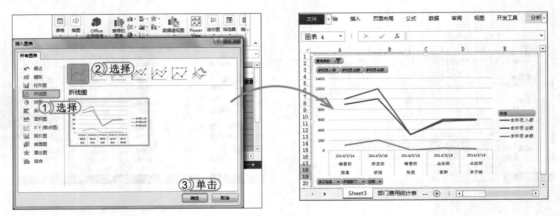

在创建数据透视图时，需将数据透视表的布局设置为"以表格形式显示"，否则单击"数据透视图"按钮，将会打开"创建数据透视图"对话框，在"表/区域"文本框中输入或选择创建数据透视图的数据源，再设置数据透视图创建的位置，单击 确定 按钮后，需要在工作表中选择创建数据透视图的数据字段，同时也会在工作表中创建一个以表格形式显示数据的数据透视表。

**问题小贴士**

问：如何为数据透视图进行布局或样式设置？

答：在数据透视图中，设置布局和样式的操作方法与一般的图表的操作方法基本相同，只是一般的数据图表是激活"图表工具"选项卡，使用图表工具的"设计"和"格式"选项卡进行设置的，而数据透视图则是激活"数据透视图工具"选项卡，在该工具中只多了一个"分析"选项卡，其余的两个选项卡功能都一样，一般图表能进行的操作，数据透视图也同样能实现。

**上机1小时** ▶ **制作"房价调查表"工作簿**

🔍 进一步掌握创建数据透视表的方法。　🔍 进一步掌握创建数据透视图的方法。
🔍 进一步熟悉数据透视表的编辑和布局。　🔍 进一步熟透数据透视图布局和样式设置。

下面在"房价调查表.xlsx"工作簿中，使用创建数据透视表的方法，为工作簿中的表格创建数据透视表，并对其进行字段编辑以及对创建的数据透视表进行布局，最后为数据透视表创建数据透视图，并对其进行相应布局和样式设置。最终效果如下图所示。

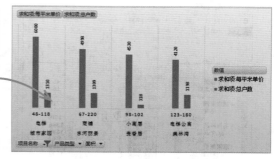

62
Hours

52
Hours

42
Hours

32
Hours

22
Hours

12
Hours

**STEP 01:** 准备创建数据透视表

打开"房价调查表.xlsx"工作簿,选择【插入】/【表格】组,单击"数据透视表"按钮,打开"创建数据透视表"对话框。

提个醒　　在创建数据透视表时,也可以选择需要创建数据透视表的数据,在打开的"创建数据透视表"对话框中,则可不用设置数据源。

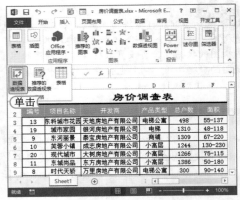

**STEP 02:** 设置数据源和位置

1. 将插入点定位到"表/区域"文本框中,在工作表中选择 A2:G22 单元格区域,在该文本框中即可显示引用地址。
2. 在"选择放置数据透视表的位置"栏中选中 ⊙ 现有工作表(E) 单选按钮。
3. 在"位置"文本框中输入"Sheet1!$A$24"。
4. 单击 确定 按钮。

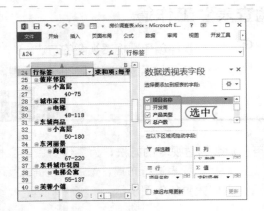

**STEP 03:** 添加透视表字段

在"数据透视表字段"面板中,选中要添加在数据透视表中显示的数据字段前的复选框。这里选中☑ 项目名称 、☑ 产品类型 和☑ 总户数 复选框。

读书笔记

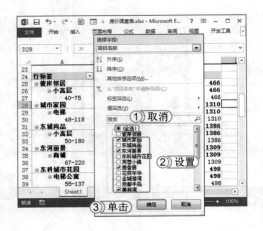

**STEP 04:** 筛选数据

1. 单击行标签右侧的下拉按钮▼,在弹出的下拉列表中取消选中□ 全选 复选框。
2. 分别选中☑城市家园 、 ☑东河丽景 、 ☑贵香居 和☑美林湾复选框。
3. 单击 确定 按钮。

提个醒　　在"搜索"文本框下的列表框中取消选中不显示的字段前的复选框只是最简单的筛选方法,如果要进行复杂的筛选还是要使用其他方法。

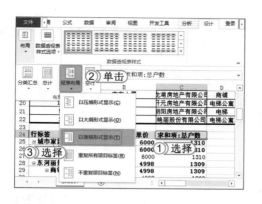

**STEP 05:** 设置数据透视表的布局

1. 选择数据透视表中任意包含数据的 C24 单元格。
2. 选择【设计】/【布局】组，单击"报表布局"按钮。
3. 在弹出的下拉列表中选择"以表格形式显示"选项，完成数据透视表布局操作。

**STEP 06:** 设置数据透视表的样式

选择 A2:C37 单元格区域。选择【设计】/【数据透视表样式】组，单击"其他"按钮，在弹出的下拉列表中选择"数据透视表样式浅色 19"选项。

> **提个醒** 用户也可以根据自己的习惯或工作需要选择其他数据透视表的样式。

**STEP 07:** 打开"插入图表"对话框

选择数据透视表中的任意单元格。选择【分析】/【工具】组，单击"数据透视图"按钮，打开"插入图表"对话框。

> **提个醒** 数据透视图中的各种设置与图表的设置方法基本相同，并且图表能设置的样式，数据透视图也可以进行设置。

62
Hours

52
Hours

42
Hours

32
Hours

22
Hours

12
Hours

读书笔记

**STEP 08：** 选择需插入的图表

1. 在"所有图表"选项卡下选择"柱形图"选项。
2. 在右侧上方选择"簇状柱形图"选项。
3. 单击 按钮，完成图表插入。

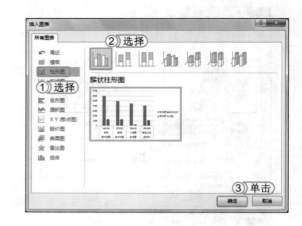

提个醒 该对话框与一般工作表中插入图表的对话框基本相同，只是少了一个"推荐使用图表"选项卡，其他功能都一样，因此其操作也相同。

**STEP 09：** 设置数据透视图的快速样式

1. 选择整个数据透视图，选择【设计】【图表样式】组，单击"快速样式"按钮 。
2. 在弹出的下拉列表中选择"样式2"选项，完成数据透视图的样式设置。

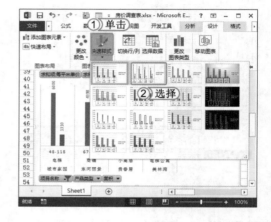

读书笔记

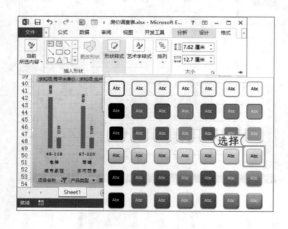

**STEP 10：** 调整位置和形状样式

将创建的数据透视图移至工作表中合适的位置，选择【格式】/【形状样式】组，单击"其他"按钮 ，在弹出的下拉列表中选择"细微效果，橙色，强调颜色6"选项，完成整个例子的操作。

提个醒 对于数据透视图的样式和布局与一般图表的布局和样式操作的方法都一样，一般图表能做的操作，数据透视图一样能操作。

## 7.5 练习3小时

　　本章主要是针对 Excel 2013 中的数据和图表进行操作，如数据的分析，包括数据的排序、数据的筛选、分类汇总等；图表的创建及使用，包括创建图表、对图表进行样式和布局设置、为图表添加数据以及动态图表的制作与使用；最后对数据透视表和数据透视图进行了简单的讲解，让用户明白什么是数据透视表和数据透视图及其使用方法。下面将以制作"员工素质评估表"、"电子元件产品销售统计表"和"订单统计表"工作簿为例，对以上所述所有的知识进行巩固练习，让用户对所学知识达到熟能生巧的目的。

## 1. 练习1小时：制作"员工素质评估表"工作簿

本例将制作"员工素质评估表.xlsx"工作簿，首先对工作表中的"性别"列进行排序，然后按"评定总分"列中的数据显示最大的前5项，对筛选后的数据使用图表进行显示，最后对图表进行样式的布局设置。最终效果如右图所示。

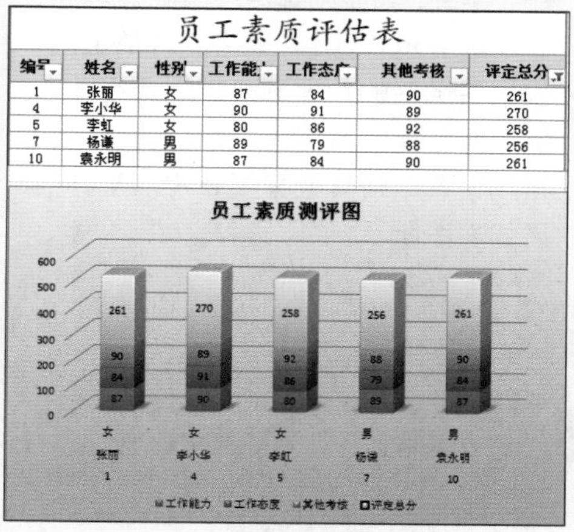

## 2. 练习1小时：制作"电子元件产品销售统计表"工作簿

本例将制作"电子元件产品销售统计表.xlsx"工作簿，首先对工作表中的数据进行排序，对排序后的数据进行前四条数据的筛选，选择筛选后的数据创建组合图表，制作出最简单的动态图表，最后对图表的样式和布局进行设置，最终效果如右图所示。

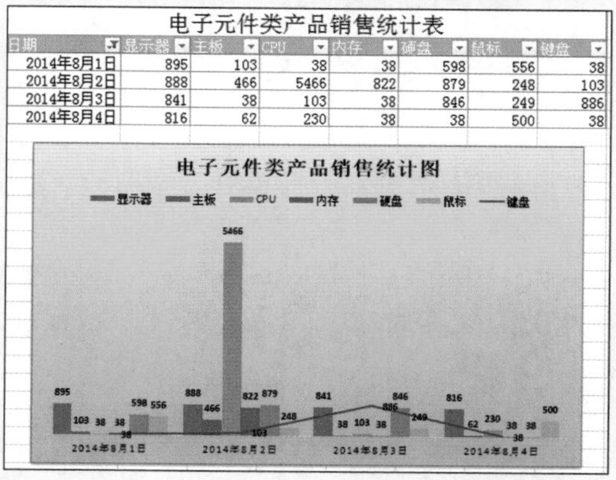

225

72图
Hours

62
Hours

52
Hours

42
Hours

32
Hours

22
Hours

12
Hours

### 3. 练习1小时：制作"订单统计表"工作簿

　　本例将制作"订单统计表.xlsx"工作簿，首先根据工作表创建数据透视表，添加"销售人员"和"订单金额"字段，设置"地区"为筛选条件，并筛选显示"上海"地区的订单金额，根据筛选后的数据创建数据透视图，然后对创建的数据透视图进行样式和布局设置，使其效果更直观。最终效果如右图所示。

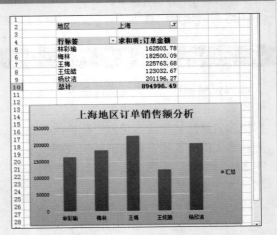

光盘
文件

素材\第7章\订单统计表.xlsx
效果\第7章\订单统计表.xlsx
实例演示\第7章\制作"订单统计表"工作簿

读书笔记

72 HOURS

# 图文混搭的演示文稿

第 **8** 章

**学习 4 小时**

- 创建并编辑幻灯片
- 多元素的幻灯片
- 使用媒体对象
- 美化演示文稿

　　本章将学习演示文稿的制作。首先学习创建和编辑幻灯片的方法；然后在幻灯片中编辑多种基本元素以制作具有具体内容的幻灯片，并使用媒体等对象丰富演示文稿；最后对制作的演示文稿进行美化。

**上机 5 小时**

# 8.1 创建并编辑幻灯片

使用 PowerPoint 制作的文件通常被称为演示文稿。幻灯片是演示文稿内容的载体，每张幻灯片中的内容虽不同，但却联系紧密，共同组成一个严密的演示文稿体系。因此要制作一个完整的演示文稿首先应学会幻灯片的基础操作，而新建演示文稿的操作与 Word 2013 的新建方法基本相同，这里不再赘述。

### 学习 1 小时

- 🔍 掌握添加幻灯片的方法。
- 🔍 掌握编辑幻灯片的操作方法。
- 🔍 了解幻灯片中文本的输入和编辑方法。
- 🔍 掌握艺术字的添加与设置方法。

## 8.1.1 添加幻灯片

在 PowerPoint 2013 的空白演示文稿中，默认包含一张用于输入标题内容的幻灯片，但如果要继续制作其他内容的幻灯片，就必须执行添加操作。在 PowerPoint 2013 中添加幻灯片的方法有如下几种。

🔑 **单击按钮添加新幻灯片**：选择【开始】/【幻灯片】组，单击"新建幻灯片"按钮 🔲，便可添加一张新幻灯片。

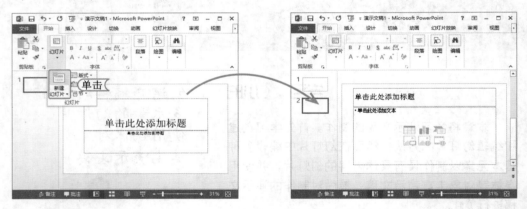

🔑 **选择命令添加新幻灯片**：在"大纲/幻灯片"窗格任意位置单击鼠标右键，在弹出的快捷菜单中选择"新建幻灯片"命令，便可添加一张新幻灯片。

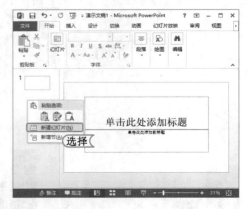

### 经验一箩筐——不同版式幻灯片

除了添加默认版式的幻灯片外，还可选择【开始】/【幻灯片】组，单击"新建幻灯片"按钮 🔲 右侧的下拉按钮 ▾，在弹出的下拉列表中选择不同的选项，即可添加不同版式的新幻灯片。

> **经验一箩筐——快速添加幻灯片**
>
> 将鼠标光标定位于"大纲 / 幻灯片"窗格中任意位置，即左侧显示幻灯片的位置，按 Enter 键或 Ctrl+M 组合键，即可添加一张幻灯片。

## 8.1.2 编辑幻灯片

添加幻灯片后，还可对其进行编辑，如选择、移动和复制以及删除等操作，让整个幻灯片更加合理，满足用户的需求。下面将分别对其操作方法进行介绍。

### 1. 选择幻灯片

在一个完整的演示文稿中往往有多张幻灯片，并且幻灯片在"幻灯片"窗格、"大纲"窗格或幻灯片浏览视图中都是大同小异的，因此在对幻灯片进行编辑前需要对其进行选择操作。下面将介绍几种常用的选择方法。

🔑 **选择单张幻灯片**：将鼠标光标移动到需要选择的幻灯片缩略图上，单击鼠标左键便可选择该张幻灯片。

🔑 **选择不相邻的多张幻灯片**：单击要选择的不相邻幻灯片中的第一张幻灯片，按住 Ctrl 键的同时依次单击需要选择的其他幻灯片，可选择多张不相邻的幻灯片。

🔑 **选择相邻的多张幻灯片**：单击要选择的第一张幻灯片，按住 Shift 键的同时单击要选择的最后一张幻灯片，便能选择两张幻灯片之间的所有幻灯片。

### 2. 移动和复制幻灯片

在制作过程中若是发现幻灯片的顺序不对或是幻灯片数量不够，就需要对幻灯片进行移动和复制操作。在"大纲"窗格、"幻灯片"窗格或幻灯片浏览视图中都可以移动和复制幻灯片，其主要方法有以下两种。

🔑 **拖动法**：选择幻灯片后，按住鼠标左键不放将其拖动到目标位置后，释放鼠标后，幻灯片将移动到该位置（如左图）；如果在移动幻灯片的同时按住 Ctrl 键不放，此时鼠标光标上出现一个小的 + 符号，释放鼠标后，即可将其复制到该位置（如右图）。

🔑 **快捷菜单法**：选择幻灯片后，单击鼠标右键，在弹出的快捷菜单中选择"剪切"命令或按 Ctrl+X 组合键，在目标位置处单击鼠标右键，在弹出的快捷菜单中选择相应的"粘贴"

229

72 图
Hours

62
Hours

52
Hours

42
Hours

32
Hours

22
Hours

12
Hours

命令或按 Ctrl+V 组合键，便可将幻灯片移动到目标位置；若在选择"剪切"命令时选择的是"复制"命令，则可将其复制到目标位置。

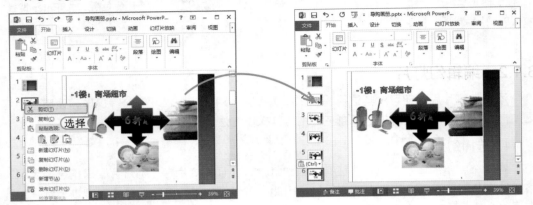

### 3. 删除幻灯片

当演示文稿中有多余的幻灯片时，为了不影响正常编辑可将其删除，删除幻灯片的操作同样可以在"大纲"窗格、"幻灯片"窗格和幻灯片浏览视图中进行操作。其方法为：选择需要删除的幻灯片，单击鼠标右键，在弹出的快捷菜单中选择"删除幻灯片"命令即可。

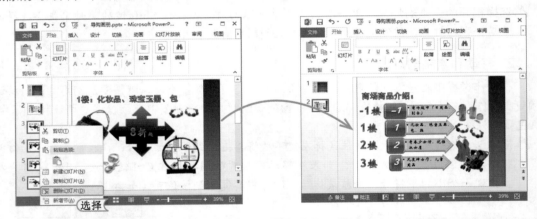

▌经验一箩筐——快速删除幻灯片

选中需要删除的幻灯片后，按 **Delete** 键或 **Ctrl+X** 组合键后，同样能将选中的幻灯片删除。

## 8.1.3 添加并编辑文本

演示文稿的作用是传递信息，因此文本的使用必不可少。在幻灯片中输入文本最常用的方法是通过占位符进行输入，除此之外用户还可以通过在幻灯片中绘制文本框后，在文本框中输入文本，也可以通过"大纲"窗格以及"备注"窗格输入备注内容等进行输入。并且添加后的文本与 Word 2013 中的文本一样可以进行移动和复制等操作，其方法相同。下面将分别对各种添加和编辑文本的方法进行讲解。

## 1. 使用占位符添加文本

默认情况下，在添加幻灯片后，不进行任何操作，都会在幻灯片中看到"单击此处添加标题"、"单击此处添加文本"等文字的文本框，其实这些文本框都被称为"占位符"，此时使用鼠标左键单击占位符，将插入点定位到其中便可输入文本。

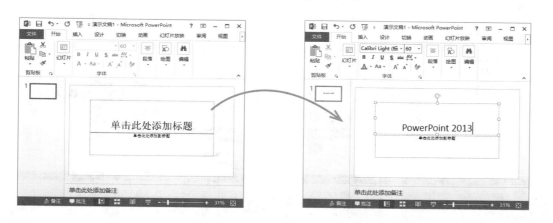

### ▌经验一箩筐——占位符的其他操作

在幻灯片中还可对占位符进行大小、旋转、移动以及删除等操作。其方法为：选择占位符后，将会在占位符的边框上出现控制点，将鼠标光标移至控制点上，即可对其进行移动调整大小或旋转，如果要进行删除操作，直接按 Delete 键即可。

## 2. 使用文本框添加文本

通过文本框可在幻灯片中任意位置添加文本信息，其使用方法和效果与占位符相似，并且在 PowerPoint 2013 中也包括了横排和垂直两种文本框，其方法基本相同。使用文本框添加文本的方法为：选择【插入】/【文本】组，单击"文本框"按钮，在弹出的下拉列表中选择一种文本框，如"横排文本框"选项，将鼠标光标移动到幻灯片编辑区中，当鼠标光标变为↓形状时，按住鼠标左键不放的同时拖动鼠标至目标位置处释放鼠标，将会在鼠标光标位置绘制出横排文本框，默认情况下插入点已经定位在文本框中，此时可直接输入文本。

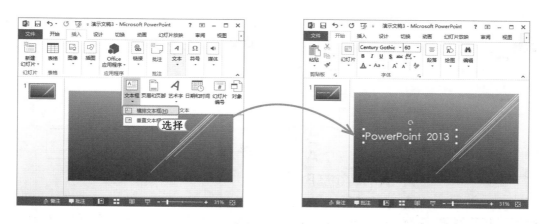

231

72☑
Hours

62
Hours

52
Hours

42
Hours

32
Hours

22
Hours

12
Hours

### 3. 在"大纲"窗格中添加文本

为了方便查看演示文稿的整体文本内容，用户可将视图切换到"大纲视图"中，在左侧"大纲"窗格中直接输入文本即可，方便快捷，提高工作效率。

▍经验一箩筐——"备注"窗格中的文本

在"备注"窗格中也可添加文本，备注文本主要用于对幻灯片进行辅助说明或提示的作用。演讲者可在里面输入一些提示性的内容，但在放映幻灯片时这些内容不会被显示出来。

## 8.1.4 添加并设置艺术字

在 PowerPoint 2013 中，艺术字经常被应用于幻灯片的标题和重点内容的讲解部分，对于艺术字，用户不仅可以根据需要将其添加到幻灯片中，还可以对幻灯片中插入的艺术字效果进行设置，如颜色、大小、形状、阴影和三维等编辑。下面将对艺术字的添加和编辑进行详细的讲解。

### 1. 添加艺术字

幻灯片中的艺术字不仅方便修改，且比一般文本美观，它是一种图形文字。其方法为：选择【插入】/【文本】组，单击"艺术字"按钮▲，在弹出的下拉列表中选择需要的艺术字样式，然后在添加的占位符中输入需要的文本即可。

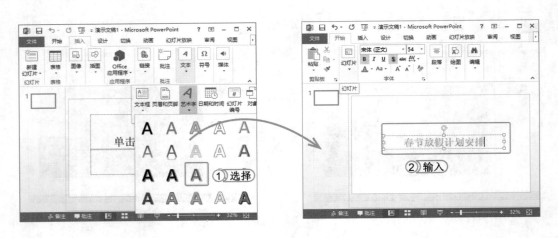

### 2. 设置艺术字

在制作演示文稿的过程中，可根据演示文稿的整体效果来编辑艺术字，如为其设置阴影、扭曲、旋转或拉伸等特殊效果，其方法与 Word 2013 中设置艺术字的操作基本相同。其方法为：选择需要编辑的艺术字，选择【绘图工具】/【格式】/【艺术字】组，单击"文本效果"按钮 A，在弹出的下拉列表中选择需要编辑的样式即可。

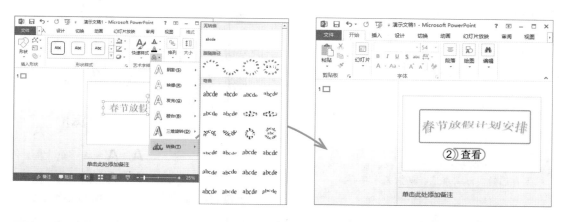

**▌经验一箩筐——艺术字的其他设置**

艺术字的设置不仅限于"文本效果"的设置，在"格式"选项卡的在其他组中还可对艺术字的形状样式、大小等进行设置。

## 上机 1 小时 ▶ 制作"业务提升讲座"演示文稿

🔍 进一步掌握幻灯片的创建方法。　　🔍 进一步掌握艺术字的使用方法。

▌🔍 进一步熟悉文本的输入方法。

在制作"业务提升讲座 .pptx"演示文稿时，先在演示文稿中添加并编辑幻灯片文本、然后进行艺术字的添加，让用户进行熟练所学的知识，在工作中能熟练地使用，达到提高办公效率的目的。其最终效果如下图所示。

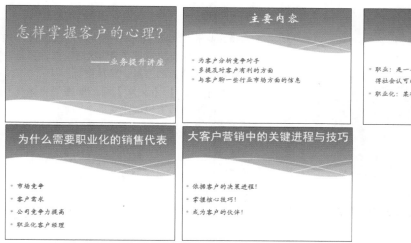

| 光盘<br>文件 | 素材 \ 第 8 章 \ 业务提升讲座 . pptx |
|---|---|
| | 效果 \ 第 8 章 \ 业务提升讲座 . pptx |
| | 实例演示 \ 第 8 章 \ 制作"业务提升讲座"演示文稿 |

### STEP 01: 插入艺术字

1. 打开"业务提升讲座 .pptx"演示文稿,选择【插入】/【文本】组,单击"艺术字"按钮⁴。
2. 在弹出的下拉列表中选择"填充 - 酸橙色,着色 4,软棱台"选项,即可在幻灯片中插入艺术字。

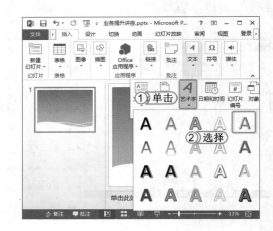

提个醒　用户在选择艺术字样式时,完全可根据自己的实际需求选择所需艺术字样式。

### STEP 02: 输入艺术字并设置颜色

1. 在插入艺术字的占位符中输入文本"怎样掌握客户的心理?",并将文本选中。
2. 选择【格式】/【艺术字样式】组,单击"文本填充"按钮 A。
3. 在弹出的下拉列表中选择"白色"选项。

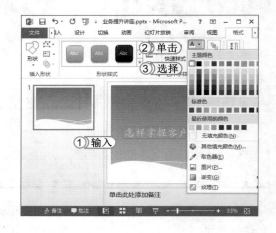

提个醒　如果要取消艺术字的文本填充颜色,单击"文本填充"按钮 A,在弹出的下拉列表中选择"无填充颜色"选项即可。

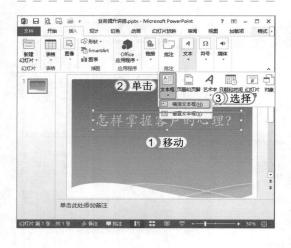

### STEP 03: 移动占位符并绘制文本框

1. 将鼠标指针放在艺术字所在的占位符的边框上,当鼠标光标变为形状时,按住鼠标左键拖动至合适的位置,释放鼠标。
2. 选择【插入】/【文本】组,单击"文本框"按钮下方的下拉按钮▼。
3. 在弹出的下拉列表中选择"横排文本框"选项。

提个醒　如果用户直接单击"文本框"按钮,在幻灯片中绘制文本框,默认情况下也是横排文本框。

## STEP 04： 输入并设置文本

1. 在艺术字右下方绘制文本框，并输入文本"——业务提升讲座"。

2. 选择【开始】/【字体】组，将文本框中的字体、字号和颜色分别设置为"华文楷体(正文)"、"32"和"白色"。

**提个醒** 可在幻灯片的任意位置绘制文本框，绘制完成后，拖动文本框调整到合适的位置即可。

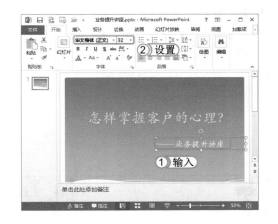

## STEP 05： 添加幻灯片

在"大纲/幻灯片"窗格的空白处单击鼠标右键，在弹出的快捷菜单中选择"新建幻灯片"命令，便可在演示文稿中添加一张新的幻灯片。

**提个醒** 添加幻灯片的方法很多，用户可根据自己的习惯选择任意一种，添加幻灯片。

## STEP 06： 输入文本

1. 在新增幻灯片的第一个占位符中输入文本"主要内容"。

2. 在第二个占位符中输入文本相应的文本，单击幻灯片的其他位置结束文本的输入。

**提个醒** 在占位符中输入的文本有默认的格式，如果用户觉得默认的格式不符合要求，可以重新设置。

读书笔记

235

72 Hours

62 Hours

52 Hours

42 Hours

32 Hours

22 Hours

12 Hours

**STEP 07：** 添加幻灯片并输入文本

1. 选择第 2 张幻灯片，按 Enter 键，添加一张新的幻灯片。
2. 在新幻灯片中占位符中输入文本，完成第 3 张幻灯片。

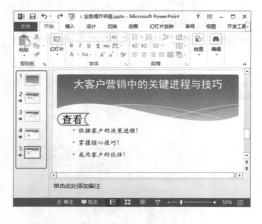

**STEP 08：** 制作其他幻灯片

使用相同的方法为制作其他幻灯片，完成整个例子的操作。

读书笔记

## 8.2　多元素的幻灯片

　　掌握幻灯片的基础操作后，用户就可向幻灯片中添加对象，以丰富幻灯片的内容，在幻灯片中可以添加多种对象，如图片、图形、表格或图表等。下面将分别对它们的添加及编辑方法进行讲解。

### 学习 1 小时

🔍 掌握插入并编辑图片的方法。　　🔍 掌握应用与编辑图表的方法。

🔍 熟悉绘制并编辑自选形状的方法。　　🔍 熟悉插入并编辑表格的方法。

🔍 了解添加并编辑 SmartArt 图形的操作方法。

### 8.2.1　插入并编辑图片

　　在幻灯片中除了可输入基本的文本信息外，还可添加剪贴画和图片。添加剪贴画和图片不但更能体现主题，而且在对剪贴画和图片进行适当的编辑后，还可丰富幻灯片的版面效果，使内容更突出、更容易让人理解。下面将分别对图片的插入和编辑的操作方法进行讲解。

　　1. 插入图片

　　在 PowerPoint 2013 中，用户可为演示文稿中添加不同类型的图片，如联机图片、本地图片、剪贴画（也是联机图片中的一种）以及屏幕截图。下面将分别介绍插入各类图片的方法。

🔑 **插入本地图片**：选择【插入】/【图像】组，单击"图片"按钮，打开"插入图片"对话框，在该对话框中查看到要插入的图片，并将其选中，单击 按钮即可。

🔑 **插入联机图片**：选择【插入】/【图像】组，单击"联机图片"按钮，打开"插入图片"面板，在"搜索必应"文本框中输入想搜索图片的关键字，如"百合花"，按 Enter 键，在结果面板中即可查看到搜索到的图片，选择需要插入的图片，单击 按钮，完成图片插入。

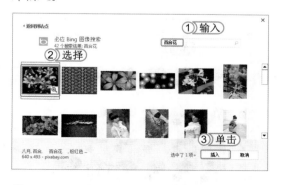

🔑 **插入剪贴画**：选择【插入】/【图像】组，单击"联机图片"按钮，打开"插入图片"面板，在"剪贴画"文本框中输入想搜索图片的关键字，如"树叶"，按 Enter 键，在结果面板中即可查看搜索到的图片，选择需要插入的剪贴画，单击 按钮，完成剪贴画的插入。

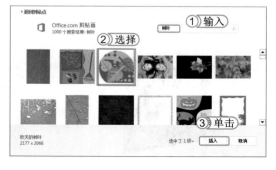

🔑 **插入屏幕截图**：选择【插入】/【图像】组，单击"屏幕截图"按钮，在弹出的下拉列表中选择"屏幕剪辑"选项，当鼠标光标变为╋形状时，按住鼠标左键拖动鼠标在可视画窗口中裁剪出想要的图片，释放鼠标后即可将裁剪的图片插入到当前幻灯片中。

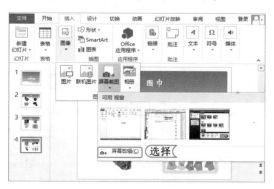

▌**经验一箩筐——通过按钮插入图片**

在 PowerPoint 中，默认情况下，新添加的幻灯片的对象占位符中包括了"图片"按钮以及"联机图片"按钮，用户可直接单击这些按钮，分别插入本地图片和联机图片。

### 2. 编辑图片

在插入幻灯片后，为了满足实际应用的需求，可对插入的图片的大小、位置、亮度、颜色、

237

72图
Hours

62
Hour

52
Hour

42
Hour

32
Hour

22
Hour

12
Hour

样式、排列方式以及图片的层叠次序等进行调整或编辑，但各种类型的图片编辑方法都相同，下面将对图片的操作方法进行讲解。

### （1）调整图片

对于插入的各种类型的图片都可对其进行简单的调整，如调整图片的颜色、亮度和艺术效果等，让图片在幻灯片中更加符合要求。其方法为：选择需要调整的图片，选择【格式】/【调整】组，单击"更正"按钮※，在弹出的下拉列表中选择需要调整亮度样式即可，还可单击其他按钮，对颜色和艺术效果等进行调整。

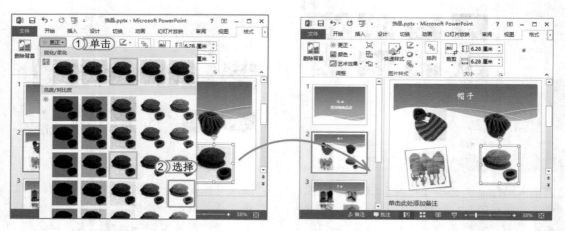

### （2）设置图片样式

在 PowerPoint 2013 中为用户提供了丰富的图片样式，通过它们可快速使图片效果更加丰富、生动。其方法为：选择插入的图片，再选择【格式】/【图片样式】组中相应选项或单击相应按钮可快速为图片设置样式。下面将介绍设置图片样式的常用操作。

🔑 应用图片样式：选中需要设置的图片，选择【格式】/【图片样式】组，单击"其他"按钮▽，在弹出的"快速样式"列表中选择任意选项便可将其应用于图片中。

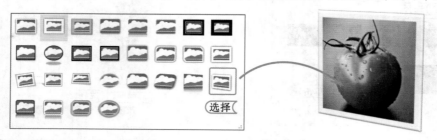

🔑 设置图片特殊格式：选中图片，选择【格式】/【图片样式】组，单击"图片效果"按钮☐，在弹出的下拉列表中选择不同的选项可为图片设置不同的特殊效果。

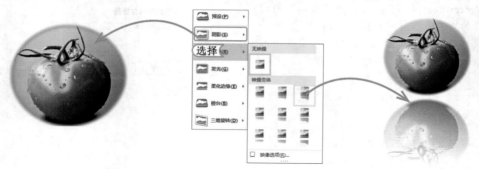

🔑 设置图片版式：如果有多张图片，并希望对每张图片进行介绍，可设置图片版式。选择需设置的多张图片，选择【格式】/【图片样式】组，单击"图片版式"按钮，在弹出的下拉列表中有多种版式可供选择。

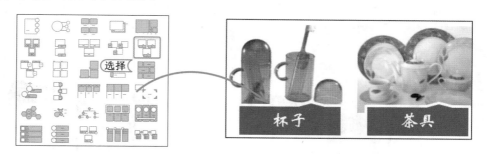

### （3）设置图片的大小和旋转

插入图片后，可根据实际情况调整图片的大小、角度、位置，且可对图片进行移动、复制和裁剪，下面将分别对其进行介绍。

🔑 调整图片大小：插入图片后将鼠标光标移动到图片四角的方形控制点上，拖动鼠标可同时调整图片的长度和宽度，如果拖动图片中间的方形控制点，将只调整图片的长度或宽度。

🔑 旋转图片：选择图片后，将鼠标光标移动到图片上方的绿色控制点上，当鼠标光标变为⟳形状时，拖动鼠标可旋转图片。

🔑 移动和复制图片：选择图片后，将鼠标光标移到图片任意位置，当鼠标光标变为⊹形状时，拖动鼠标到所需位置后释放鼠标即可将图片移到该位置。如果在移动图片的过程中按住 Ctrl 键不放，可复制并移动图片。

🔑 裁剪图片：选择图片后，选择【格式】/【大小】组，单击"裁剪"按钮，此时图片控制点将变为粗实线。将鼠标光标移动到一个控制点上，按住鼠标不放向需保留的区域拖动，按 Enter 键减去拖动区域的图像对象。

239

72
Hour

62
Hour

52
Hour

42
Hour

32
Hour

22
Hour

12
Hour

**（4）设置图片的层叠次序**

叠放次序是指将几个图形重合时，它们之间的叠放层次关系。默认情况下，多个图形将根据插入幻灯片的先后顺序从上到下叠放，顶层的图形会遮住与下层图形重合的部分。但用户可根据实际情况进行调整，其方法为：选择需改变叠放次序的图片，选择【格式】/【排列】组，单击"上移一层"按钮🖺或"下移一层"按钮🖺右侧的下拉按钮▾，在弹出的下拉列表中选择所需的选项即可改变图片的叠放次序。

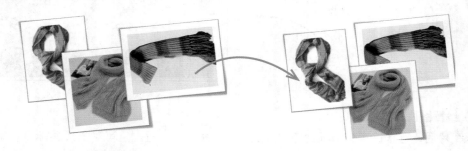

**（5）设置图片的排列方式**

用户可在一张幻灯片中插入多张图片，这时有可能会导致幻灯片画面凌乱，看起来不美观，若想让幻灯片画面更加美观，就需对插入的图片进行排列。其方法为：选择需要排列的多张图片，选择【格式】/【排列】组，单击"对齐"按钮🖺，在弹出的下拉列表中选择不同的排列方式，可将选择的多张图片按照选择的方式进行排列。

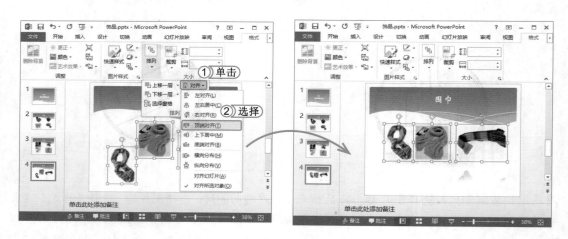

## 8.2.2　绘制并编辑自选形状

为了使幻灯片效果更加美观，用户不但可插入图片，还可插入图形形状。PowerPoint 2013中的图形形状和 Word 中的图形形状相同，使用它们能配合幻灯片的演示内容，快速地绘制出简单的图形，并能对绘制的图形进行各种编辑处理。

### 1. 绘制自选形状

选择【插入】/【插图】组，单击"形状"按钮🖳，在弹出的下拉列表中选择需要绘制的形状，当鼠标光标变为+形状时，按住鼠标左键拖动鼠标，便可在幻灯片中绘制出所选形状的图形，如果在绘制的过程中按 Ctrl 键，则可绘制出正圆或正方形类的图形。

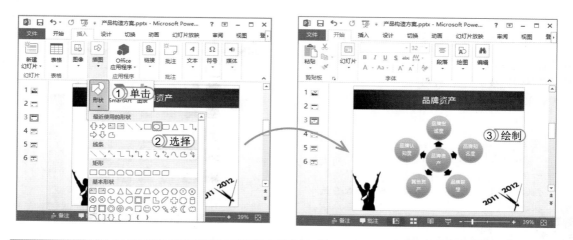

### 经验一箩筐——组合与取消组合形状

如果在幻灯片中绘制了多个形状而组成流程图或其他图形，若在没有组合的情况下拖动，则会使某个形状进行移动，此时可将所有形状选中，再选择【格式】/【排列】组，单击"组合"按钮🗗或按 Ctrl+G 组合键，将其组合成一个整体，如果要取消组合可按 Shift+Ctrl+G 组合键。

## 2. 编辑自选形状

在幻灯片中插入自选形状后，便可以对其进行相应的编辑操作，如形状样式、大小、旋转等操作，与图片基本相似，唯一不同的是可以在自选形状中添加文本。

下面将在"导购指示.pptx"演示文稿中插入路标指示自选形状，并对其进行编辑。其具体操作如下：

| | |
|---|---|
| 光盘文件 | 素材 \ 第 8 章 \ 导购指示.pptx |
| | 效果 \ 第 8 章 \ 导购指示.pptx |
| | 实例演示 \ 第 8 章 \ 编辑自选形状 |

### STEP 01： 绘制形状

1. 打开"导购指示.pptx"演示文稿，选择第 3 张幻灯片。
2. 选择【插入】/【插图】组，单击"形状"按钮🗗。
3. 在弹出的下拉列表中的"箭头总汇"栏中选择"十字箭头标注"选项。
4. 当鼠标光标变为十形状时，按住鼠标拖动，拖动至相应大小时释放鼠标左键，便可绘制出所选形状的图形。

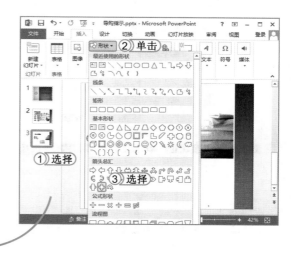

62
Hour

52
Hour

42
Hours

32
Hours

22
Hours

12
Hours

## STEP 02： 更改自选图的形状样式

选择自选图，选择【格式】/【形状样式】组，单击"其他"按钮，在弹出的下拉列表中选择"细微效果 - 橙色，强调颜色 3"选项。

> **提个醒**　用户还可单击"形状样式"列表框右侧的"形状填充"按钮、"形状轮廓"按钮和"形状阴影"按钮，手动调配自选形状的样式。

## STEP 03： 添加文本

1. 选择自选形状，单击鼠标右键，在弹出的快捷菜单中选择"编辑文本"命令，自选形状则可变成编辑状态。
2. 输入文本"8.8 折"，并将其选中，将字号设置为"28 号"。

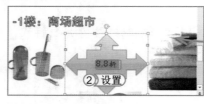

## STEP 04： 设置文本效果

1. 选择【格式】/【艺术字样式】组，单击"文字效果"按钮。
2. 在弹出的下拉列表中选择【转换】/【左牛角形】选项。
3. 单击"形状填充"按钮，在弹出的下拉列表中选择"填充 - 粉色，着色 1，轮廓，背景 1，清晰阴影，文本 4"选项。

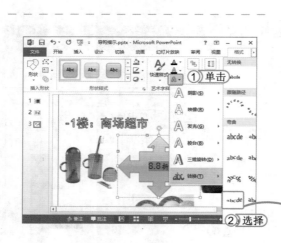

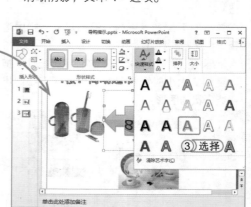

> **提个醒**　用户可以使用设置艺术字的方法设置自选形状中的文本。

**STEP 05：** 查看效果

返回工作表中便可查看到设置后的效果。

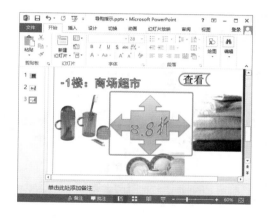

## 8.2.3　添加并编辑 SmartArt 图形

在演示文稿中经常使用 SmartArt 图形，因为它不仅可直观地表现各种关系、层次结构和业务联系等，而且在视觉欣赏上更加整齐、美观。下面将分别对 SmartArt 图形的添加与编辑方法进行介绍。

### 1. 添加 SmartArt 图形

在幻灯片中添加 SmartArt 图形其实很简单，其方法为：选择【插入】/【插图】组，单击 SmartArt 按钮 ，打开"选择 SmartArt 图形"对话框，在该对话框的左侧选择 SmartArt 图形的类型，在右侧选择具体的 SmartArt 图形，单击 确定 按钮，便可完成 SmartArt 图形的插入操作。

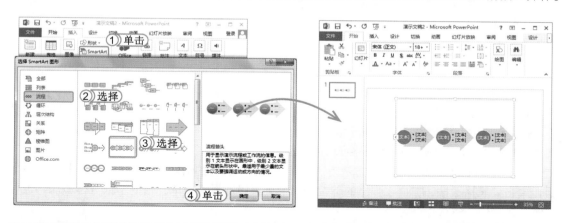

> ▌经验一箩筐——在 SmartArt 图形中输入文本
>
> SmartArt 图形和插入的自选形状一样，都可在图形中添加文本，但 SmartArt 图形中的是自带的占位符文本，可直接单击要编辑文本的占位符进行编辑，其中设置文本样式的方法与自选形状中设置文本的方法相同。

### 2. 编辑 SmartArt 图形

选择 SmartArt 图形后，将会激活"SMARTART 工具"选项卡，用户可选择其中的"设计"和"格式"选项卡对插入的 SmartArt 图形进行编辑，并且其编辑方法与图片和自选形状的编辑方法基本一致，都是对其形状样式、艺术字样式、排列和大小等进行设置，唯一不相同的是，

243

72 图
Hours

62
Hours

52
Hours

42
Hours

32
Hours

22
Hours

12
Hours

SmartArt 图形还增加了布局方式、创建图形以及重置图形等功能。其方法为：选择图形，选择【设计】/【布局】组，单击"其他"按钮▣，在弹出的下拉列表中选择需要的布局样式即可。

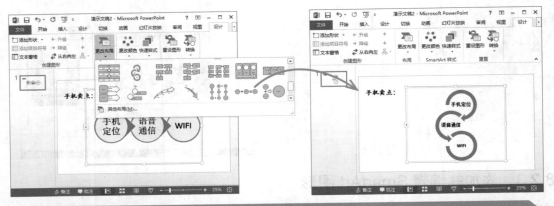

▌经验一箩筐——单独设置 SmartArt 图形

用户除了可对整个 SmartArt 图形进行布局或样式调整外，还可单独设置 SmartArt 图形中的单个图形。

## 8.2.4　应用与编辑表格和图表

在幻灯片中，为方便、快速地引用、分析或辅助幻灯片中的其他数据内容，经常会使用到表格和图表。表格一般被应用在数据比较多的情况，如办公中涉及的销售数据报告、生产报表和财务预算等。而图表则是为了更加直观地展示数据。下面将分别讲解表格和图表在演示文稿中的添加方法。

### 1. 添加表格

在演示文稿中可通过选择命令来添加表格，添加后的表格同占位符和文本框一样，可以进行选择、移动、调整大小及删除等操作，还可以为其设置样式、阴影等。除此以外，还可以像在 Excel 程序中一样对表格中的单元格进行拆分、合并，添加行、列，设置行高和列宽等操作，其方法也与 Word 或 Excel 中对表格操作的方法相同。

在 PowerPoint 中添加表格的方法为：选择需要添加表格的幻灯片，选择【插入】/【表格】组，单击"表格"按钮▦，在弹出的下拉列表中可直接选择表格单元格的个数进行添加，也可以选择列表中的各选项进行添加。

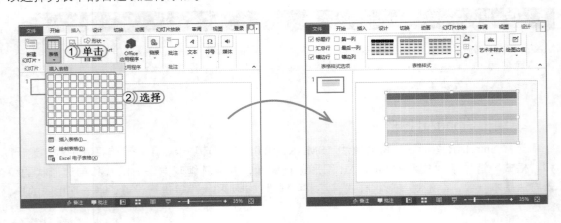

## 2. 添加图表

在演示文稿中可以很方便地添加图表并对图表中的数据进行修改，然后根据不同的需要，用户还可对创建的图表进行美化。

下面将在"游戏玩家人数分析.pptx"演示文稿中添加图表并对图表进行相应的设置。其具体操作如下：

### STEP 01： 打开"插入图表"对话框

1. 打开"游戏玩家人数分析.pptx"演示文稿，选择第2张幻灯片。
2. 在对象占位符中单击"插入图表"按钮，打开"插入图表"对话框。

**提个醒**　新建幻灯片后，在幻灯片中间的占位符中将会出现几个图标。不同的图标按钮将会打开不同的对话框或面板，添加不同的元素，如表格、图表、SmartArt图形和图片等。

### STEP 02： 插入图表

1. 在打开的对话框左侧选择"折线图"选项。
2. 在右侧折线图类型中选择"带数据标记的折线图"选项。
3. 单击 确定 按钮，完成图表的插入。

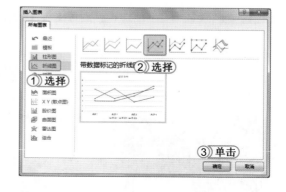

### STEP 03： 设置图表数据

1. 在插入图表的同时，系统将自动打开Excel应用程序，此时按照第一张幻灯片的表格数据输入相同数据。
2. 在Excel表格中选择"系列3"列的数据，单击鼠标右键，在弹出的快捷菜单中选择【删除】/【表列】命令。
3. 在Excel中单击右上角的"关闭"按钮，完成图表数据的设置。

245

72 图
Hours

62
Hours

52
Hours

42
Hours

32
Hours

22
Hours

12
Hours

**STEP 04：** 查看效果

返回到幻灯片中即可查看到插入的最终的数据图表。

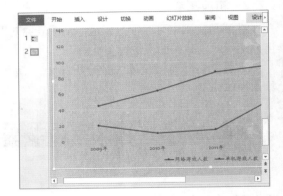

提个醒　对于插入后的图表，用户也可以在"设计"和"格式"选项卡中设置其样式或颜色等。

▌ **经验一箩筐——总结各种元素的操作方法**

在幻灯片中添加或插入的各种元素，如图片、自选形状、SmartArt 图形、图表以及表格等，设置其样式、形状、颜色、大小和排列等操作几乎都相同，但其中只有 SmartArt 图形和自选形状才能进行组合操作。

## 上机 1 小时　制作"世界无烟日"演示文稿

🔍 进一步掌握图片的插入和编辑方法。

🔍 进一步熟悉 SmartArt 图形的插入和编辑操作方法。

下面将在"世界无烟日 .pptx"演示文稿中添加幻灯片，在幻灯片中插入 SmartArt 图形以及图片，在其他幻灯片中输入文本，完成"世界无烟日 .pptx"演示文稿，让用户在制作过程中掌握图片和 SmartArt 图形的添加和编辑方法。最终效果如下图所示。

## STEP 01： 添加幻灯片并删除对象

1. 打开"世界无烟日.pptx"演示文稿，选择第1张幻灯片，按 Enter 键添加一张幻灯片。
2. 将幻灯片中的占位符选中，按 Delete 键，将其删除。

## STEP 02： 插入 SmartArt 图形

1. 选择【插入】/【插图】组，单击"SmartArt"按钮，打开"选择 SmartArt 图形"对话框。
2. 选择左侧"流程"选项。
3. 在右侧选择"汇聚文字"选项。
4. 单击 确定 按钮。

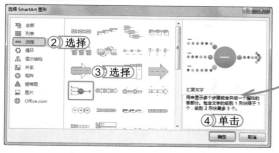

## STEP 03： 输入文本

1. 在插入的 SmartArt 图形的第一个占位符文本中输入文本"无烟日来历"。
2. 在其他文本占位符中依次输入相应文本。

*读书笔记*

**STEP 04:** 复制形状

1. 在 SmartArt 图形中选择"历届无烟日主题"占位符以及下方的形状，按住 Ctrl 键并向下拖动鼠标，复制文本与形状。
2. 将复制的形状放置合适的位置，将文本修改为"吸烟与健康"，选择所有的形状，按 Ctrl+G 组合键，将形状和原有 SmartArt 图形进行组合。

*提个醒* 组合 SmartArt 图形后，可进行移动，将其放置到幻灯片中间，以便进行查看。

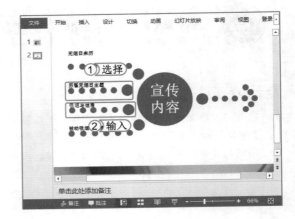

**STEP 05:** 更改颜色

1. 选择整个 SmartArt 图形，选择【设计】/【SmartArt 样式】组，单击"更改颜色"按钮❖。
2. 在弹出的下拉列表中选择"彩色范围-着色 3 至 4"选项。

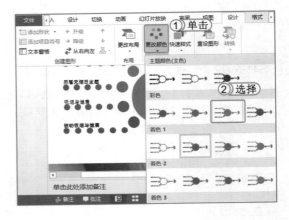

读书笔记

**STEP 06:** 插入图片

1. 选择【插入】/【图像】组，单击"图片"按钮，打开"插入图片"对话框。
2. 在该对话框中选择图片所在的路径，并将其选中。
3. 单击 插入(S) 按钮，完成图片的插入。

**STEP 07：** 调整位置和大小

选择图片，按住鼠标左键拖动到适合的位置，释放鼠标左键。将鼠标移至图片的控制点上，将图片的大小调整至合适的大小。

> **提个醒** 调整图片的大小和位置，有多种方法，用户可选择适合自己的方法对图片进行调整。

**STEP 08：** 添加幻灯片

选择第 2 张幻灯片，按 Enter 键新建幻灯片，在幻灯片中输入相应文本。重复上述操作，完成其他几张幻灯片的制作。

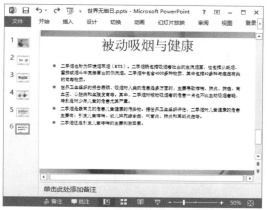

> **提个醒** 在制作其他幻灯片时，只需在占位符中输入文本，系统默认的占位符中是带有格式的，用户不用手动进行调整。

## 8.3 使用媒体对象

在用户编辑好幻灯片后，也可以在幻灯片中插入视频和声音，让整个演示文稿更加生动、有趣。下面将对幻灯片中视频文件的插入与编辑、声音的插入与编辑，录制声音的操作方法以及控制声音播放的方法等进行讲解。

### 学习 1 小时

- 掌握视频文件的插入和编辑方法。
- 熟悉声音的插入与编辑方法。
- 了解声音的录制与控制声音播放的方法。

### 8.3.1 插入视频文件

在演示文稿中插入视频时，可选择联机视频和本地视频，如果在没有连接互联网的情况下，可选择插入电脑中保存的视频。插入电脑中保存的视频一般有两种方法：一种是通过菜单命令插入；另一种是通过占位符插入，下面将分别介绍其插入方法。

通过菜单命令插入：选择需要插入视频的幻灯片，选择【插入】/【媒体】组，单击"视频"按钮，在弹出的下拉列表中选择"PC上的视频"选项。打开"插入视频文件"对话框，在该对话框中找到需要插入的视频文件，并将其选中，单击 插入(S) ▼ 按钮，完成插入视频的相关操作（如果用户登录了用户名，则会自动产生背景水印）。

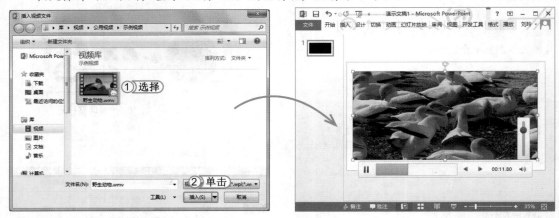

🔑 **通过占位符插入**：在新添加的幻灯片中，单击占位符中的"插入视频文件"图标🎬，打开"插入视频"面板，在打开的面板中单击"来自文件"超级链接，打开"插入视频文件"对话框，在该对话框中找到要插入的视频文件，并将其选中，然后单击 插入(S) ▼ 按钮，完成视频文件的插入。

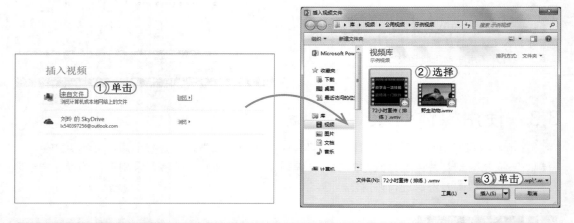

▎**经验一箩筐——插入联机视频**

在 PowerPoint 2013 中，要插入联机视频必须登录用户账号，并且这里的联机视频也是指用户保存在 SkyDrive 服务器上的视频，如果在 SkyDrive 服务器中没有保存视频，则无法插入联机视频；如果必须要插入网络视频，则可从网络中下载后，通过插入文件视频的方法，将下载的视频插入到幻灯片中。

## 8.3.2 编辑视频文件

在演示文稿中不仅能插入视频，还能对插入的视频进行编辑，如剪辑视频、设置视频样式和设置视频封面等。

下面将在"动物世界.pptx"演示文稿中，对第 2 张幻灯片中插入的视频进行裁剪，并将视频中的某一帧的画面设置为视频的封面，最后再对视频样式进行设置。其具体操作如下：

光盘文件
素材 \ 第 8 章 \ 动物世界 .pptx
效果 \ 第 8 章 \ 动物世界 .pptx
实例演示 \ 第 8 章 \ 编辑视频文件

**STEP 01：** 打开"剪裁视频"对话框

1. 打开"动物世界 .pptx"演示文稿，选择第 2 张幻灯片中的视频。
2. 选择【播放】/【编辑】组，单击"剪裁视频"按钮，打开"剪裁视频"对话框。

**提个醒**　如果视频中的内容过多，并且也并非全是有用的内容，就可使用裁剪视频的功能将其进行裁剪，以缩小演示文稿的大小。

**STEP 02：** 剪裁视频

1. 在打开对话框的"开始时间"数值框中输入"00:03"。
2. 在"结束时间"数值框中输入"00:25"。
3. 在对话框中单击"播放"按钮▶，视频将会播放设置后的时间段中的视频。
4. 单击 确定 按钮，完成视频的剪裁。

**提个醒**　在"裁剪视频"对话框中可单击"上一帧"◀或"下一帧"按钮▶，在暂停的情况下，以查看上一个或下一个视频画面。

**STEP 03：** 设置视频封面

1. 在幻灯片中播放视频时，当视频播放到"00:01.19"秒时，单击"播放/暂停"按钮▐▐。
2. 选择【格式】/【调整】组，单击"标牌框架"按钮。
3. 在弹出的下拉列表中选择"当前框架"选项，即可将其作为整个视频的封面。

**提个醒**　"播放/暂停"按钮其实是一个按钮，当视频正在播放时，则为"暂停"按钮▐▐，暂停时则为"播放"按钮▶。

251

72 ⊠
Hours

62
Hours

52
Hours

42
Hours

32
Hours

22
Hours

12
Hours

■ 经验一箩筐——将图片设置为视频封面

在 PowerPoint 2013 中还能将电脑中保存的图片作为视频的封面。其方法是：选择视频，选择【格式】/【调整】组，单击"标牌框架"按钮 🔳，在弹出的下拉列表中选择"文件中的图像"选项，在打开的对话框中选择需设置为视频封面的图片即可。

**STEP 04：** 设置视频样式

选择视频，选择【格式】/【视频样式】组，单击"其他"按钮 🔲，在弹出的下拉列表中选择"柔化边缘椭圆"选项。

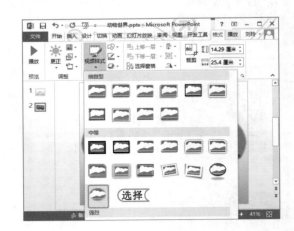

提个醒 插入的视频与插入的图片一样，可以对其样式、效果、亮度、颜色和大小等效果进行设置。

**STEP 05：** 查看视频效果

返回到幻灯片中即可查看到设置后的效果。

提个醒 在对插入的视频进行设置时，可根据用户的实际情况对视频进行操作，如声音大小的调整（可通过视频下方的播放条进行设置）、播放的方式，如循环播放（【播放】/【视频选项】组）。

## 8.3.3 插入声音

在整个演示文稿中，声音的加入会使演示文稿的内容更加丰富、多彩，并且在 PowerPoint 2013 中可以插入不同扩展名以及不同途径的声音文件，如联机声音、计算机中保存的声音文件以及录制的声音等。下面将分别讲解各种类型的音频插入的方法。

### 1. 插入联机音频

在幻灯片中插入联机音频，其实就是 PowerPoint 2013 中剪辑管理器中插入的声音。其方法为：选择需要插入音频的幻灯片，选择【插入】/【媒体】组，单击"音频"按钮 🔊，在弹出的下拉列表中选择"联机音频"选项，即可打开"插入音频"面板，在"搜索 Office.com"文本框中输入关键字，如"声音"或"音乐"等，按 Enter 键，即可在该面板下加载声音，选择需要的声音，单击 插入 按钮，完成插入联机音频的操作。

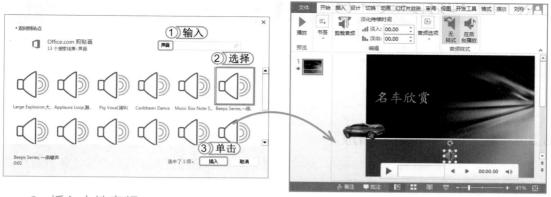

### 2. 插入本地音频

如果在本地计算机中就保存着需要的音频文件，则可不需要联机插入，直接选择需要插入的幻灯片，再选择【插入】/【媒体】组，单击"音频"按钮 🔊，在弹出的下拉列表中选择"PC上的音频"选项，打开"插入音频"对话框，在该对话框中选择需要插入的音频，单击 插入(S) ▼ 按钮，完成插入本地音频的操作。

### 3. 插入录音音频

插入录音音频则是指用户自己录制的声音，并将其插入到幻灯片中，如幻灯片中的一些解说词，其方法与前两者大同小异，都是通过选择需要插入的幻灯片，再选择【插入】/【媒体】组，单击"音频"按钮 🔊，在弹出的下拉列表中选择"录制音频"选项，打开"录制声音"对话框，在名称文本框输入声音的名称，并单击"录制"按钮 ●，开始录制声音，录制完成后单击"暂停"按钮 ■，然后单击 确定 按钮，完成插入录音音频的操作。

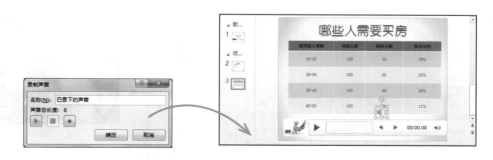

253

72
Hours

62
Hours

52
Hours

42
Hours

32
Hours

22
Hours

12
Hours

在打开"录制声音"对话框时，若弹出提示没有插入录制设备无法进行录制，这时是因为用户没有安装音频输入设备如麦克风等设备，当插入此设备后，用户便可打开"录制声音"对话框进行声音的录制，并且录制完成后，插入的声音音频和视频文件一样都可对其进行相应的设置，如裁剪音频、设置阴影和样式等效果。

## 8.3.4 控制媒体的声音播放

在插入视频和音频后，默认情况下都会在插入的视频和音频下方带有一个播放条，能对其进行简单的播放、暂停和上一帧或下一帧以及对声音的大小进行调整，如果要对视频和音频的播放进行其他设置，可通过"播放"选项卡进行操作。

下面将在"黄山景点图.pptx"演示文稿中，将插入的音频文件设置为在播放音频文件时在后台自动播放，并将视频设置为全屏播放。其具体操作如下：

| 光盘文件 | 素材 \ 第8章 \ 黄山景点图.pptx<br>效果 \ 第8章 \ 黄山景点图.pptx<br>实例演示 \ 第8章 \ 控制媒体的声音播放 |

**STEP 01：** 设置后台播放音频文件

1. 打开"黄山景点图.pptx"演示文稿，选择第1张幻灯片中的声音图标。
2. 选择【播放】/【音频样式】组，单击"在后台播放"按钮🔊。

**提个醒** 在单击"在后台播放"按钮🔊后，系统自动将"音频选项"组中的开始方式设置为"自动"，并且还会自动设置跨幻灯片播放、循环播放以及放映时隐藏音频图标。

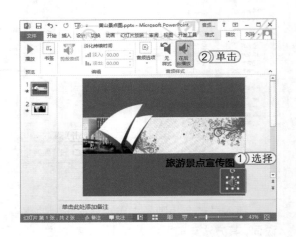

**STEP 02：** 设置视频自动播放

1. 选择第2张幻灯片中的视频文件。
2. 选择【播放】/【视频选项】组，单击"开始"按钮▶后的下拉按钮▾，在弹出的下拉列表中选择"自动"选项。

**提个醒** "视频选项"组中能实现的视频播放功能，在"音频选项"组中也能对音频文件实现相同的功能，因为这两个组中除了☑全屏播放和☑跨幻灯片播放复选框不同以外，其他都是相同的。

**STEP 03:** 设置视频全屏播放

选择【播放】/【视频选项】组，选中 ☑ 全屏播放复选框，完成全屏播放视频操作。

**提个醒** 用户还可根据实际需求，设置视频在没有播放的情况时隐藏或循环播放，只需在"视频选项"组中选中 ☑ 未播放时隐藏复选框和 ☑ 循环播放，直到停止复选框即可。

**STEP 04:** 查看效果

返回幻灯片中，选择【幻灯片放映】/【开始放映幻灯片】组，单击"从头开始"按钮，便可查看其效果。

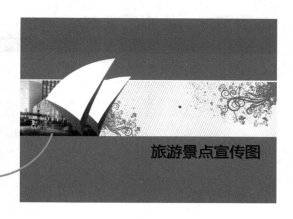

旅游景点宣传图

**▌经验一箩筐——手动设置音频文件的样式**

如果用户不想使用"后台播放"中默认的设置，可手动设置音频文件的播放样式，其方法是：选择【播放】/【音频样式】组，单击"无样式"按钮，将后台播放设置取消，再选择【播放】/【音频选项】组，设置音频播放的方式是自动播放还是在单击鼠标之后播放，或设置音频文件在播放时隐藏音频图标，还是循环播放都可以。

**▌上机1小时▶ 制作"幸福婚庆"演示文稿**

🔍 进一步掌握视频的插入与编辑方法。

🔍 进一步熟悉声音的插入与编辑方法。

在制作"幸福婚庆.pptx"演示文稿时，首先在演示文稿中添加音乐，并在第4张幻灯片中添加视频，并对视频和声音进行编辑。其最终效果如下图所示。

255
72⊠ Hours
62 Hours
52 Hours
42 Hours
32 Hours
22 Hours
12 Hours

| 光盘文件 | 素材 \ 第8章 \ 婚礼进行曲.mp3、婚礼动画.avi、幸福婚庆.pptx<br>效果 \ 第8章 \ 幸福婚庆.pptx<br>实例演示 \ 第8章 \ 制作"幸福婚庆"演示文稿 |
| --- | --- |

**STEP 01:** 打开"插入音频"对话框

1. 打开"幸福婚庆.pptx"演示文稿,选择第1张幻灯片。
2. 选择【插入】/【媒体】组,单击"音频"按钮 🔊。
3. 在弹出的下拉列表中选择"PC上的音频"选项,打开"插入音频"对话框。

**STEP 02:** 插入声音文件

1. 在打开的对话框中找到需要插入的音频文件并将其选中。这里选择"婚礼进行曲.mp3"音频文件。
2. 单击 插入(S) ▼ 按钮,完成插入声音文件的操作。

提个醒　在演示文稿中只能插入 .wav 声音文件、.wma 媒体播放文件、MP3 音频文件(.mp3、.m3u 等)、AIFF 音频文件(.aif、.aiff 等)、AU 音频文件(.au、.snd 等)和 MIDI 文件(.midi、.mid 等)。

## STEP 03： 裁剪音频文件

1. 选择音频文件图标。
2. 选择【播放】/【编辑】组，单击"裁剪音频"按钮，打开"裁剪音频"对话框。
3. 在"开始时间"数值框中输入"01:35"。
4. 在"结束时间"数值框中输入"02:50"。
5. 单击"播放"按钮，对裁剪的音频进行试听，如果裁剪错误可重新裁剪。
6. 单击 确定 按钮，完成裁剪音频文件的操作。

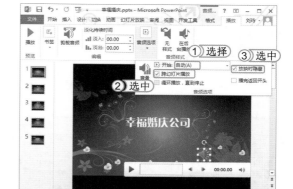

## STEP 04： 设置音频播放样式

1. 选择【播放】/【音频选项】组，单击"开始"按钮后面的下拉按钮，在弹出的下拉列表中选择"自动"选项。
2. 选中 ☑ 跨幻灯片播放 复选框。
3. 选中 ☑ 放映时隐藏 复选框，完成音频播放样式的设置。

> **提个醒** 用户还可根据实际情况，通过单击"音量"按钮，将其音频的声音调整为高、中、低或静音。

257

72 ☒
Hours

62
Hours

52
Hours

42
Hours

32
Hours

22
Hours

12
Hours

## STEP 05： 打开"插入视频文件"对话框

1. 选择第 4 张幻灯片。
2. 选择【插入】/【媒体】组，单击"视频"按钮。
3. 在弹出的下拉列表中选择"PC 上的视频"选项，打开"插入视频文件"对话框。

> **提个醒** 在幻灯片中插入视频不仅是让幻灯片中的内容丰富，还能让幻灯片中的内容更加清楚、明白。

### ▍经验一箩筐——插入媒体文件后的注意事项

如果用户在演示文稿中插入了音频和视频文件后，须将插入的媒体文件与演示文稿存放在相同的文件夹中，这样可以避免在播放演示文稿时，其中的媒体文件播放出错。

**STEP 06：** 选择插入的视频文件

1. 在打开的对话框中找到需要插入的视频文件，并将其选中。
2. 单击 插入(S) 按钮，完成视频文件的插入操作。

读书笔记

**STEP 07：** 设置视频文件的样式

选择插入的视频文件。选择【格式】/【视频样式】组，单击"其他"按钮，在弹出的下拉列表中选择"旋转，渐变"选项，完成视频文件样式的设置。

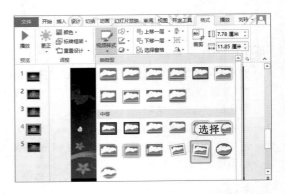

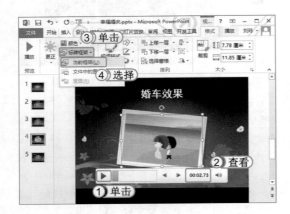

**STEP 08：** 设置视频封面

1. 选择插入的视频文件中，单击"播放/暂停"按钮，让视频处于播放的状态。
2. 当播放到"00:02.73"秒时，单击"播放/暂停"按钮。
3. 选择【格式】/【调整】组，单击"标牌框架"按钮。
4. 在弹出的下拉列表中选择"当前框架"选项，完成视频封面的设置。

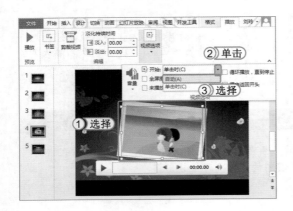

**STEP 09：** 设置视频文件的样式

1. 选择插入的视频文件。
2. 选择【播放】/【视频选项】组，单击"开始"按钮后的下拉按钮。
3. 在弹出的下拉列表中选择"自动"选项，完成整个例子的操作。

# 8.4 美化演示文稿

制作演示文稿的最终目的是通过演示幻灯片向观众传达思想或观点。幻灯片中可包括文字、图片、表格、图形、声音以及视频等元素，其中各元素的布局和背景颜色都关系到该幻灯片是否能准确传达演讲者的观点。合理的布局以及设置背景颜色可以让整个演示文稿显得美观，给人一种视觉享受，从而让观众更容易接受演讲者所传达的观点。

## 学习 1 小时

- 🔍 掌握幻灯片的布局规则。
- 🔍 熟悉设置幻灯片背景的操作方法。
- 🔍 了解母版的使用及编辑方法。

## 8.4.1 幻灯片的布局规则

在一张幻灯片中可包含多种不同类型的元素，这些元素在幻灯片中存在的形式各有不同，在应用这些元素制作幻灯片时，应先考虑到各元素之间的存放位置，合理运用和安排，才能更清楚地表达幻灯片的内容，从而达到美化幻灯片的目的。下面将介绍在幻灯片中布局的几个原则。

🔑 **疏密有致**：布局幻灯片时应尽量保持幻灯片上下、左右内容及色彩的平衡，避免给人以头重脚轻或左倾右斜的感觉。如下图所示幻灯片中的方块图形搭配合理，紧密有序，与颜色相同的文本给人以平衡感。

🔑 **布局简单**：在制作幻灯片时可将多种不同的元素有机地结合在一起，以传递不同信息。但一张幻灯片中各元素的数量不宜过多。如下图所示的幻灯片中使用一个图表加文字就表现出了各种行业的收入情况。

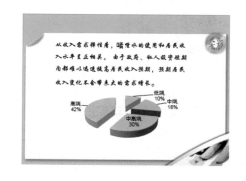

> ▌ 经验一箩筐——布局前的操作

在对演示文稿中的幻灯片进行布局时，要先考虑该幻灯片的页面是否要进行调整，如果要改变页面布局，则可通过选择【设计】/【页面设置】组，单击"页面设置"按钮▢，在打开的"页面设置"对话框中可对幻灯片的页面大小和方向进行设置。

🔑 统一和谐：同一演示文稿中各张幻灯片标题文本的位置、页边距应尽量统一，配色应和谐。如下图所示幻灯片标题居中，与文本内容平行，使画面更加平衡，页面上方和底部形成一种对应的关系，遥相呼应。

🔑 强调主题：演讲者有自己的主题和思想，在幻灯片中要突出表达的核心部分和内容，应通过颜色、字体、样式等手段进行强调以引起观众的注意。如下图所示的幻灯片中对图片的排列样式进行了设置，使观众能够对演讲者所要演讲的内容有初步的了解和认识。

## 8.4.2　设置幻灯片的背景

　　默认情况下，新建幻灯片的背景是白色。但用户可根据实际的工作需求，对幻灯片的背景进行相应的设置，让幻灯片的背景看起来更加美观，更加适合幻灯片所传达的主要内容。在演示文稿中设置幻灯片的背景主要有两种方法，一种是通过应用系统默认的主题颜色来改变幻灯片背景；另一种是通过自定义幻灯片的背景颜色进行改变。下面将分别介绍这两种设置幻灯片背景的方法。

### 1. 应用主题

　　如果在幻灯片中，用户觉得系统自带的配色方案，都可以满足用户的需求时，在新建幻灯片后，选择【设计】/【主题】组，单击"其他"按钮▼，在弹出的下拉列表中选择一种主题样式，即可将选中的主题样式应用到当前幻灯片中。

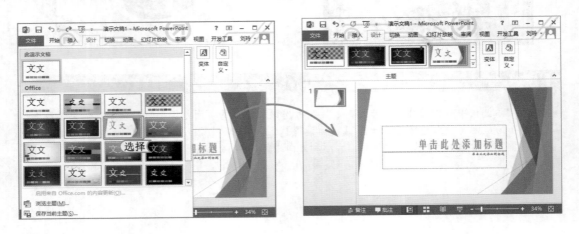

### 2. 自定义幻灯片背景

PowerPoint 2013 自带的主题样式和配色方案都很有限，有时候也不能满足制作者的需求，此时用户可根据需要自定义背景。其方法为：选择【设计】/【自定义】组，单击"设置背景格式"按钮，打开"设置背景格式"面板，在"填充"栏中可选中不同的单选按钮，填充不同效果的背景颜色（渐变、图片、纹理、图案等），如选中 ⊙ 纯色填充(S) 单选按钮，单击"颜色"按钮 ☆ 右侧的下拉按钮 ▾，在弹出的下拉列表中选择需要的颜色即可将幻灯片填充为所选颜色。

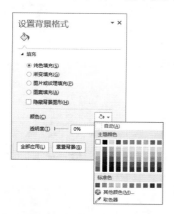

**经验一箩筐——设置背景填充效果**

在"设置背景格式"对话框中设置背景填充效果后，单击"关闭"按钮 × 则只在当前幻灯片中应用设置的背景填充效果；如果单击 全部应用(L) 按钮则对演示文稿中的所有幻灯片都应用设置的背景填充效果；如果单击 重置背景(B) 按钮，将把幻灯片效果设置为新建时的效果。

## 8.4.3 创建并编辑幻灯片母版

在演示文稿中，为了让幻灯片的风格在一定程度上更加统一，给人整体感觉舒适、美观。用户可通过创建幻灯片母版的方法制作出既美观又能满足需求的演示文稿。下面将分别讲解幻灯片母版的创建及编辑方法。

### 1. 创建幻灯片母版

在 PowerPoint 2013 中，使用创建幻灯片母版的方法，可快速方便地制作风格相同的多张幻灯片。其方法为：选择【视图】/【母版视图】组，单击"幻灯片母版"按钮，便可快速创建出默认样式的多张幻灯片。

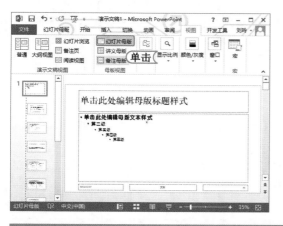

**经验一箩筐——创建其他母版**

在 PowerPoint 2013 中还可创建其他样式的母版，如讲义母版和备注母版，其方法与创建一般幻灯片母版是相同的，都是通过选择【视图】/【母版视图】组，单击"讲义"按钮 或"备注母版"按钮，便可快速创建相应的幻灯片母版。

**经验一箩筐——幻灯片母版的作用**

幻灯片母版是用于存储关于模板信息的设计模板，这些模板信息包括字形、占位符大小和位置、背景设计和配色方案等，只要在母版中更改了样式，则对应的幻灯片中相应样式也会随之改变。

### 2. 编辑幻灯片母版

默认情况下创建的幻灯片母版中的背景、占位符格式、项目符号以及页眉页脚的格式都是默认样式，非常单一，不能很好地突出幻灯片中的内容主题。但用户可通过设置幻灯片母版的背景、占位符格式、项目符号以及页眉页脚等来丰富幻灯片母版的效果，让其更加舒适、美观。

#### （1）设置幻灯片母版背景

为幻灯片母版设置背景，其实与设置一般幻灯片背景的作用是一样的，都能应用系统自带的主题效果，为背景设置字体、颜色以及格式等效果，但是设置幻灯片母版的背景需要在幻灯片母版的编辑区域进行设置。其方法为：选择幻灯片母版的第1张幻灯片，选择【幻灯片母版】/【编辑主题】组，单击"主题"按钮，在弹出的下拉列表中选择需要的主题效果，便可为所有的幻灯片应用相同的主题样式。

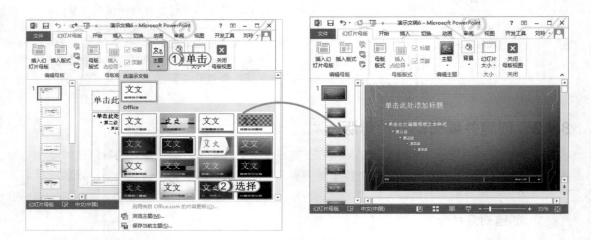

**经验一箩筐——自定义幻灯片母版的背景**

同样用户也可以自定义幻灯片母版的背景，其方法是：选择【幻灯片母版】/【背景】组，单击"背景样式"按钮，在弹出的下拉列表中选择"设置背景格式"选项，打开"设置背景格式"面板，在该面板自定义幻灯片母版的填充色、艺术颜色以及背景图片的设置，除此之外，用户还可以选择绘制自选形状或其他元素，将其作为幻灯片母版的背景样式。

#### （2）设置占位符格式

在制作母版时，会发现占位符位置和字体等都是默认设置，为了满足工作需求，可在幻灯片母版中编辑占位符的位置、大小、字体、字号以及颜色等格式。

下面将在"年度财务汇总 .pptx"演示文稿中设置其占位符中的文本与项目符号。其具体操作如下：

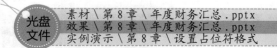

素材 \ 第8章 \ 年度财务汇总 .pptx
效果 \ 第8章 \ 年度财务汇总 .pptx
实例演示 \ 第8章 \ 设置占位符格式

**STEP 01:** 进入幻灯片母版编辑状态

打开"年度财务汇总 .pptx"演示文稿，选择【视图】/【母版视图】组，单击"幻灯片母版"按钮，进入幻灯片母版编辑状态。

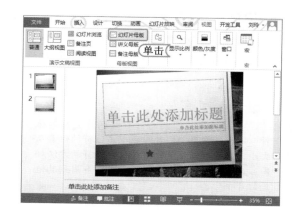

> **提个醒** 要想编辑幻灯片母版中的任一元素，都需要在幻灯片母版的编辑状态下才能进行设置，否则不能对幻灯片母版进行任何操作。

**STEP 02:** 设置标题占位符的字体

1. 选择第 2 张幻灯片中的标题占位符，选择【幻灯片母版】/【背景】组，单击"字体"按钮右侧的下拉按钮▾。
2. 在弹出的下拉列表中选择"华文楷体"选项，完成标题占位符的字体设置。

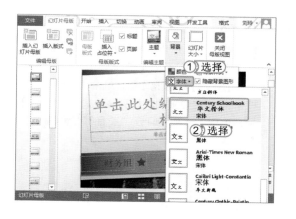

> **提个醒** 设置占位符中的字体、字号或颜色等都可以通过选择【开始】/【字体】组进行设置。

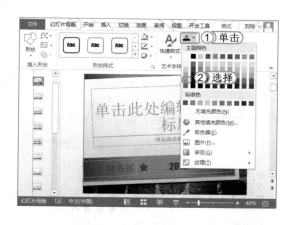

**STEP 03:** 设置标题占位符的字体颜色

1. 选择第 2 张幻灯片中的标题占位符，选择【格式】/【艺术字样式】组，单击"文本填充"按钮。
2. 在弹出的下拉列表中选择"白色，背景 1，深色 35%"选项，完成标题占位符的字体颜色设置。

> **提个醒** 在设置幻灯片母版的字体样式时，可将其作为艺术字进行设置，艺术字能设置的效果，标题占位符也同样能设置，因此也可以将标题占位符作为插入的艺术字看待。

**▌经验一箩筐——插入占位符**

如果不小心删除了幻灯片母版中的占位符，可选择【幻灯片母版】/【母版版式】组，单击"插入占位符"按钮，在弹出的下拉列表中选择需要的占位符样式即可。

263

72☒
Hours

62
Hours

52
Hours

42
Hours

32
Hours

22
Hours

12
Hours

**STEP 04：** 设置副标题的占位符

使用相同的方法设置副标题的占位符，但需将标题占位符和副标题占位符区分开，完成占位符的操作。

> **提个醒** 除了设置幻灯片母版的样式和字体外，同样可设置幻灯片母版中占位符的位置及大小，其方法与设置幻灯片中占位符的方法相同，只是在幻灯片中设置的效果会应用到其他幻灯片中。

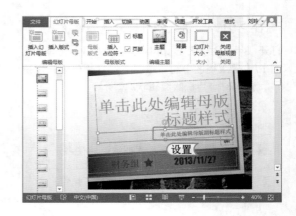

**STEP 05：** 准备设置项目符号

1. 选择第 1 张幻灯片中的标题占位符，将插入点定位到项目符号的 1 级标题中。
2. 选择【开始】/【段落】组，单击"项目符号"按钮 ≔▾，在弹出的下拉列表中选择"项目符号和编辑"选项，打开"项目符号和编号"对话框。

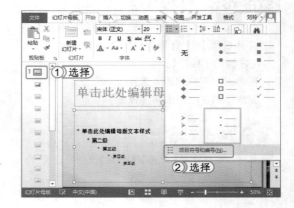

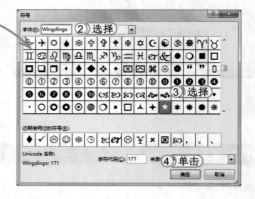

> **提个醒** 在"项目符号和编号"对话框中，单击 图片☑ 按钮，可以添加图片作为项目符号，并且还可以在该对话框中更改项目符号的大小、颜色。

**STEP 06：** 设置占位符中的项目符号

1. 在打开的对话框中单击 自定义☑ 按钮，打开"符号"对话框。
2. 在字体下拉列表中选择 Wingdings 选项。
3. 在符号列表框中选择 "★" 符号。
4. 依次单击 确定 按钮，返回到幻灯片中。

**STEP 07：** 设置其他项目级别的项目符号

1. 使用相同的方法为其他级别的文本设置项目符号。

2. 在设置完项目符号后，选择【幻灯片母版】/【关闭】组，单击"关闭"按钮 ⊠，结束幻灯片母版的编辑。

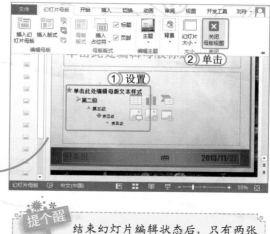

提个醒　结束幻灯片编辑状态后，只有两张风格相同的幻灯片，当用户添加新幻灯片时，默认情况下就会添加风格相同的幻灯片。

### （3）设置页眉页脚

为了使演示文稿看起来更加专业，用户可在母版中添加一些演示文稿的附加信息，如日期、公司名称、幻灯片编号等，将其作为幻灯片的页眉和页脚。其方法为：进入幻灯片母版的编辑状态，选择【插入】/【文本】组，单击"页眉和页脚"按钮 ▯，打开"页眉和页脚"对话框，输入日期、幻灯片的编号以及页脚内容，单击 全部应用(Y) 按钮，完成页眉页脚的设置。

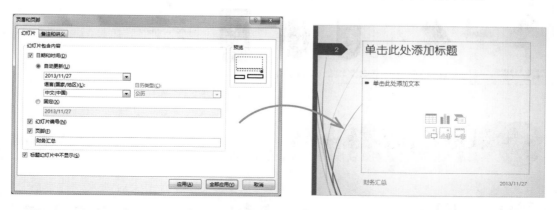

**▌经验一箩筐——设置其他母版的页眉页脚**

打开"页眉和页脚"对话框，选择"备注和讲义"选项卡，还可为其他样式的幻灯片母版设置页眉和页脚。

### 上机 1 小时 ▶ 制作"科技产品宣传简介"演示文稿

🔍 进一步掌握幻灯片的布局规则以及美化幻灯片的方法。

🔍 进一步掌握编辑幻灯片母版的方法。

在对"科技产品宣传简介 .pptx"演示文稿进行美化时，先使用布局原则对幻灯片中的内容进行相应地调整，并使用编辑幻灯片母版的方法，设置幻灯片的母版背景，即应用主题，并对主题进行相应的修改后，让整个演示文稿更加美观。最终效果如下图所示。

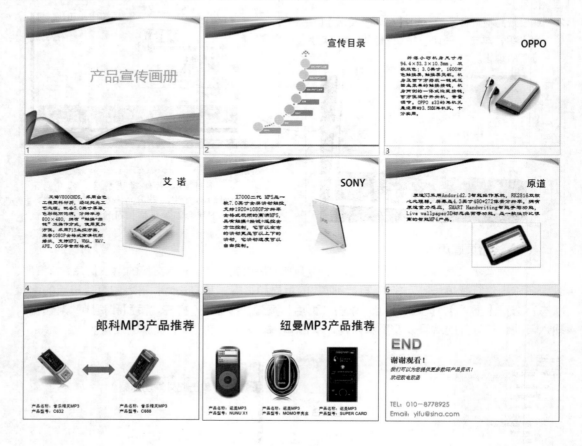

光盘
文件

素材 \ 第 8 章 \ 科技产品宣传简介 .pptx
效果 \ 第 8 章 \ 科技产品宣传简介 .pptx
实例演示 \ 第 8 章 \ 制作 "科技产品宣传简介" 演示文稿

---

## STEP 01： 应用主题

1. 打开"科技产品宣传简介 .pptx"演示文稿，选择【视图】/【母版视图】组，选择第 2 张幻灯片母版。

2. 单击"幻灯片母版"按钮，进入幻灯片母版编辑状态。选择【幻灯片母版】/【编辑主题】组，单击"主题"按钮。

3. 在弹出的下拉列表中选择第 17 个主题样式。

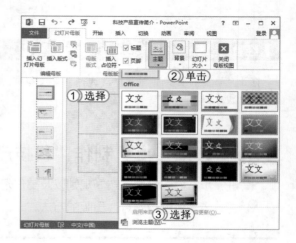

**STEP 02：** 设置幻灯片母版的背景

1. 选择第 1 张幻灯片母版，选择【幻灯片母版】/【背景】组，单击"背景样式"按钮。
2. 在弹出的下拉列表中选择"样式 1"选项。

**提个醒** 在"背景样式"下拉列表中的样式会根据应用的不同风格的主题而改变其样式颜色。

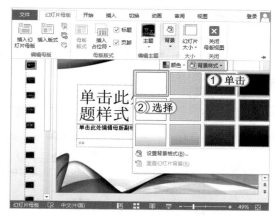

**STEP 03：** 设置标题占位符

1. 选择第 1 张幻灯片母版中的标题占位符。
2. 选择【开始】/【字体】组，将其字体设置为"Adobe 黑体 Std R"，字号设置为"36"，选择【幻灯片母版】/【关闭】组，单击"关闭"按钮，结束幻灯片母版的编辑。

**提个醒** 设置该标题是指幻灯片中除第一张幻灯片中所有标题占位符的样式。

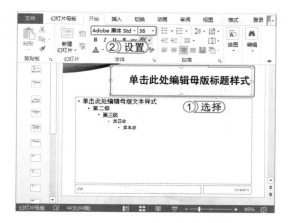

**STEP 04：** 添加幻灯片

1. 选择第 1 张幻灯片，按 Enter 键，添加一张新的幻灯片。
2. 在标题占位符中输入文本"宣传目录"。
3. 在文本占位符中单击"插入 SmartArt 图形"按钮，打开"选择 SmartArt 图形"对话框。

*读书笔记*

62
Hours

52
Hours

42
Hours

32
Hours

22
Hours

12
Hours

**STEP 05：** 插入图形并编辑内容

1. 选择"流程"选项卡。
2. 在其中选择"升序图片重点流程"选项。
3. 单击 确定 按钮。
4. 在插入的图形中依次输入文本。

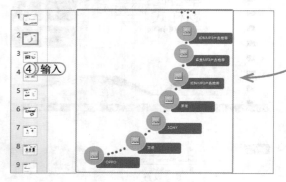

提个醒　　　如果插入图形的形状不够，可通过选择【设计】/【创建图形】组，单击"添加形状"按钮，在弹出的下拉列表中选择要添加形状的位置。

**STEP 06：** 调整幻灯片内容的布局

1. 选择第 3 张幻灯片。
2. 选择文本框，改变其大小，将其放置在幻灯片左侧。
3. 将其图片放置文本的右侧中间。

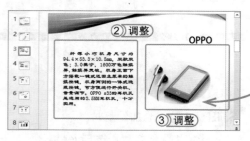

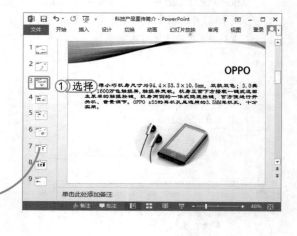

**STEP 07：** 添加自选形状

1. 选择第 7 张幻灯片。
2. 选择【插入】/【插图】组，单击"形状"按钮。
3. 在弹出的下拉列表中选择"左右箭头"选项。
4. 在幻灯片中绘制形状并调整位置。

## STEP 08： 设置 SmartArt 图形颜色

1. 选择第 2 张幻灯片中的 SmartArt 图形。
2. 选择【设计】/【SmartArt 样式】组，单击"更改颜色"按钮。
3. 在弹出的下拉列表中选择"彩色 - 着色"选项。

> **提个醒** "更改颜色"下拉列表中的颜色组合也会根据应用的主题样式而改变颜色。

## STEP 09： 设置 SmartArt 图形样式

1. 选择第 2 张幻灯片中的 SmartArt 图形。
2. 选择【设计】/【SmartArt 样式】组，单击"快速样式"按钮。
3. 在弹出的下拉列表中选择"中等效果"选项。完成整个例子的操作。

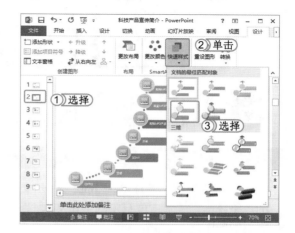

> **提个醒** 在实际应用中，用户可根据幻灯片中的内容来设置幻灯片母版和幻灯片的效果，让整个演示文稿看起来更加美观，更加符合幻灯片信息的传递。

### ▌经验一箩筐——总结美化幻灯片的方法

在演示文稿中，对美化幻灯片的操作和定义并不是唯一的，不管是在幻灯片中添加元素进行美化，还是设置背景颜色或字体等。只要最终的演示文稿能让人感觉舒适，并且能很好地传递所表达的信息都是一个成功的演示文稿。

## 8.5 练习 1 小时

本章主要讲解了创建和编辑幻灯片的基本操作、在幻灯片中添加各种元素（图片、自选形状、SmartArt 图形、图表和表格等）、媒体对象的插入及编辑，最后使用主题样式和创建幻灯片母版的方法对幻灯片进行了美化操作。为了巩固所学知识，为用户安排了两个练习，分别是制作"2013 年年终总结 .pptx"演示文稿和"管理培训 .pptx"演示文稿。希望通过这两个练习能让用户将所学知识能灵活地运用到实际的办公应用中。

269

72图
Hours

62
Hours

52
Hours

42
Hours

32
Hours

22
Hours

12
Hours

### ①. 制作 "2013 年年终总结" 演示文稿

本例将制作 "2013 年年终总结 .pptx" 演示文稿，首先使用编辑幻灯片母版的方法将幻灯片的风格统一，并对占位符进行设置，最后在第 3 张幻灯片后添加两张幻灯片，分别用表格和图片元素显示公司销售额。最终效果如下图所示。

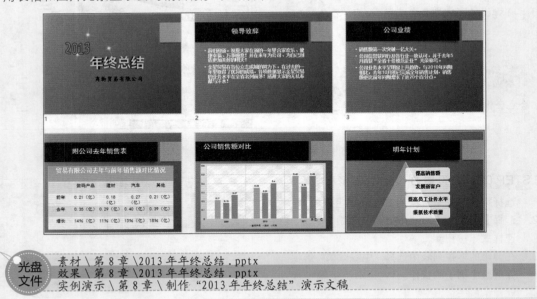

> 光盘
> 文件
> 素材 \ 第 8 章 \2013 年年终总结 .pptx
> 效果 \ 第 8 章 \2013 年年终总结 .pptx
> 实例演示 \ 第 8 章 \ 制作 "2013 年年终总结" 演示文稿

### ②. 制作 "管理培训" 演示文稿

本例将制作 "管理培训 .pptx" 演示文稿，首先使用编辑幻灯片母版的方法将幻灯片的风格统一，并对占位符中的字体文本进行设置，最后调整图形与文本的位置，最终效果如下图所示。

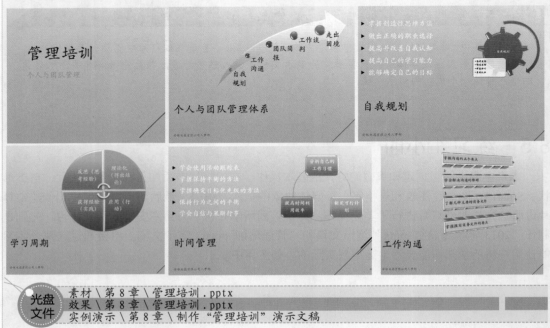

> 光盘
> 文件
> 素材 \ 第 8 章 \ 管理培训 .pptx
> 效果 \ 第 8 章 \ 管理培训 .pptx
> 实例演示 \ 第 8 章 \ 制作 "管理培训" 演示文稿

72 HOURS

# 交互与动画应用

第 9 章

学习 2 小时
- 实现交互操作
- 动画及路径应用

除了在幻灯片中编辑具体的内容外，若要表达的信息量很大，就可以使用超级链接来制作交互式的幻灯片。此外还可以让幻灯片中的各个对象都活跃起来，即添加各种丰富多彩的动画效果。

上机 4 小时

## 9.1 实现交互操作

演示文稿的作用在于展示理念或产品，因此在编辑演示文稿时，可根据实际情况对部分图片、文字、声音或视频添加超级链接、动作、动作按钮或触发器等，这样可方便演讲者在解说幻灯片时，切换到想要解说的幻灯片中，从而提高幻灯片的解说效率。

### 学习1小时

🔍 掌握超级链接的使用方法。 　　　🔍 掌握使用动作按钮的操作方法。

🔍 掌握动作的使用方法。 　　　　　🔍 了解触发器在幻灯片中的应用。

### 9.1.1 使用超级链接

在演示文稿中，当遇到含有目录或提纲的幻灯片时，操作起来比较麻烦，这时可在幻灯片中添加相应的超级链接，以实现快速跳转到相应幻灯片中的目的。

下面将在"公司会议.pptx"演示文稿中，为第2张幻灯片中的文本添加超级链接。其具体操作如下：

> 光盘文件
> 素材\第9章\公司会议.pptx
> 效果\第9章\公司会议.pptx
> 实例演示\第9章\使用超级链接

**STEP 01：** 打开"插入超链接"对话框

1. 打开"公司会议.pptx"演示文稿，选择第2张幻灯片。
2. 选择占位符中第一排文本。
3. 选择【插入】/【链接】组，单击"超链接"按钮，打开"插入超链接"对话框。

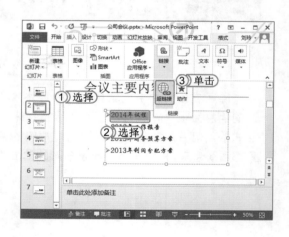

> **提个醒**
> 在"插入超链接"对话框中单击 屏幕提示(P)... 按钮，在打开的对话框中输入文本，当鼠标光标指向超级链接时显示输入的文本提示。

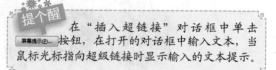

**STEP 02：** 设置链接的幻灯片

1. 在打开的对话框中选择"本文档中的位置"选项卡。
2. 在"请选择文档中的位置"列表框中选择"3.议程"选项，便可在"幻灯片预览"框中查看到链接的幻灯片。
3. 单击 确定 按钮，完成链接幻灯片操作。

**STEP 03：** 为其他文本设置超级链接

使用相同的方法，为第2张幻灯片中的其他文本设置超级链接。设置完成后，返回幻灯片中查看效果。

**提个醒** 默认情况下，为幻灯片中的文本添加了超级链接后，文本都会带有颜色加下划线的形式显示，其颜色会根据幻灯片的主体颜色而改变，并且在幻灯片放映时，鼠标光标指向文本则会变为心形状。

**▌经验一箩筐——删除超级链接**

如果用户不想将文本或图片设置为超级链接，可将其选中，打开"插入超链接"对话框，单击 删除链接(R) 按钮，即可将文本或图片中的超级链接删除。

## 9.1.2　使用动作

动作便是用户将鼠标光标指向或单击文本图片等元素时执行的操作。为了工作的实际需求，可在幻灯片中使用动作，当单击或指向某个文本或图片时，链接到某一张幻灯片或播放什么声音，达到幻灯片与解说者的一个交互。下面将分别介绍单击鼠标时发生的动作和鼠标光标停留时发生的动作。

🔑 **单击鼠标时发生的动作：** 选择需要执行单击操作的文本或图片，选择【插入】/【链接】组，单击"动作"按钮★，打开"操作设置"对话框，选择"单击鼠标"选项卡，在该选项卡下可设置所选文本在单击时为超级链接、运行程序以及播放声音等操作，如选中 ⦿超链接到(H): 单选按钮，在该按钮的下拉列表中选择需要链接到的幻灯片选项，单击 确定 按钮，便可完成设置。

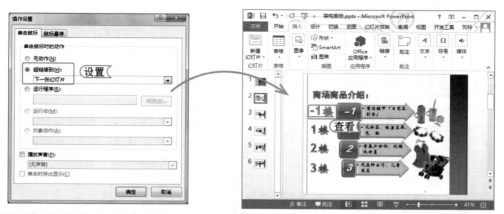

🔑 **当鼠标停留时发生的动作：** 设置鼠标光标停留时发生的动作的操作方法与单击鼠标时发生的动作方法相同，都是打开"操作设置"对话框进行设置，唯一不同的是，这里选择的是"鼠标悬停"选项卡，而该选项卡下的所有操作与"单击鼠标"选项卡下的操作完全相同，这里就不再赘述。

62
Hours
▲
52
Hours
▲
42
Hours
▲
32
Hours
▲
22
Hours
▲
12
Hours

**经验一箩筐——动作与超级链接的关系**

其实有时候动作与超级链接很相似，超级链接能实现的操作，动作也能实现，但是动作能实现的功能，超级链接却未必能实现，如在链接到幻灯片的其他位置时播放声音，超级链接就不能实现。

## 9.1.3 使用动作按钮

除了可为幻灯片中的对象添加超级链接和使用动作外，还可以为自行绘制的形状添加动作或超级链接后，作为动作按钮使用，从而使整个演示文稿在播放时更加方便，随心所欲，达到人与幻灯片的真正交互。

下面将在"广告计划.pptx"演示文稿中添加"上一张"、"下一张"和"返回首页"的动作按钮。其具体操作如下：

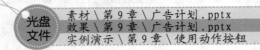

光盘文件
素材 \ 第9章 \ 广告计划.pptx
效果 \ 第9章 \ 广告计划.pptx
实例演示 \ 第9章 \ 使用动作按钮

**STEP 01：** 准备绘制动作按钮

1. 打开"广告计划.pptx"演示文稿，选择第2张幻灯片。
2. 选择【插入】/【插图】组，单击"形状"按钮 。
3. 在弹出的下拉列表中的"动作按钮"栏中选择"动作按钮：前进或下一项"选项。

提个醒　在"动作按钮"栏中为用户提供了多种不同类型的动作按钮，用户可根据实际需求选择不同类型的动作按钮。

**STEP 02：** 设置动作按钮

1. 按住鼠标左键在幻灯片右下角绘制按钮形状，释放鼠标时将打开"操作设置"对话框。
2. 在打开的对话框中选择"单击鼠标"选项卡。
3. 选中 ◉ 超链接到(H)：单选按钮，在该按钮下方单击下拉按钮 ，在弹出的下拉列表中选择"下一张幻灯片"选项。
4. 选中 ☑ 播放声音(P)：复选框，在下方单击下拉按钮 ，在弹出的下拉列表中选择"单击"选项。
5. 单击 确定 按钮，完成动作按钮的设置。

## STEP 03： 绘制其他动作按钮

使用相同的方法，在幻灯片中绘制其他两个动作按钮。

**提个醒** 绘制完所有动作按钮后，要对其进行样式或颜色的设置时，可将其全部选择进行设置，可提高制作动作按钮的效率。

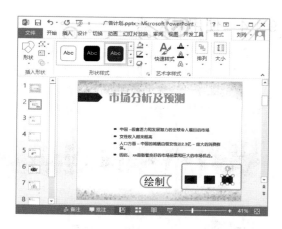

## STEP 04： 设置动作按钮的样式

1. 按 Ctrl 键的同时，用鼠标逐个单击绘制的动作按钮。
2. 选择【格式】/【形状样式】组，单击"其他"按钮，在弹出的下拉列表中选择"彩色轮廓 - 黑色，深色 1"选项。

**提个醒** 绘制的动作按钮默认情况下是有样式和颜色的，用户可根据实际情况对动作按钮设置其他的样式和形状。

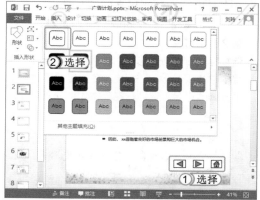

## STEP 05： 复制动作按钮

1. 保持 3 个动作按钮的选中状态，按 Ctrl+C 组合键，将其进行复制操作。
2. 分别选择其他幻灯片，按 Ctrl+V 组合键，将其进行粘贴操作，在最后一张幻灯片时，将"下一张"动作按钮删除，保留另外两个动作按钮。

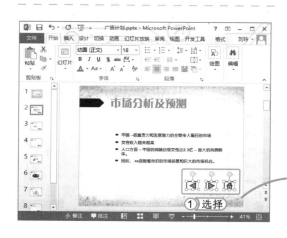

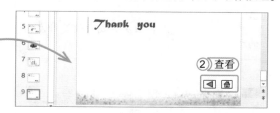

## ▌经验一箩筐——绘制其他形状的动作按钮

在幻灯片中用户也可以在"形状"下拉列表中选择其他形状进行绘制，然后为绘制的形状使用超级链接或添加动作的方法进行链接或设置，也可实现动作按钮的功能，这样动作按钮的形状就不局限于"形状"下拉列表的"动作按钮"栏中的几种形状。

### 9.1.4 使用触发器

触发器通常用于制作课件演示文稿中的特殊效果，但使用触发器的对象必须是设置动画效果之后的各种元素，可以是图片、图形或按钮，甚至是一个段落或文本框。

下面将在"九寨景点图.pptx"演示文稿中的第2张幻灯片中使用触发器制作飞入式菜单。其具体操作如下：

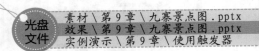

光盘文件：
素材\第9章\九寨景点图.pptx
效果\第9章\九寨景点图.pptx
实例演示\第9章\使用触发器

**STEP 01：** 为标题设置动画效果

1. 打开"九寨景点图.pptx"演示文稿，选择第2张幻灯片。
2. 选择标题占位符，选择【动画】/【动画样式】组，单击"其他"按钮，在弹出的下拉列表中选择"形状"选项，完成文本的动画设置。

提个醒　　在为标题占位符设置触发器时，应先为该标题设置动画效果。

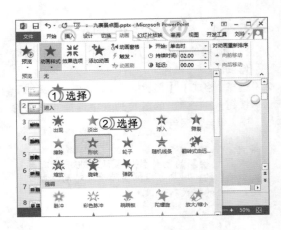

**STEP 02：** 为副标题设置动画效果

选择副标题占位符，选择【动画】/【动画样式】组，单击"其他"按钮，在弹出的下拉列表中选择"飞入"选项。

提个醒　　不管是设置触发器或被设置触发器的元素都要设置动画效果。

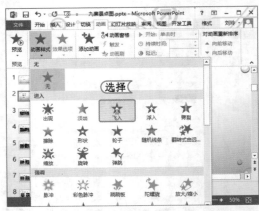

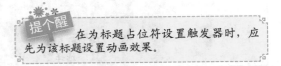

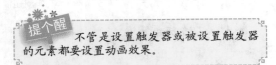

**STEP 03：** 设置触发器

1. 选择副标题占位符，选择【动画】/【高级动画】组，单击"触发"按钮。
2. 在弹出的下拉列表中选择【单击】/【标题1】命令，此时副标题占位符文本前则会出现符号。

**STEP 04:** 设置动画次序

1. 选择副标题占位符，选择【动画】/【计时】组，单击"开始"下拉列表框之后的下拉按钮 ·。

2. 在弹出的下拉列表中选择"上一动画之后"选项，即可在播放幻灯片时单击了标题中的内容时，依次出现副标题中的内容。

**提个醒** 在播放幻灯片时，只有单击了标题的内容后才出现副标题中的内容，如果单击标题以外的其他位置，则会进入下一张幻灯片。

**经验一箩筐——删除触发器**

如果想删除触发器，则可选择【动画】/【高级动画】组，单击"动画窗格"按钮 ，打开"动画窗格"面板，在该面板中选择需要删除的触发内容，单击鼠标右键，在弹出的快捷菜单中选择"删除"命令。

**上机 1 小时** 制作"企业文化"演示文稿

🔍 进一步掌握超级链接的使用。

🔍 进一步熟悉动作按钮的操作方法。

本例将在"企业文化 .pptx"演示文稿中，为幻灯片中主要讲解的内容添加超级链接并在相应的幻灯片中添加动作按钮，方便在播放幻灯片时切换幻灯片。其最终效果如下图所示。

62
Hours

52
Hours

42
Hours

32
Hours

22
Hours

12
Hours

| 光盘 | 素材 \ 第 9 章 \ 企业文化 .pptx |
| 文件 | 效果 \ 第 9 章 \ 企业文化 .pptx |
| | 实例演示 \ 第 9 章 \ 制作 "企业文化" 演示文稿 |

**STEP 01:** 打开 "插入超链接" 对话框

1. 打开 "企业文化 .pptx" 演示文稿,选择第 2 张幻灯片。
2. 选择形状中的 "员工" 文本。
3. 选择【插入】/【链接】组,单击 "超链接" 按钮,打开 "插入超链接" 对话框。

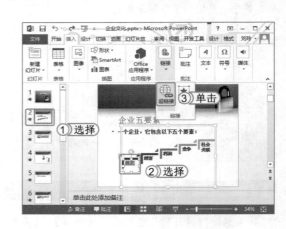

**STEP 02:** 设置链接

1. 在打开的对话框中选择 "本文档中的位置" 选项卡。
2. 在 "请选择文档中的位置" 列表框中选择 "8.员工" 选项。
3. 单击 屏幕提示(P)... 按钮,打开 "设置超链接屏幕显示" 对话框。
4. 在文本框中输入 "员工与企业的关系",便可在放映幻灯片时鼠标指向 "员工" 文本时出现上述文本。
5. 依次单击 确定 按钮,完成文本中的超级链接设置。

提个醒　在幻灯片中,超级链接的对象并非只能是当前文档中的内容,也可以是文件、网页或其他位置的文档,它们都可以通过该方法进行链接。

**STEP 03:** 设置其他文本超级链接

使用相同的方法,为该张幻灯片中的其他文本添加超级链接,返回幻灯片中查看添加超级链接后的效果。

提个醒　选择需要添加的超级链接的文本,单击鼠标右键,在弹出的快捷菜单中选择 "超链接" 命令,也可打开 "插入超链接" 对话框进行设置。

**STEP 04：** 选择动作按钮形状

1. 选择第 8 张幻灯片。

2. 选择【插入】/【插图】组，单击"形状"按钮。

3. 在弹出的下拉列表中选择"动作按钮：上一张"选项。

提个醒 所选择的动作按钮，在设置后可改变动作按钮的默认功能。

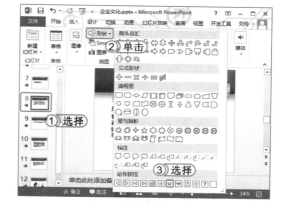

**STEP 05：** 选择"幻灯片"选项

1. 在幻灯片中绘制动作按钮，释放鼠标后自动打开"操作设置"对话框。

2. 选择"单击鼠标"选项卡，选中 ⊙ **超链接到(H)：** 单选按钮，单击下方的下拉按钮 。

3. 在弹出的下拉列表中选择"幻灯片"选项，打开"超链接到幻灯片"对话框。

**STEP 06：** 设置链接的幻灯片

1. 在打开对话框的"幻灯片标题"列表框中选择"2.企业五要素"选项。

2. 依次单击 确定 按钮，返回到幻灯片中查看效果。

提个醒 要想知道设置后动作按钮的具体功能可在放映幻灯片时，单击动作按钮进行查看。

**▌经验一箩筐——"操作设置"对话框**

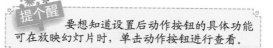

在"操作设置"对话框中，选中 ⊙ **超链接到(H)：** 单选按钮，单击下方的下拉按钮 ，在弹出的下拉列表中也可设置单击鼠标时链接到其他位置的幻灯片或文档。

62
Hours

52
Hours

42
Hours

32
Hours

22
Hours

12
Hours

**STEP 07：** 复制动作按钮

选择设置后的动作按钮，按 **Ctrl+C** 组合键进行
复制，分别在第 9 ~ 12 张幻灯片中按 **Ctrl+V** 组
合键，将设置后的动作按钮复制到 9 ~ 12 张幻
灯片中。在最后一张幻灯片中将动作按钮移到幻
灯片左下侧。

## 9.2　动画及路径应用

　　在演示文稿中，添加一些动画或自定义动画路径，能为演示文稿带来一些不错的效果，让
整个演示文稿更具活泼性和可观赏性。下面将对幻灯片的播放方式、幻灯片对象的动画效果以
及路径的应用进行讲解。

### 学习 1 小时

- 掌握切换幻灯片效果的方法。
- 熟悉为幻灯片对象添加动画和效果的方法。
- 了解路径动画的使用方法。

### 9.2.1　幻灯片的切换效果

　　制作完整个演示文稿后，可对每张幻灯片合理地设置切换动画效果，当播放演示文稿时，
则会给观众带来视觉上的冲击，吸引观众的注意力，从而达到演讲者解说幻灯片内容的目的。
下面将介绍创建及设置切换动画的操作方法。

#### 1. 创建幻灯片的切换效果

　　创建幻灯片切换动画效果的方法其实很简单，只需选择需要设置切换效果的幻灯片，选择
【切换】/【切换到此幻灯片】组，单击"其他"按钮▼，在弹出的下拉列表中选择切换的效果即可。

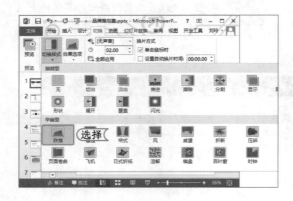

> **经验一箩筐——预览切换动画效果**
>
> 　　设置好切换效果后，如果想查看其切换效
> 果，除了可在放映幻灯片时看到，也可直
> 接选择【切换】/【预览】组，单击"预览"
> 按钮，预览切换效果。

**2. 设置切换效果**

对幻灯片创建了切换效果后，还可根据演示文稿的实际情况，对幻灯片的切换动画进行相应的设置，如切换声音、时间以及换片方式等。下面将分别介绍各种切换动画的相关设置。

🔑 **切换声音：** 切换声音是指播放幻灯片切换效果时所发出的声音，如鼓掌、风铃和打印机等声音，其设置方法为：选择【切换】/【计时】组，单击"声音"按钮🔊右侧下拉列表的下拉按钮▾，在弹出的下拉列表中选择需要的声音，即可在放映时听到切换动画的播放声音。

🔑 **持续时间：** 持续时间是指播放幻灯片时切换效果的播放时间，通常情况下幻灯片的切换效果的播放时间都是默认的，用户可根据实际情况对时间进行调整。其设置方法为：选择【切换】/【计时】组，在"持续时间"数值框中输入时间即可。

🔑 **切换方式：** 切换声音是指播放幻灯片时，是单击鼠标后切换还是设置自动换片的时间，如果在"计时"组中选中☑单击鼠标时复选框，在播放幻灯片时，需通过单击鼠标或按 Enter 键后才能切换到下一动画的幻灯片；如果选中☑设置自动换片时间复选框，在该复选框后输入了切换时间，则会在设置的时间间隔后，自动切换幻灯片的显示。

## 9.2.2 幻灯片对象的动画应用

在 PowerPoint 2013 中，除了可为每张幻灯片设置切换效果外，还可为幻灯片中的各对象添加动画效果，在添加动画效果时用户可以选择为同一个对象添加一个或多个动画效果。下面将对动画的添加及设置方法进行介绍。

### 1. 添加单一动画效果

在 PowerPoint 2013 中为幻灯片中的对象添加动画的效果其实很简单，方法为：选择幻灯片中需要添加动画效果的对象，选择【动画】/【动画】组，单击"其他"按钮▾，在弹出的下拉列表中选择对象进入幻灯片或退出幻灯片时的动画即可。

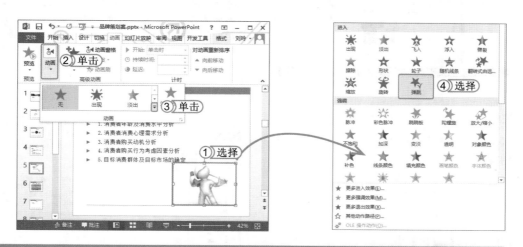

▌**经验一箩筐——对象动画的类型**

在"动画"组中，系统自带了多种动画效果，如进入、强调、退出以及路径动画效果，如果在弹出的下拉列表中没有所需要的动画效果，还可以选择列表框下方的选项，打开不同的对话框，选择动画效果。

281

72☒
**Hours**

62
Hours

52
Hours

42
Hours

32
Hours

22
Hours

12
Hours

### 2. 为同一个对象添加多个动画效果

在幻灯片中，有时会为同一个对象添加多个动画效果，如在同一张图片中设置进入和退出动画效果。

下面将在"护肤产品 .pptx"演示文稿中为第 2 张幻灯片中的图片设置进入和退出的动画效果。其具体操作如下：

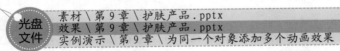

光盘
文件
素材 \ 第 9 章 \ 护肤产品 .pptx
效果 \ 第 9 章 \ 护肤产品 .pptx
实例演示 \ 第 9 章 \ 为同一个对象添加多个动画效果

**STEP 01:** 添加第一个动画

1. 打开"护肤产品 .pptx"演示文稿，选择第 2 张幻灯片中的"精华霜"图片。
2. 选择【动画】/【高级动画】组，单击"添加动画"按钮 ★。
3. 在弹出下拉列表的"进入"栏中选择"淡出"选项。

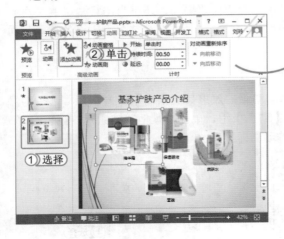

提个醒　　在为对象添加第一个动画效果时，可使用添加单个动画的方法进行添加，但是在添加第二个或更多动画时，则必须单击"添加动画"按钮 ★，在弹出的下拉列表中选择动画，否则添加的最后一次动画效果会覆盖前一个动画效果，最终在该对象上只存在一个动画效果。

**STEP 02:** 添加第二个动画

1. 选择相同的图片，再次单击"添加动画"按钮 ★。
2. 在弹出下拉列表的"退出"栏中选择"飞出"选项，完成第二个动画的设置。
3. 完成设置后，该图片上将出现数字序列 1，2。

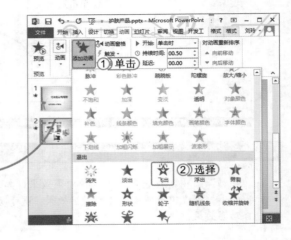

**STEP 03:** 设置其他图片的动画效果

使用相同的方法设置其他图片的动画效果，并将所有的图片移到相同的位置。

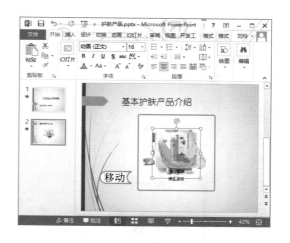

提个醒

在"高级动画"组中，可单击"动画刷"按钮，再选择其他图片，快速将单击的图片设置为相同的动画效果。

▌经验一箩筐——在同一位置设置多个动画效果

为幻灯片中的对象设置动画时，不仅可以设置单个动画效果，还可在幻灯片中的同一位置设置多个动画效果，这样可将原本要用多张幻灯片显示的内容，在一张幻灯片中进行显示。

### 3. 设置动画效果

在设置完幻灯片对象的动画效果后，如果不对其动画进行相应的设置，该动画效果只能满足用户最基本的要求，如果要让整个演示文稿在设置了动画效果后，能在放映时达到流畅或理想的动画效果，还需要对其动画进行设置，可通过"计时"组和"动画窗格"两种方法进行设置，下面将分别进行介绍。

### （1）通过"计时"组设置动画效果

通过"计时"组可设置动画效果的播放顺序，以及播放动画效果的方式，下面将分别进行介绍。

🔑 播放顺序：在幻灯片中设置了多个动画效果后，可调整插入动画的顺序，让其更加合理。
其设置方法为：选择需要调整播放动画顺序的对象，选择【动画】/【计时】组，单击"向前移动"按钮▲或"向后移动"按钮▼，即可将选择对象的动画播放顺序进行调整。

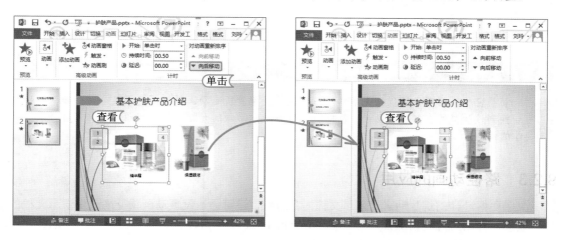

62
Hours
▲

52
Hours
▲

42
Hours
▲

32
Hours
▲

22
Hours
▲

12
Hours
▲

🔑 播放动画的方式：为幻灯片中的对象设置了动画效果后，在放映幻灯片时，默认情况下是单击鼠标后才开始放映，但用户可通过在"计时"组中，单击"开始"按钮 ▶ 右侧下拉列表框中的下拉按钮 ▼，在弹出的下拉列表中可选择"与上一动画同时"或"上一动画之后"选项改变动画开始的方式。

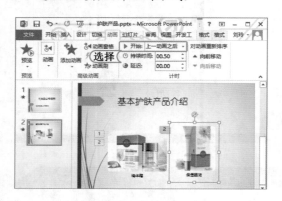

> **经验一箩筐——设置动画时间**
>
> 在 PowerPoint 2013 中，在"持续时间"和"延迟"数值框中输入时间，其中持续时间是指动画效果播放的时间；而延迟时间则是指隔多少秒后进行下一个动画效果的播放。

**（2）使用"动画窗格"面板设置动画效果**

在"动画窗格"面板中可完成"时间"组中的所有功能，并且在设置动画效果时更加灵活，设置的功能也更多。其方法为：选择设置动画效果的幻灯片或幻灯片对象，选择【动画】/【高级动画】组，单击"动画窗格"按钮 🔛，便可在当前幻灯片中打开"动画窗格"面板，在该面板中便可查看到所有设置的动画效果列表，选择各个动画选项，单击鼠标右键，在弹出的快捷菜单中选择不同的选项进行动画设置，如选择"计时"选项，则会打开一个动画效果对话框，在该对话框中可对动画效果和播放方式等进行设置。

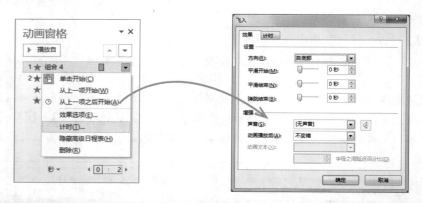

> **经验一箩筐——"动画窗格"面板的作用**
>
> 在"动画窗格"面板中可以按先后顺序依次查看设置的所有动画效果，选择某个动画效果选项可切换到该动画所在对象。动画右侧的黄色色条表示动画的开始时间和长短，指向它时将显示具体的设置。

## 9.2.3 路径动画的应用

为了更好地让幻灯片动画为演示文稿内容服务，还可通过设置动画路径来改变演示文稿的动画效果，让幻灯片显得更加新颖。在 PowerPoint 2013 中可以设置系统自带的路径动画，也可以自定义动画路径。下面将分别对其操作方法进行介绍。

### 1. 设置系统自带的动画路径

动画路径也是动画效果中的一种，其设置方法是：选择需要设置路径动画的对象，选择【动画】/【动画】组，单击"其他"按钮，在弹出的下拉列表中选择"其他动作路径"选项，打开"添加动作路径"对话框，在该对话框中选择需要的动画路径，单击 确定 按钮，完成设置系统自带的动画路径效果。

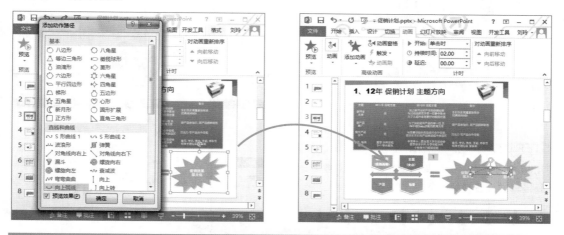

▌经验一箩筐——预览效果

如果在"添加动作路径"对话框中，取消选中 ☐ 预览效果(P) 复选框，在没有放映该幻灯片时，则不能看到所选择动作路径的运动轨迹，默认情况该复选框是处于选中状态。

### 2. 创建自定义路径动画

在制作课件、卡片和庆典等活动片头时，往往需根据要表现的内容制作一些动画特效，如树叶飘落、气球升空和下雪等，这些动画主要运用自定义路径动画来制作，制作时还需要进行动画的组合。

下面将在"放飞气球.pptx"演示文稿中，使用自定义路径的方法将幻灯片中的所有气球放飞。其具体操作如下：

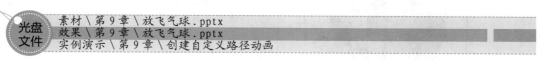

光盘文件
素材 \ 第9章 \ 放飞气球.pptx
效果 \ 第9章 \ 放飞气球.pptx
实例演示 \ 第9章 \ 创建自定义路径动画

**STEP 01：** 选择"自定义路径"选项

1. 打开"放飞气球.pptx"演示文稿，选择黄色气球。
2. 选择【动画】/【动画】组，单击"其他"按钮。
3. 在弹出下拉列表的"动作路径"栏中选择"自定义路径"选项。

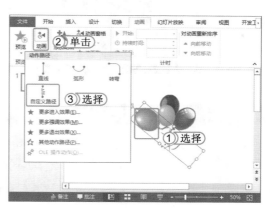

62
Hours
▲

52
Hours
▲

42
Hours
▲

32
Hours
▲

22
Hours
▲

12
Hours

### STEP 02: 设置持续时间

1. 当鼠标光标变为十形状时，在幻灯片中绘制
气球运动的轨迹，绘制完后，单击鼠标左键，
结束路径绘制。

2. 选择【动画】/【计时】组，在"持续时间"
数值框中输入"08.00"。

> **提个醒** 设置持续时间为了是控制动画移动
> 的速度，默认的动画移动速度比较快。

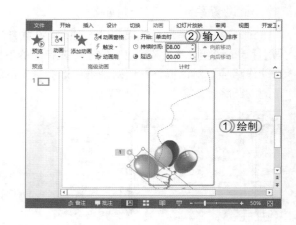

### STEP 03: 绘制动画路径

使用相同的方法，选择其他颜色的气球，绘制动
画路径，并设置持续时间为"08.00"。

读书笔记

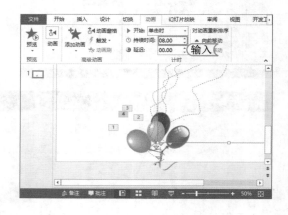

### STEP 04: 调整位置及动画路径

选择所有气球，按 Ctrl+C 组合键后，连续按两次
Ctrl+V 组合键，将气球进行复制。调整气球的位置，
并选择各路径位置进行调整。

> **提个醒** 在复制后的路径中可选择单独的一
> 个路径，进行拖动并调整其动画运行的轨迹。

---

### ▌经验一箩筐——调整图片位置

在对气球图片进行复制后，其图片不容易被选中，此时可将图片一张张地移开，再调整位置，
如果气球的线在上面，可选择该图片，单击鼠标右键，在弹出的快捷菜单中选择"置于底层"
命令即可。

**STEP 05：** 设置动画播放顺序

1. 选择【动画】/【高级动画】组，单击"动画窗格"按钮 📷，打开"动画窗格"面板。
2. 选择所有的动画选项。
3. 在"计时"组中，单击"开始"按钮 ▶ 右侧的下拉按钮 ▼，在弹出的下拉列表中选择"与上一动画同时"选项。

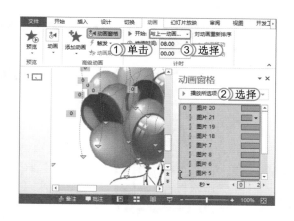

**STEP 06：** 调整延迟时间

在"动画窗格"面板中选择动画选项的调色块，改变动画移动的延迟时间。

> **提个醒** 拖动调色块不仅可以改变动画的延迟时间，还可调整动画的持续时间，并且方便快捷。

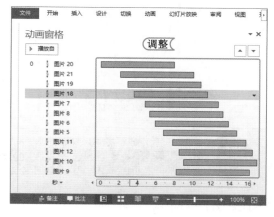

**STEP 07：** 查看效果

返回到幻灯片中，选择【动画】/【预览】组，单击"预览"按钮 ★，预览设置后的效果。

> **提个醒** 在自定义动画路径时，最主要的就是绘制路径后，设置动画播放的持续时间和延迟时间。

**上机 1 小时 ▶ 制作"卷轴与写字动画"演示文稿**

🔍 进一步掌握设置动画效果的方法。　　🔍 进一步掌握自义路径动画的设置方法。
🔍 进一步熟悉"动画窗格"面板的使用。

287

72⊠
Hours

62
Hours

52
Hours

42
Hours

32
Hours

22
Hours

12
Hours

在制作"卷轴与写字动画.pptx"演示文稿时，首先要出现卷轴动画效果，然后出现笔写字的动画效果。其最终效果如下图所示。

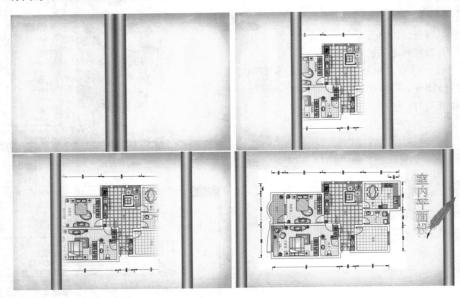

光盘
文件
素材\第9章\卷轴与写字动画.pptx
效果\第9章\卷轴与写字动画.pptx
实例演示\第9章\制作"卷轴与写字动画"演示文稿

### STEP 01： 为图片设置动画

1. 打开"卷轴与写字动画.pptx"演示文稿，选择展示的图片。
2. 选择【动画】/【动画】组，单击"其他"按钮 ，在弹出下拉列表的"进入"栏中选择"劈裂"选项。

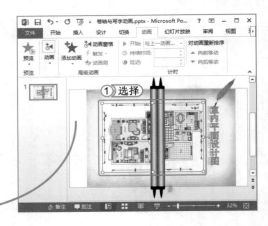

### STEP 02： 打开"劈裂"对话框

1. 选择【动画】/【高级动画】组，单击"动画窗格"按钮 ，打开"动画窗格"面板。
2. 在"动画窗格"面板中选择动画效果，单击鼠标右键，在弹出的快捷菜单中选择"效果选项"命令，打开"劈裂"对话框。

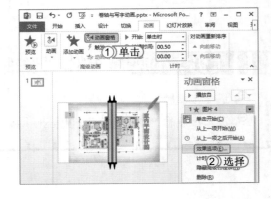

## STEP 03: 设置动画出现的方向

1. 在打开对话框的"方向"下拉列表框中选择"中央向左右展开"选项。
2. 单击 确定 按钮，完成动画效果的出现方向位置的设置。

## STEP 04: 设置持续时间

选择【动画】/【计时】组，在"持续时间"数值框中输入"09.00"。

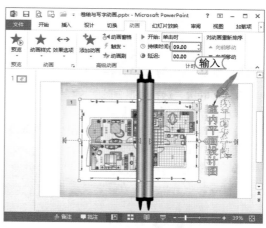

## STEP 05: 打开"添加动作路径"对话框

1. 选择画轴图片，选择【动画】/【高级动画】组，单击"添加动画"按钮 ★。
2. 在弹出的下拉列表中选择"其他动作路径"选项，打开"添加动作路径"对话框。

提个醒　　默认的动作路径如果没有达到想要的路径长度，可以选择动作路径，将其拖动到适合的路径长度。

## STEP 06: 设置画轴路径

1. 在打开的对话框的"直线和曲线"栏中选择"向左"选项。
2. 单击 确定 按钮，完成画轴的动作路径。

提个醒　　在制作路径时，用户可在"添加动作路径"对话框中选择其他适合项目实际需求的动作路径。

62
Hours

52
Hours

42
Hours

32
Hours

22
Hours

12
Hours

## STEP 07： 设置另一根画轴路径

1. 选择另一根画轴，打开"添加动作路径"对话框。
2. 在打开对话框的"直线和曲线"栏中选择"向右"选项。
3. 单击 确定 按钮，完成画轴的动作路径。

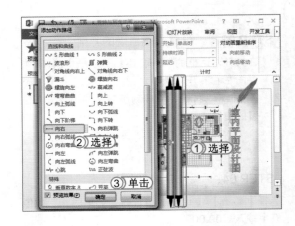

## STEP 08： 设置画轴开始及持续时间

1. 按住 Ctrl 键，选择两根画轴图片。
2. 选择【动画】/【计时】组，单击"开始"按钮▶右侧的下拉按钮▼，在弹出的下拉列表中选择"与上一动画同时"选项。
3. 在"持续时间"数值框中输入"09.00"。

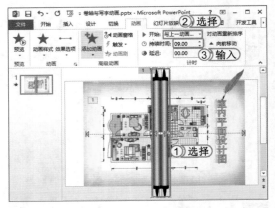

## STEP 09： 设置羽毛动画

选择羽毛图片，为羽毛添加"飞入"进入动画，并将其"开始"设置为"上一动画之后"，其他保持默认设置。

> 提个醒
>
> 将羽毛设置为上一动画之后，是为了让平面图展示完成之后，再使用羽毛添加写字效果，让动画有先后顺序之分，让人感觉到真实。

## STEP 10： 设置羽毛自定义路径

1. 选择羽毛图片，选择【动画】/【高级动画】组，单击"添加动画"按钮★。
2. 在弹出的下拉列表中选择"自定义路径"选项。
3. 当鼠标光标变为╋形状时，绘制"室内平面设计图"的动作路径。
4. 将"开始"设置为"上一动画之后"，并将持续时间设置为"10.00"。

**STEP 11：** 设置文字的动画

1. 为"室内平面设计图"文字设置"擦除"效果，将"开始"设置为"上一动画之后"，其持续时间为"11.00"。

2. 选择【动画】/【动画】组，单击"效果选项"按钮↓。

3. 在弹出的下拉列表中选择"自顶部"选项，完成整个例子的所有设置。

> **提个醒** 单击"效果选项"按钮↓，在弹出的下拉列表中选择的选项，可设置动画出现的开始位置。

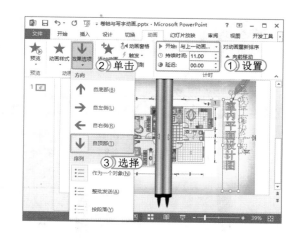

## 9.3 练习2小时

本章主要介绍了 PowerPoint 2013 中的交互及动画效果的各种知识，包括超级链接的应用、动作按钮的使用、触发器的使用、幻灯片的切换、为对象添加动画并设置动画以及自定义路径动画等知识，为了达到巩固所学知识的目的，这里以制作"年度会议.pptx"演示文稿和"商品介绍.pptx"演示文稿为例，进行巩固练习。

### 1. 练习1小时：制作"年度会议"演示文稿

本例将在"年度会议.pptx"演示文稿中，为第2张幻灯片中的文本添加超级链接，在4~6张幻灯片中绘制动作按钮，并返回到第2张幻灯片中，最后为每张幻灯片设置切换效果，以及为幻灯片对象设置动画效果，并将每个动画设置为"上一动画之后"，为每张幻灯片的切换设置时间，部分幻灯片的动画效果如下图所示。

291

72⊠
Hours

62
Hours

52
Hours

42
Hours

32
Hours

22
Hours

12
Hours

### 2. 练习 1 小时：制作 "商品介绍" 演示文稿

　　本例将在 "商品介绍 .pptx" 演示文稿中，为第 1 张和第 2 张幻灯片设置切换动画效果，为第 4 张幻灯片中的图片绘制自定义路径，为每个幻灯片对象设置动画效果，并设置开始时间为上一动画之后，效果如下图所示。

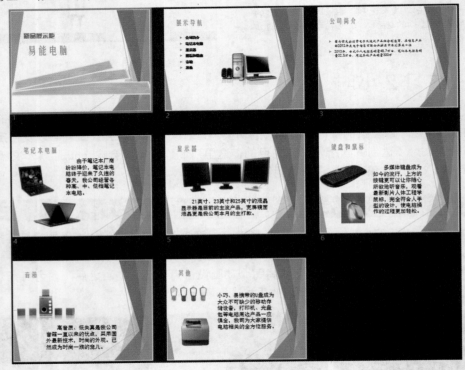

读书笔记

72 HOURS

第10章

# 放映幻灯片及其他操作

学习 2 小时
- 放映并设置幻灯片
- 打包演示文稿及其他应用

在制作好演示文稿后，一般就需要进行后续的预览和输出操作。如放映和设置幻灯片，以及打包演示文稿及其他相应的操作。

上机 3 小时

# 10.1　放映并设置幻灯片

幻灯片编辑制作完成后，便可对其进行放映。为了保证放映质量，用户可根据需求对放映方式、排练各幻灯片的放映时间和放映方案等进行设置。

　掌握幻灯片放映的类型。　　　　　　　　掌握切换放映幻灯片的方法。
　掌握计算幻灯片放映时间的方法。　　　　掌握在放映的幻灯片上勾画重点的方法。
　了解幻灯片的放映方案。

## 10.1.1　设置放映类型

为了满足在不同场地不同场合，对幻灯片放映的需求，用户可对放映幻灯片的类型进行设置。一般情况下系统默认的幻灯片放映类型为全屏模式，若需要在展台或是浏览者自行查看时，则可选择【幻灯片放映】/【设置】组，单击"设置幻灯片放映"按钮，打开"设置放映方式"对话框，在"放映类型"栏中选择需要的放映方式，单击　确定　按钮完成放映类型的设置。

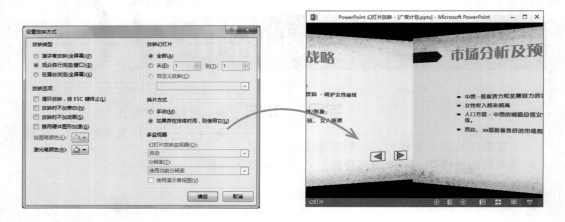

幻灯片的放映方式有 3 种，下面将分别介绍其特点和作用。

　演讲者放映方式：该方式为默认方式，选中 ⊙ 演讲者放映(全屏幕)(P) 单选按钮，在放映幻灯片时将以全屏的方式放映演示文稿。在演示文稿的放映过程中，演讲者具有完整的控制权，可以根据设置采用人工或自动方式放映，也可以暂停演示文稿的放映，还可以在放映过程中录下旁白。

　观众自行浏览方式：选中 ⊙ 观众自行浏览(窗口)(B) 单选按钮，在放映幻灯片时将在标准窗口中显示演示文稿的放映情况。在其放映过程中，可以通过拖动滚动条、按 PageDown 键或 PageUp 键浏览放映的幻灯片。

　在展台浏览放映方式：选中 ⊙ 在展台浏览(全屏幕)(K) 单选按钮，将自动运行全屏幻灯片放映。在放映过程中，除了保留鼠标光标用于选择屏幕对象进行放映外，其他的功能全部失效，终止放映可按 Esc 键，其放映效果与演讲者放映效果基本相同。

■ 经验一箩筐——选择放映的页面范围

在"放映幻灯片"栏中选中 ⊙ 从(F): 单选按钮后，便可在该单选按钮后的数值框中输入放映幻灯片的页数，在放映时，则会根据输入的页数范围进行放映。

## 10.1.2 使用排练计时放映幻灯片

在放映演示文稿时，用户可对其进行"排练计时"设置，通过计时，用户就可以把握整个演示文稿和放映每张幻灯片所需的时间，从而方便在放映时控制幻灯片的放映时长。

下面将在"食品宣传画册.pptx"演示文稿中对幻灯片进行排练计时设置。其具体操作如下：

| 光盘文件 | 素材 \ 第 10 章 \ 食品宣传画册.pptx |
| | 效果 \ 第 10 章 \ 食品宣传画册.pptx |
| | 实例演示 \ 第 10 章 \ 使用排练计时放映幻灯片 |

**STEP 01：** 计时播放幻灯片的时间

打开"食品宣传画册.pptx"演示文稿，选择【幻灯片放映】/【设置】组，单击"排练计时"按钮📇。进入排练计时状态，并在放映幻灯片的左上角出现"录制"对话框，进行计时。

✿ 提个醒 　在幻灯片左上角出现的"录制"对话框是可以随意拖动，改变位置的。

**STEP 02：** 进入下一张幻灯片的计时排练

1. 当计时时间为"0:00:10"时，在"录制"对话框上单击"下一项"按钮➡，进入下一个动画的计时排练。
2. 在当前幻灯片的计时为"0:00:04"时，单击"下一项"按钮➡。

✿ 提个醒 　在计时幻灯片放映的时长时，可在"录制"对话框中单击"暂停"按钮⏸，暂停放映计时，如果进行一下张幻灯片计时排练时，其时间则会归零，开始录制当前幻灯片的排练时间，累计的时间则会在文本框后显示。

**STEP 03：** 查看计时结果

1. 重复相同步骤进行计时排练其他幻灯片，放映结束后，在弹出对话框中单击 是(Y) 按钮。
2. 选择【视图】/【演示文稿视图】组，单击"幻灯片放映"按钮，即可在幻灯片下查看到幻灯片放映的计时时间。

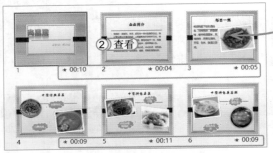

> **提个醒** 每张幻灯片的计时时间之和，则会作为整个演示文稿的总放映时长，并且在自动放映幻灯片时，每张幻灯片的计时，也会作为放映下一张幻灯片的间隔时间。

**▌经验一箩筐——"录制"工具栏中各选项含义**

"录制"工具栏中从左到右各选项含义如下："下一项"按钮➡️，单击该按钮将放映下一个动画或下一张幻灯片；"暂停"按钮⏸️，用于暂停幻灯片的放映；"幻灯片放映时间"数值框，用于显示每张幻灯片的放映时间；"重复"按钮↩️，用于对当前的幻灯片从0秒开始重新计时；"演示文稿放映时间"数值框，用于显示放映所有幻灯片的总时间。

## 10.1.3 录制幻灯片

在演示一个完整的演示文稿时，可以不用演讲者亲自到场，就能将整个演示文稿的核心内容进行传达。这需要使用录制功能，在演示文稿放映前，对解说的内容进行录制，如旁白、计时以及媒体控件等，其方法为：打开需要录制的演示文稿，选择【幻灯片放映】/【设置】组，单击"录制幻灯片演示"按钮⏱️，在弹出的下拉列表中选择"从开始录制"选项，打开"录制幻灯片演示"对话框，保持默认设置，单击 开始录制(R) 按钮，进入录制幻灯片状态，对幻灯片进行录制操作。

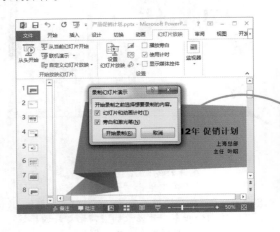

下面将分别介绍录制幻灯片时，录制旁白和勾画重点的具体操作方法。

🔑 **录制旁白**：进入录制演示文稿状态，并开始解说幻灯片时可开始录制，但必须保证电脑中安装声卡并插入了麦克风，录制完旁白后，结束幻灯片的放映时，便会在幻灯片的右下角出现声音图标。

🔑 **勾画重点**：进入录制演示文稿状态时，在放映的幻灯片中单击鼠标右键，在弹出的快捷菜单中选择【指针选项】/【笔】命令，便可在录制的幻灯片中勾画要解说的重点内容。

**▌经验一箩筐——设置放映效果**

完成幻灯片的录制操作后，可通过选择【幻灯片放映】/【设置】组，选中 ☑播放旁白、☑使用计时和 ☑显示媒体控件复选框对其录制的放映效果进行设置。

## 10.1.4 放映演示文稿

在对演示文稿按需求进行设置后，用户就可以开始对演示文稿进行放映操作了。但对演示文稿的制作者来说，只有完整地观看演示文稿后才能发现其中的缺点与不足，再对其进行编辑与完善。与此同时，通过观看幻灯片的总体效果，可以让观众更好地接受要表达的内容和理念。放映演示文稿通常分为一般放映和自定义放映两种，下面将分别进行介绍。

### 1. 一般的放映方法

按照设置的幻灯片效果进行有序的放映，被称为一般放映，也是最常用的放映方式。在PowerPoint 2013 中，这样的放映方法也有多种，下面将分别介绍：

🔑 选择【幻灯片放映】/【开始放映幻灯片】组，单击"从头开始"按钮🖥。

🔑 选择【幻灯片放映】/【开始放映幻灯片】组，单击"从当前幻灯片开始"按钮🖥。

🔑 在操作界面下方的视图栏中单击"幻灯片放映"按钮🖥。

**▌经验一箩筐——不同放映方法的区别**

上述讲解的演示文稿的放映方式是有部分区别的，其中在视图栏中单击"幻灯片放映"按钮🖥以及单击"从当前幻灯片开始"按钮🖥，将会在播放时从当前选中的幻灯片向后进行播放，而另外一种方法将会从头开始播放幻灯片。

62
Hours
▲

52
Hours
▲

42
Hours
▲

32
Hours
▲

22
Hours
▲

12
Hours
▲

### 2. 自定义放映

演示文稿的放映顺序或内容有时会根据放映的场合不同，而进行不同的设置。为了管理方便，用户可以制作一个包含所有内容的幻灯片，然后通过设置幻灯片的自定义放映方式，在放映演示文稿时只放映其中的一部分幻灯片或者改变幻灯片的放映顺序。

下面在"产品促销计划.pptx"演示文稿中，使用自定义的放映方案，将演示文稿中的第6和第7张幻灯片不进行放映，并将第4和第5张幻灯片的播放顺序进行调整。其具体操作如下：

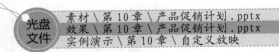

| 光盘文件 | 素材 \ 第 10 章 \ 产品促销计划.pptx |
| | 效果 \ 第 10 章 \ 产品促销计划.pptx |
| | 实例演示 \ 第 10 章 \ 自定义放映 |

**STEP 01:** 打开"自定义放映"对话框

1. 打开"产品促销计划.pptx"演示文稿，选择【幻灯片放映】/【开始放映幻灯片】组，单击"自定义幻灯片放映"按钮。
2. 在弹出的下拉列表中选择"自定义放映"选项，打开"自定义放映"对话框，单击 新建(N)... 按钮，打开"定义自定义放映"对话框。

**STEP 02:** 设置需要放映的幻灯片

1. 在打开对话框的"幻灯片放映名称"文本框中输入"产品促销方案"。
2. 在"在演示文稿中的幻灯片"列表框中，选中除了第6和第7张外的其他幻灯片。
3. 单击 添加(A) 按钮，将其添加到"在自定义放映中的幻灯片"列表框中，完成添加需要放映的幻灯片。

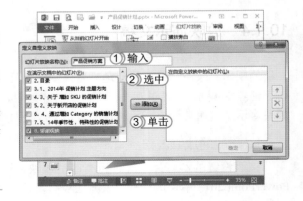

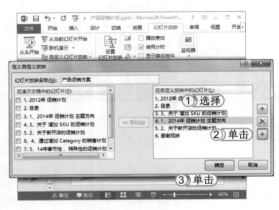

**STEP 03:** 调整放映幻灯片的顺序

1. 在"在自定义放映中的幻灯片"列表框中选择3张幻灯片。
2. 单击"向下"按钮，将其与第4张幻灯片的播放顺序进行了调整。
3. 单击 确定 按钮，完成幻灯片放映顺序的设置。

**STEP 04：** 放映演示文稿

1. 返回到"自定义放映"对话框中，单击 放映(S) 按钮。
2. 此时幻灯片则进入用户自定义设置的全屏放映演示文稿的状态。

> **提个醒** 对于自定义的放映方案，如果用户觉得不满足要求，还可在"自定义放映"对话框中选择需要放映的方案，单击 编辑(E)... 按钮进行编辑，也可在该对话框中进行放映方案的删除和复制等操作。

**经验一箩筐——查看自定义放映方案**

单击"自定义幻灯片放映"按钮 ，在弹出的下拉列表中便可查看到自定义的放映方案，如果用户选择该选项，则可使用选择的方案放映演示文稿。

## 10.1.5 控制幻灯片的切换

如果幻灯片没有设置为自动切换或没有进行排练计时，那么在放映演示文稿时就需要对其放映过程进行控制。如通过动作按钮或超链接控制幻灯片的切换效果，并快速对其进行定位等。下面将分别介绍切换幻灯片和快速定位幻灯片的方法。

### 1. 切换幻灯片

在放映幻灯片时，如果幻灯片没有设置为自动切换或没有进行排练计时，要进入到下一张或上一张幻灯片的放映，则需要进行手动放映。在 PowerPoint 2013 中可以通过快捷菜单和控制按钮来完成，下面将分别进行介绍。

🔑 使用快捷菜单切换：在幻灯片的放映屏幕上单击鼠标右键，在弹出的快捷菜单中选择"上一张"或"下一张"命令，即可切换到上一张或下一张幻灯片，或者是上一项或下一项动画。

62
Hours

52
Hours

42
Hours

32
Hours

22
Hours

12
Hours

🔑 使用控制按钮切换：在幻灯片的放映屏幕左下方的控制按钮中，单击◀或▶按钮，即可切换到上一张或下一张幻灯片（或动画）。

> ▎经验一箩筐——快速切换幻灯片
>
> 在播放幻灯片时，也可通过按 Enter 键或方向键切换上一张或下一张幻灯片的播放。

### 2. 快速定位到幻灯片

当演示文稿中幻灯片页数过多，需要清楚知道放映的幻灯片在哪一页时，用户就可以通过定位幻灯片的方法，快速地在演示文稿中寻找到需要放映的幻灯片。在 PowerPoint 2013 中同样可以通过快捷菜单和控制按钮来完成，下面将分别对其具体操作进行介绍。

🔑 通过快捷菜单定位：在幻灯片的放映屏幕上单击鼠标右键，在弹出的快捷菜单中选择"查看所有幻灯片"命令，则可将放映的所有幻灯片缩小在同一窗体中，此时用鼠标单击需要定位的幻灯片即可。

🔑 通过控制按钮定位：在幻灯片的放映屏幕左下方的控制按钮栏中，单击"查看所有幻灯片"按钮🔲，则可将放映的所有幻灯片缩小在同一窗体中，此时用鼠标单击需要定位的幻灯片即可。

## 10.1.6 结束放映演示文稿

在放映演示文稿时，有时会因为一些突发变故需要中途退出放映状态或马上结束放映。在 PowerPoint 2013 中，为用户提供的结束放映的方法有如下几种。

🔑 在放映完最后一张幻灯片后单击鼠标，整个屏幕呈黑屏显示并提示"放映结束，单击鼠标退出"时，单击鼠标结束放映。

🔑 在幻灯片的放映屏幕上单击鼠标右键，在弹出的快捷菜中选择"结束放映"命令。

🔑 在幻灯片的放映屏幕左下方的控制按钮栏中，单击"结束放映"按钮🔲，在弹出列表中选择"结束放映"选项，便可退出放映的演示文稿。

**上机 1 小时** ▶ 制作"水果与健康专题"演示文稿

🔍 进一步掌握自定义幻灯片放映的顺序。　🔍 进一步掌握在幻灯片中勾画重点的方法。

🔍 进一步熟悉排练计时操作。

下面将在"水果与健康专题.pptx"演示文稿中，将最后 3 张幻灯片的顺序进行调换播放，然后在排练计时的过程中使用笔勾画重点，让其突出显示。其最终效果如下图所示。

**光盘文件**
素材 \ 第 10 章 \ 水果与健康专题 .pptx
效果 \ 第 10 章 \ 水果与健康专题 .pptx
实例演示 \ 第 10 章 \ 制作 "水果与健康专题" 演示文稿

**STEP 01：** 新建自定义方案

1. 打开 "水果与健康专题 .pptx" 演示文稿，选择【幻灯片放映】/【开始放映幻灯片】组，单击 "自定义幻灯片放映" 按钮。

2. 在弹出的下拉列表中选择 "自定义放映" 选项，打开 "自定义放映" 对话框，单击 新建(N)... 按钮，打开 "定义自定义放映" 对话框。

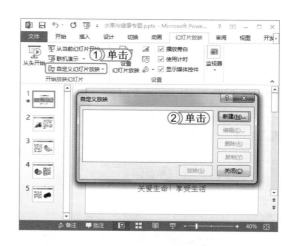

**提个醒**　　如果用户已经对打开的演示文稿定义过放映方案，则会在 "自定义放映" 对话框左侧列表框中显示所有的自定义放映方案。

### STEP 02： 添加播放的幻灯片

1. 在打开对话框的"幻灯片放映名称"文本框中输入"水果与健康专题"。
2. 在"在演示文稿中的幻灯片"列表框中选择所有的幻灯片。
3. 单击 添加(A) 按钮，将其添加到"在自定义放映中的幻灯片"列表框中。

### STEP 03： 调整幻灯片播放顺序

1. 在"在自定义放映中的幻灯片"列表框中选择第3张幻灯片，单击"向下"按钮。
2. 选择最后一张幻灯片，单击"向上"按钮调整幻灯片播放顺序。
3. 单击 确定 按钮，完成调整幻灯片播放顺序的操作。

**提个醒** 如果在添加幻灯片时，添加了不播放的幻灯片，此时可单击"删除"按钮，从"在自定义放映中的幻灯片"列表框中移除幻灯片。

### STEP 04： 查看自定义方案

返回到"自定义放映"对话框中便可查看到自定义的幻灯片放映方案，单击 关闭(C) 按钮，返回到幻灯片中。

读书笔记

### STEP 05： 进入排练计时状态

在幻灯片中选择【幻灯片放映】【设置】组，单击"排练计时"按钮，进入排练计时状态。

**STEP 06：** 进入下张幻灯片的排练计时

在放映状态中，单击鼠标左键，进入幻灯片动画放映，在"录制"对话框中单击"下一项"按钮 →，进入到下一张幻灯片的排练计时。

提个醒　在计时排练时，也可使用荧光笔等勾画幻灯片中所讲的重点内容。

关爱生命！享受生活

**STEP 07：** 勾画重点

1. 当计时排练进行到第3张幻灯片时，在幻灯片中单击鼠标右键，在弹出的快捷菜单中选择【指针选项】/【荧光笔】命令。
2. 当鼠标光标变为 形状时，即可在幻灯片中进行勾画重点。

吃香蕉防中风。香蕉中含有丰富的钾盐和能降血压的成分，每天吃2条香蕉②查看续一周，可使血压下降10%。美国一位医学教授研究发现，常吃香蕉，可使中风发病率减少40%。另外，吃香蕉还有润肠通便功效。

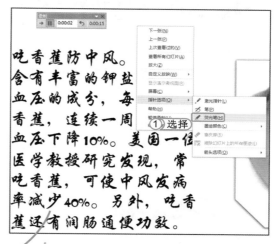

① 选择

吃香蕉防中风。含有丰富的钾盐血压的成分，每香蕉，连续一周血压下降10%。美国一位医学教授研究发现，常吃香蕉，可使中风发病率减少40%。另外，吃香蕉还有润肠通便功效。

提个醒　默认情况下，所选择的勾画重点笔的颜色是上一次设置后的颜色，用户可以根据实际情况对其颜色进行修改，在弹出的快捷菜单中选择"墨迹颜色"命令，在弹出的子菜单中选择需要设置的颜色命令即可。

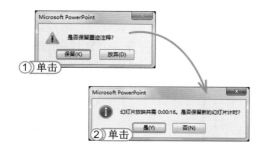

Microsoft PowerPoint
是否保留墨迹注释？
保留(K)　放弃(D)
① 单击

Microsoft PowerPoint
幻灯片放映共需 0:00:16。是否保留新的幻灯片计时？
是(Y)　否(N)
② 单击

**STEP 08：** 勾画其他幻灯片的重点

1. 使用相同的方法勾画其他幻灯片中的重点，在计时排练到最后一张幻灯片时，在"录制"对话框中单击"下一项"按钮 →，则会提示是否保留墨迹对话框，单击 保留(K) 按钮。
2. 弹出提示对话框，单击 是(Y) 按钮，完成计时排练的操作。

303

72区
Hours

62
Hours

52
Hours

42
Hours

32
Hours

22
Hours

12
Hours

**STEP 09：** 放映幻灯片

1. 选择【幻灯片放映】/【开始放映幻灯片】组，单击"自定义幻灯片放映"按钮。

2. 在弹出的下拉列表中选择"水果与健康专题"选项，开始放映幻灯片，便可查看效果。

②查看 吃草莓健脾生津。草莓气味芳芳，浆液丰富，富含维生素和矿物质，维C含量尤高。饭后食几颗草莓，有消化、开胃、健脾、生津的功效。近来医学发现，经常食用草莓对防治动脉硬化和冠心病也有益处。

# 10.2  打包演示文稿及其他应用

演示文稿最大的作用便是通过浏览传达信息，但并不是所有的电脑都安装了 PowerPoint 软件包，如果在没有安装 PowerPoint 的电脑上放映演示文稿，则不能正常播放，因此制作完演示文稿后，可将其进行打包操作，以避免不能正常播放演示文稿的问题，如果有需要还可将其进行打印。

▌▌▌ **学习 1 小时** ▶ - - - - - - - -

🔍 掌握打包演示文稿的方法。

🔍 熟悉将演示文稿创建为视频的方法。

🔍 了解演示文稿的打印方法。

## 10.2.1  打包演示文稿

对演示文稿进行打包后，可将制作的演示文稿及其链接的各种媒体文件一起存放在一个位置，便于携带以及可在不同电脑上进行播放。在 PowerPoint 2013 中为用户提供了两种打包演示文稿的方法，一种是将演示文稿打包成文件夹；另一种则是将演示文稿打包成 CD。下面分别介绍这两种打包演示文稿的方法。

### 1. 将演示文稿打包成文件夹

将演示文稿打包成文件夹后，该演示文稿将会以文件夹的形式存在，以文件夹的形式打包是将演示文稿中所使用到的媒体文件、链接和字体等对象打包在一个文件夹中，便于携带。打包后该文件夹中包括三个文件，分别是演示文稿中所使用到的所有图片、安装信息以及演示文稿。

下面将打开"水果与健康专题 1.pptx"演示文稿，将其打包成文件夹，并以"水果与健康"为文件夹名称。其具体操作如下：

**STEP 01:** 打开"打包成 CD"对话框

1. 打开"水果与健康专题 1.pptx"演示文稿，
   选择【文件】/【导出】命令，选择"将演示
   文稿打包成 CD"选项。
2. 单击"打包成 CD"按钮🔘，打开"打包成
   CD"对话框。

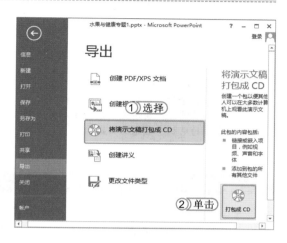

**STEP 02:** 打开"选择位置"对话框

1. 在打开的对话框中单击 复制到文件夹(F)... 按钮，打开
   "复制到文件夹"对话框。
2. 在打开对话框的"文件夹名称"文本框中输
   入"水果与健康"。
3. 单击 浏览(B)... 按钮，打开"选择位置"对话框。

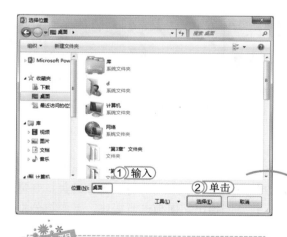

提个醒

如果在"复制到文件夹"对话框中
取消选中 ☐ 完成后打开文件夹(O) 复选框，则完成打包
操作后，不会打开打包后的文件夹。

**STEP 03:** 设置打包文件夹

1. 在打开对话框的"位置"文本框中输入打包
   后的文件夹的位置或直接选择文件位置。
2. 单击 选择(E) 按钮，返回到"复制到文件夹中"
   对话框。
3. 单击 确定 按钮，弹出是否要打包链接文件对
   话框，单击 是(Y) 按钮，在弹出的提示对话
   框中单击 继续(C) 按钮。

**STEP 04：** 查看打包效果

打开打包文件夹，便可在该文件夹中查看到打包文件内容。

> **提个醒**　在对演示文稿进行打包时，应该注意将文稿中包含的链接和嵌入的文字都选上，嵌入字体功能能保证演示文稿中的字体在其他无相同字体的电脑中也能正确显示。

▌ 经验一箩筐——加密打包的演示文稿

为了保护演示文稿内不能公开的信息，用户可以对打包的演示文稿进行加密，其方法是：在"打包成 CD"对话框中单击 选项(O)... 按钮。打开"选项"对话框，在"打开每个演示文稿时所用密码"文本框中输入密码，单击 确定 按钮，最后进行打包即可。

### 2. 将演示文稿打包成 CD

在 PowerPoint 2013 中，将演示文稿打包成 CD 与打包成文件夹的方法基本相同，都可通过打开"打包成 CD"对话框进行操作，然后在"将 CD 命名为"文本框中输入 CD 的名称，单击 复制到 CD(C) 按钮，在弹出的提示框中单击 是(Y) 按钮即可。

▌ 经验一箩筐——打包成 CD 的前提条件

在将演示文稿打包成 CD 时，需要在电脑中安装刻盘机，否则无法将演示文稿打包成 CD。

## 10.2.2　导出演示文稿

在 PowerPoint 中制作的演示文稿，可以通过各种方式导出成不同的文件，从而以不同格式打开演示文稿，如创建成视频文件、PDF/XPS 文档以及 Word 文档等文件，都要通过打开需要导出的演示文稿，选择【文件】/【导出】命令，打开"导出"面板进行操作，下面将分别介绍其创建方法。

🔑 创建视频文件：在 PowerPoint 2013 中可将演示文稿以视频文件的形式播放，即将演示文稿创建成视频文件。其方法为：在"导出"面板中选择"创建视频"选项，单击"创建视频"按钮🎞，打开"另存为"对话框，此时该对话框中的保存类型默认则为"MPEG-4 视频（*.mp4）"，选择保存视频文件的路径，并命名视频文件名，单击 保存(S) 按钮即可。

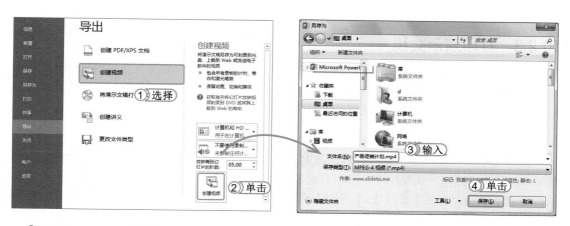

🔑 创建 PDF/XPS 文档：如果将演示文稿导出为 PDF 格式，则可使用 PDF 软件将其打开。其方法为：打开"导出"面板，选择"创建 PDF/XPS 文档"选项，单击"创建 PDF/XPS"按钮🔲。打开"发布 PDF 或 XPS"对话框，选择发布路径，其余保持默认设置，单击 发布(S) 按钮即可。

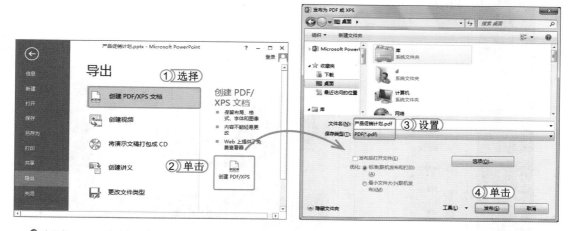

🔑 创建 Word 文档：打开"导出"面板，选择"创建讲义"命令，单击"创建讲义"按钮🔲，打开"发送到 Microsoft Word"对话框，在该对话框中选择需要设置的文档版式和添加方式，单击 确定 按钮，则会以 Word 文档格式打开。

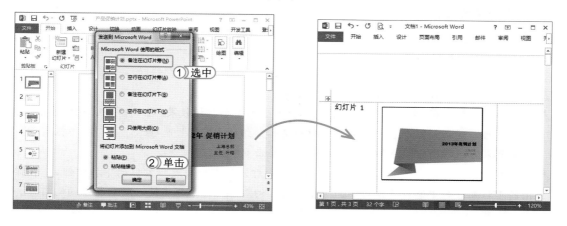

62
Hours

52
Hours

42
Hours

32
Hours

22
Hours

12
Hours

### 10.2.3　打印演示文稿

　　演示文稿不仅可用于播放演示，还可以将其打印在纸张上，方便手执演讲稿或分发给观众作为演讲提示稿等。但在打印之前还需要先预览打印效果，并对打印参数进行设置，下面将分别介绍其打印预览和打印参数设置的具体操作方法。

#### 1. 打印预览

　　演示文稿制作完成后，在实际打印之前，可使用 PowerPoint 的打印预览功能对需要打印的演示文稿进行预览，满足用户的打印需求后，便可将其打印出来。其预览方法为：打开需要预览的演示文稿，选择【文件】/【打印】命令，在打开的页面右侧可预览打印的效果，默认情况下显示第一张幻灯片的预览效果，如果要查看其他幻灯片的预览效果，可在预览效果左下侧，单击"下一页" ▶ 或"上一页"按钮 ◀，进行其他幻灯片的预览。

#### 2. 打印参数设置

　　通过打印预览查看并调整打印效果后，就可将所需打印的内容打印出来。但在打印演示文稿时可根据用户的具体需求，对打印参数进行设置，如选择打印机、纸张、打印内容，设置打印范围和份数等。其方法为：选择【文件】/【打印】命令，设置好参数后，单击"打印"按钮🖶即可。下面将分别介绍其设置参数的含义和方法。

🔑 **设置打印纸张质量**：打印纸张质量的好坏会影响到整个打印效果。在"打印机"栏中单击"打印机属性"超级链接，在打开的对话框中选择"纸张/质量"选项卡，在"打印机质量"下拉列表中选择所需设置的质量参数选项，单击 确定 按钮。

🔑 **设置打印范围**：在"设置"栏中单击"全部幻灯片"下拉列表框右侧的下拉按钮▾，在弹出的下拉列表框中选择所需打印的选项或在"幻灯片"文本框中输入所需打印的幻灯片。

幻灯片页面设置是指设置幻灯片大小、页面方向和起始幻灯片的编号。其方法是：在打开的演示文稿中选择【设计】/【页面设置】组，单击"页面设置"按钮▭ ，在打开的"页面设置"对话框中可设置纸张大小、幻灯片、备注、讲义和大纲的文字方向，以及要在幻灯片第 1 页或讲义上打印的编号。

**上机 1 小时 ▶ 打包并加密"管理方案"演示文稿**

🔍 进一步掌握打包演示文稿的方法。

🔍 进一步熟悉打印演示文稿的方法。

下面将"管理方案 .pptx"演示文稿打包成文件夹，并对其进行加密操作，最后将打包后的演示文稿打印出来。其打包效果如右图所示。

光盘文件　素材 \ 第 10 章 \ 管理方案 .pptx
　　　　　效果 \ 第 10 章 \ 管理方案 \
　　　　　实例演示 \ 第 10 章 \ 打包并加密"管理方案"演示文稿

**STEP 01：** 打开"打包成 CD"对话框

1. 打开"管理方案 .pptx"演示文稿，选择【文件】/【导出】命令，选择"将演示文稿打包成 CD"选项。

2. 单击"打包成 CD"按钮💿，打开"打包成 CD"对话框。

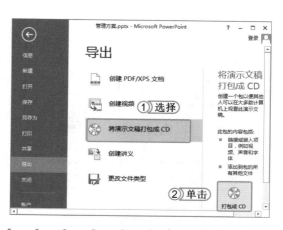

读书笔记

309

72 ▢
Hours

62
Hours

52
Hours

42
Hours

32
Hours

22
Hours

12
Hours

**STEP 02:** 输入密码

1. 在打开的对话框中单击 选项(O)... 按钮，打开"选项"对话框。
2. 在"打开每个演示文稿时所用密码"文本框中输入密码，如"123456"。
3. 在"修改每个演示文稿时所用密码"文本框中输入密码，如"123456"。
4. 单击 确定 按钮，打开"确认密码"对话框。

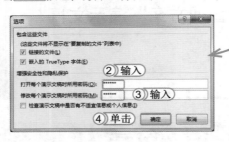

> **提个醒** 对演示文稿进行加密保护时，最好将密码设置得复杂一些，并且要牢记，否则将不能打开加密后的演示文稿。

**STEP 03:** 确认密码

1. 在打开的对话框中再次输入打开演示文稿权限的密码。
2. 单击 确定 按钮，在打开的对话框中再次输入修改演示文稿的密码。
3. 单击 确定 按钮，返回到"打包成 CD"对话框中。

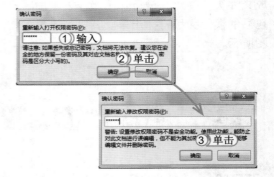

**STEP 04:** 打开"选择位置"对话框

1. 在"打包成 CD"对话框中单击 复制到文件夹(F)... 按钮，打开"复制到文件夹"对话框。
2. 在"文件夹名称"文本框中输入文本"管理方案"。
3. 单击 浏览(B)... 按钮，打开"选择位置"对话框。

**STEP 05:** 设置打包文件夹的位置

1. 在打开的对话框中，选择需要将演示文稿打包成文件夹后存放的位置。
2. 单击 选择(E) 按钮，返回到"复制到文件夹"对话框中。

**STEP 06：** 完成打包操作

1. 在打开的对话框中取消选中 □ 完成后打开文件夹(O) 复选框。
2. 单击 确定 按钮，在弹出的提示对话框中单击 是(Y) 按钮和 继续(C) 按钮。
3. 返回到"打包成 CD"对话框，单击 关闭(C) 按钮，完成打包操作。

> **提个醒** 在"打包成 CD"对话框中单击 添加(A)... 按钮，在打开的对话框中添加需要打包的演示文稿。可不用打开演示文稿就实现打包操作。同样也可单击 删除(R) 按钮，将不需要打包的演示文稿删除。

**STEP 07：** 打印演示文稿

1. 返回到幻灯片中，选择【文件】/【打印】命令，打开"打印"面板，在面板右侧则可看到第 1 张幻灯片的打印预览。
2. 在"打印机"下拉列表中选择连接到电脑的打印机。
3. 单击"打印"按钮🖨，完成整个例子的操作。

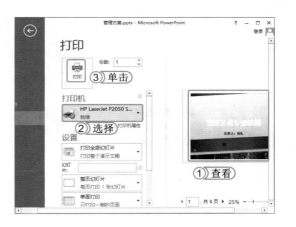

▌经验一箩筐——设置打印颜色

在打印时，用户可选择打印演示文稿的颜色，如果打印机是彩打，但想打印黑白，此时就可以在"颜色"下拉列表框中选择"纯黑白"选项。当然如果打印机没有彩色打印的效果，不管设不设置颜色，打印出来的演示文稿都会是黑白的。

# 10.3　练习 1 小时

　　本章主要讲解了 PowerPoint 2013 中放映演示文稿的相关设置、打包演示文稿以及演示文稿的打印等知识，为了能让用户能更好地理解和掌握所讲知识，这里将以制作"庆典策划"演示文稿为练习，以巩固所学知识。

62
Hours
▲

52
Hours
▲

42
Hours
▲

32
Hours
▲

22
Hours
▲

12
Hours

## 制作"庆典策划"演示文稿

本次练习将制作"庆典策划.pptx"演示文稿，对整个演示文稿进行计时排练放映，并将放映类型设置为"在展台浏览（全屏）"，并设置演示文稿能以视频的格式进行播放。其最终效果如下图所示。

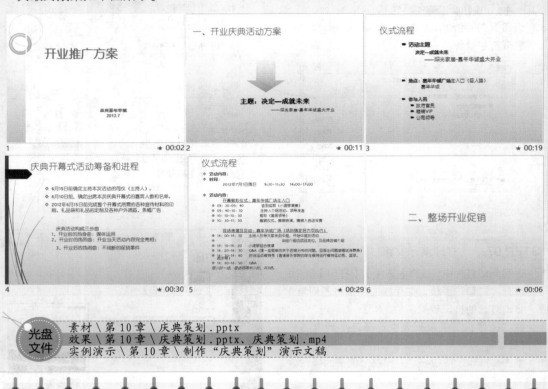

光盘
文件

素材 \ 第 10 章 \ 庆典策划.pptx
效果 \ 第 10 章 \ 庆典策划.pptx、庆典策划.mp4
实例演示 \ 第 10 章 \ 制作"庆典策划"演示文稿

*读书笔记*

72 HOURS

# 综合实例演练

# 第11章

上机 6 小时

● 制作招聘简章
● 制作员工能力考核表
● 制作"销售计划"演示文稿

通过对本书知识的学习，相信读者对 Office 2013 的三大组件有一定的了解。为了更加熟练地使用这三大组件来制作日常办公中需要的文档，还需要不断进行巩固练习，本章将通过制作 3 个实例来综合应用并巩固前面的知识。

# 11.1 上机1小时：制作招聘简章

招聘文档是为各企业招贤纳士的一种宣传单，它能非常有效地把企业中需要的人才写在招聘文档中，并将招聘文档打印出来，可在各个公共场合进行宣传，更好地在广大群众中找到企业需要的各种人才，也能有效地为需要找工作的人员提供一个平台。本例制作的招聘简章主要是对需要招贤纳士的公司所提供的。

## 11.1.1 实例目标

通过制作本次实例，全面巩固、复习 Word 2013 的各种操作方法，主要包括文本的输入及设置、图片的插入与编辑、文本框的使用、艺术字的使用以及保存等知识，其最终效果如下图所示。

## 11.1.2 制作思路

本文档的制作思路大致可以分为 4 个部分，第 1 部分是启动 Word 2013，设置页面背景及边框；第 2 部分是对图片、文本框进行插入和编辑；第 3 部分是对文本进行输入并设置；第 4 部分是对文档进行保存。

### 11.1.3 制作过程

下面详细讲解"招聘简章"文档的制作过程。

光盘
文件
素材 \ 第 11 章 \ 图片 \
效果 \ 第 11 章 \ 招聘简章 .docx
实例演示 \ 第 11 章 \ 制作招聘简章

#### 1. 设置背景及边框

在制作招聘简章文档前先启动 Word 2013，然后设置新建文档的背景及边框等内容。其具体操作如下：

**STEP 01：** 新建空白文档

在桌面上双击 Word 2013 快捷方式图标 ，启动 Word 2013，在启动的界面上选择"空白文档"选项，新建一个空白文档。

*读书笔记*

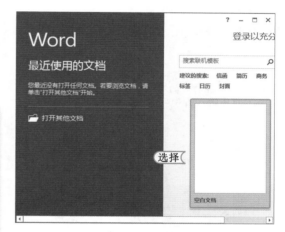

**STEP 02：** 打开"填充效果"对话框

1. 选择【设计】/【页面背景】组，单击"页面颜色"按钮 。
2. 在弹出的下拉列表中选择"填充效果"选项，打开"填充效果"对话框。

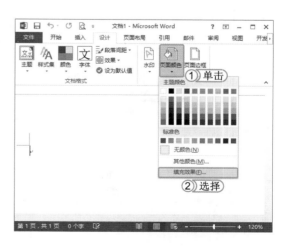

提个醒　用户也可以在弹出的下拉列表中选择主题颜色或标准色，对其背景进行填充，根据实际的需求进行制作。

**STEP 03：** 打开"插入图片"对话框

1. 在打开的对话框中选择"图片"选项卡。
2. 单击 选择图片(L)... 按钮，打开"插入图片"对话框。

**提个醒**

单击 选择图片(L)... 按钮后，如果连接了互联网，则会加载"选择图片"面板，如果没有连接互联网，则可在加载失败的面板中单击 脱机工作 按钮，打开"插入图片"对话框。

**STEP 04：** 选择插入的图片

1. 在打开的对话框中找到要插入的图片，并将其选中。
2. 单击 插入(S) ▾ 按钮，返回到"填充效果"对话框。

**提个醒**

在打开的对话框中，也可在"文件名"文本框中输入图片名称，直接将其选中。

**STEP 05：** 查看页面背景效果

1. 在"填充效果"对话框中便可看到插入图片的效果。
2. 单击 确定 按钮，完成背景图片的插入。
3. 返回到文档中便可查看插入的图片背景效果。

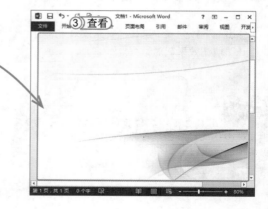

**STEP 06：** 设置页面边框

1. 选择【设计】/【页面背景】组，单击"页面边框"按钮 。
2. 在打开的对话框中，选择"页面边框"选项卡。
3. 在"设置"栏中选择"方框"选项。
4. 在"艺术型"下拉列表框中选择"气球"选项。
5. 单击 确定 按钮，完成页面边框设置。

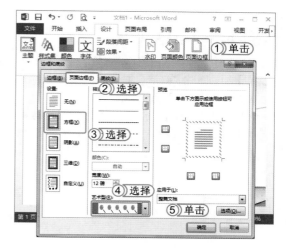

**STEP 07：** 查看页面边框效果

返回到文档中即可查看到设置后的边框效果。

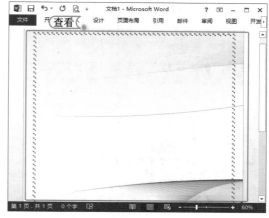

### 2. 插入并编辑图片

下面将在文档中插入需要的图片，并对其大小、位置、图片颜色和排列方式等进行设置。其具体操作如下：

> **提个醒** 插入的图片默认情况下是按图片原本的大小进行插入的，一般需要进行调整后才能满足用户需求。

**STEP 01：** 插入图片

1. 选择【插入】/【插图】组，单击"图片"按钮 。在打开的对话框中查找到需要插入的图片，并将其选中。这里选择"花.jpg"图片。
2. 单击 插入(S) 按钮，完成图片的插入。
3. 返回文档中，便可查看到插入的图片效果。

317

72
Hours

62
Hours

52
Hours

42
Hours

32
Hours

22
Hours

12
Hours

**STEP 02:** 去除图片背景

1. 在文档中选择插入的图片,选择【格式】/【调整】组,单击"颜色"按钮。在弹出的下拉列表中选择"设置透明色"选项。

2. 当鼠标光标变为形状时,在选择图片的背景上单击鼠标左键,便可将图片的背景设置为透明色。

**STEP 03:** 设置图片环绕方式

1. 选择图片,选择【格式】/【排列】组,单击"自动换行"按钮。

2. 在弹出的下拉列表中选择"浮于文字上方"选项。

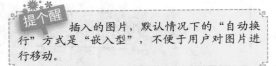

提个醒　　插入的图片,默认情况下的"自动换行"方式是"嵌入型",不便于用户对图片进行移动。

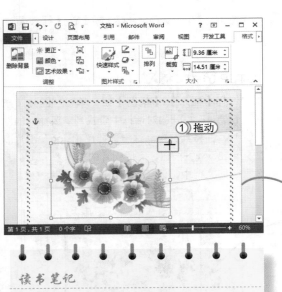

读书笔记

**STEP 04:** 调整图片的大小和位置

1. 选择图片,当图片四周出现控制点时,将鼠标光标移至右上角的控制点上,拖动鼠标,改变图片大小。

2. 返回文档中便可查看到缩小后的图片大小,并将其图片拖动至合适的位置。

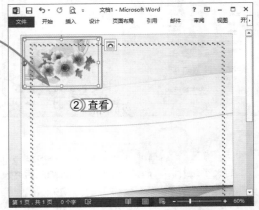

## STEP 05： 插入形状

1. 选择【插入】/【插图】组，单击"形状"按钮⬡。
2. 在弹出的下拉列表中选择"爆炸形2"选项。

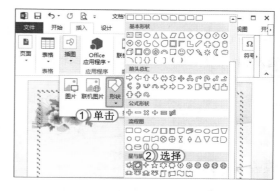

## STEP 06： 绘制形状

返回文档，此时鼠标光标变为+形状，按住鼠标左键拖动鼠标，绘制形状，单击鼠标左键，完成形状绘制。

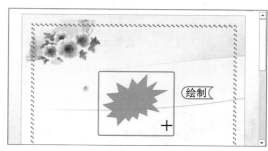

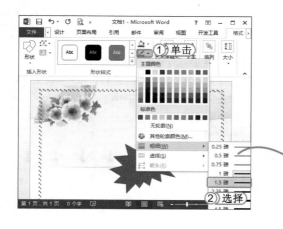

## STEP 07： 设置形状填充色

1. 选择绘制的形状，选择【格式】/【形状样式】组，单击"形状填充"按钮⬥。
2. 在弹出的下拉列表中选择"橙色，着色2，深色25%"选项。

## STEP 08： 设置轮廓粗细和颜色

1. 选择图片，选择【格式】/【形状样式】组，单击"形状轮廓"按钮⬚。
2. 在弹出的下拉列表中选择【粗细】/【1.5】选项。
3. 再次单击"形状轮廓"按钮⬚，在弹出的下拉列表中选择"蓝色，着色1，深色25%"选项，完成形状轮廓的粗细和颜色设置。

**STEP 09：** 调整形状位置

选择形状图形，使用鼠标将其拖动到文档的右下角的位置。

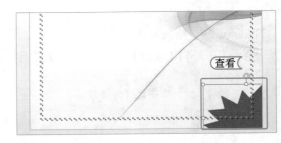

**STEP 10：** 插入艺术字

1. 选择【插入】/【文本】组，单击"艺术字"按钮 A。
2. 在弹出的下拉列表中选择倒数第 2 种艺术字样式。

提个醒　在选择艺术字样式时，可选择任意一种样式，输入文本后，便可对插入的艺术字样式进行设置。

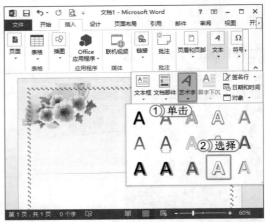

**STEP 11：** 调整艺术字

1. 在艺术字文本框中输入文本"招聘"。选择艺术字，将其拖动到适当的位置。
2. 选择【开始】/【字体】组，将其字体设置为"汉仪行楷繁"，字号设置为"100"。调整艺术字的文本，将其艺术字的文本显示完整。

提个醒　默认情况下，插入的艺术字文本框不会随着艺术字的大小而改变，需要用户手动调整其大小。

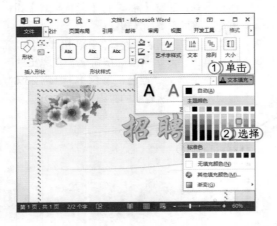

**STEP 12：** 填充艺术字颜色

1. 选择艺术字，选择【格式】/【艺术字样式】组，单击"文本填充"按钮 A。
2. 在弹出的下拉列表中选择"金色，着色 4，淡色 60%"选项。

读书笔记

## STEP 13： 插入文本框

1. 选择【插入】/【文本】组，单击"文本框"按钮 。
2. 在弹出的下拉列表中选择"简单文本框"选项。

## STEP 14： 调整文本框位置

在插入的文本框中输入文本"完美设计，就是你！！！！"，选择文本框，将文本框拖动到适当的位置。

72⊠
**Hours**

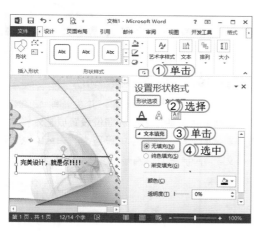

## STEP 15： 设置文本框的填充效果

1. 选择文本框，选择【格式】/【形状样式】组，单击"扩展"按钮 ⌐，打开"设置形状格式"面板。
2. 在该面板中选择"形状选项"选项卡。
3. 单击 ◢文本填充 按钮。
4. 在弹出的下拉列表中选中 ◉无填充(N) 单选按钮，去掉文本框的填充颜色。

62
Hours

52
Hours

42
Hours

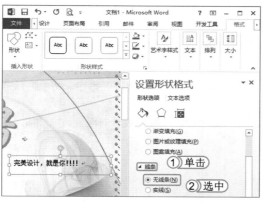

## STEP 16： 设置文本框的填充线条

1. 在打开的面板中，单击▶ 线条 按钮。
2. 在弹出的下拉列表中选中 ◉无线条(N) 单选按钮，去掉文本框的线条。

**提个醒**　　在完成文本的填充颜色和线条设置后，如果文本框呈不被选中状态，则看不出文本框的形式。

32
Hours

22
Hours

12
Hours

**STEP 17：** 设置文本框的填充线条

1. 在打开的面板中单击"关闭"按钮 ✕，返回到文档中，选择文本框中的文字。将其文本的字体设置为"汉仪菱心体简"，字号设置为"三号"。
2. 选择文本框将其大小调整在一排内显示完文本。

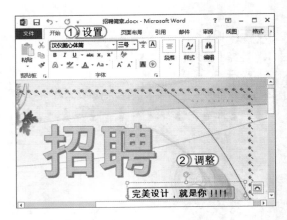

**STEP 18：** 复制文本框并输入文本

选择文本框，按 Ctrl+C 组合键复制，再按 Ctrl+V 组合键粘贴，并将粘贴的文本框拖动到相应的位置。

> **提个醒** 选择文本框，按住 Ctrl 键的同时，单击鼠标左键进行拖动文本框，也可快速地将选择的文本框进行复制操作。

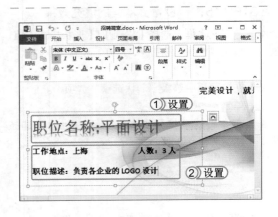

**STEP 19：** 编辑文本框中的内容

1. 将文本框中的文本删除，并重新输入文本，并将其中的职位名称和职位设置成艺术样式。
2. 其余的文本，将其字体设置为"宋体（中文正文）"，字号为"四号"并进行加粗操作。

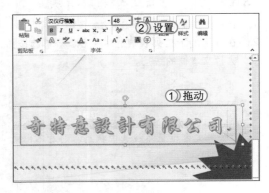

**STEP 20：** 复制艺术字并进行编辑

1. 选择"招聘"艺术字，按 Ctrl+C 组合键，再按 Ctrl+V 组合键，复制艺术字，将复制后的艺术字拖动到文档的底部。
2. 并输入文本"奇特意设计有限公司"，并将"字号"设置为"48"。

### 3. 输入并设置文本

插入并编辑了图片、形状、文本框及艺术字后，将在文档中输入文本，并对输入的文本进行相应的编辑。其具体操作如下：

**STEP 01：** 在文档中输入文本

1. 双击鼠标左键，将插入点定位到文档的中间位置，输入文本"职位要求"。
2. 按 Enter 键进行换行，并输入其他文本。

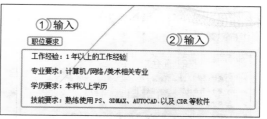

**STEP 02：** 设置字体格式

1. 选择"职位要求"文本。
2. 选择【开始】/【字体】组，在"字体"下拉列表框中选择"汉仪细中圆简"选项。在"字号"下拉列表框中选择"三号"选项。
3. 单击"字体颜色"按钮 **A** 右侧的 ▾ 按钮。
4. 在弹出的下拉列表的"主题颜色"栏中选择"橙色，着色2，深色25%"选项。

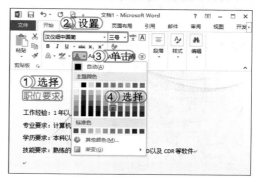

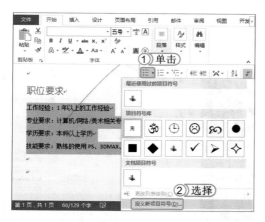

**STEP 03：** 准备设置项目符号

1. 选择其他文本，选择【开始】/【段落】组，单击"项目符号"按钮 ☷。
2. 在弹出的下拉列表中选择"定义新项目符号"选项，打开"定义新项目符号"对话框。

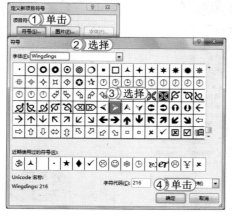

**STEP 04：** 打开"符号"对话框

1. 单击 符号(S) 按钮，打开"符号"对话框。
2. 在"字体"下拉列表框中选择"Wingdings"选项。
3. 在符号列表框中选择任意一种符号样式。这里选择"➤"选项。
4. 单击 确定 按钮，返回到"定义新项目符号"对话框中。

62
Hours

52
Hours

42
Hours

32
Hours

22
Hours

12
Hours

### STEP 05： 查看效果

1. 在"定义新项目符号"对话框中的"预览"栏中便可查看到插入的项目符号样式。单击 ▭ 按钮。

2. 完成项目符号的插入，返回到文档中查看最终的效果。

### STEP 06： 输入其他文本并设置格式

1. 在项目符号文本的下方输入联系方式等信息，并将其字体设置为"隶书"，字号设置为"小四"。

2. 单击"字体颜色"按钮 A ·。

3. 在弹出的下拉列表中选择"绿色，着色6，深色25%"选项。

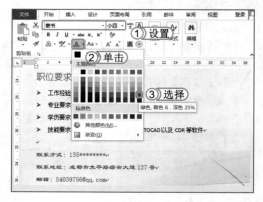

### 4. 保存文档

在设置完整个招聘文档的内容和格式后，即可将其文本进行保存设置，其具体操作如下：

### STEP 01： 打开"另存为"对话框

1. 选择【文件】/【另存为】命令，再选择"计算机"选项。

2. 单击"浏览"按钮 ，打开"另存为"对话框。

### STEP 02： 设置保存路径及位置

1. 在打开的对话框中选择要保存的路径，在"文件名"文本框中输入"招聘简章.docx"。

2. 单击 保存(S) 按钮，将其进行保存，完成整个例子的操作。

提个醒　第一次保存文档时，在页面中选择【文件】/【保存】命令，也可打开"另存为"对话框。

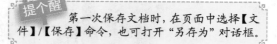

# 11.2 上机 1 小时：制作员工能力考核表

员工的能力是各企业创造价值的根源，也是企业盈利的起点，各企业或公司通过对员工能力进行考核，可掌握员工能力的具体情况，也可预算该企业或公司的最基本的盈利价值。

## 11.2.1 实例目标

通过本案例的制作，可全面巩固 Excel 2013 的各种操作方法，主要包括数据的输入、单元格的设置、数据格式的设置、数据有效性的设置、条件格式的设置、边框和底纹的设置、数据的排序与分类汇总、图表的插入、图表的编辑与美化以及分析图表等知识，其最终效果如下图所示。

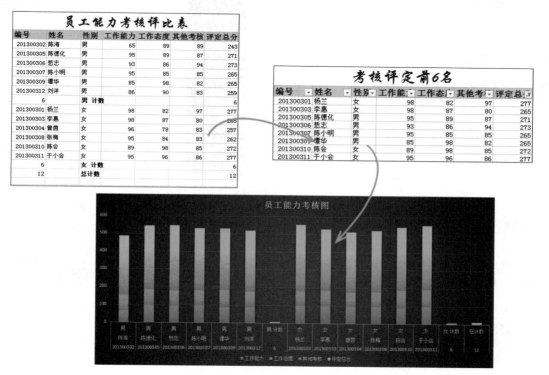

## 11.2.2 制作思路

工作能力考核表根据内容和用途的不同，其制作方法和制作内容是有较大差异的，因此本例首先要创建工作表，并在工作表中输入数据，然后设置表格的边框和底纹，使用函数对评定总分进行求和，并对数据表格进行复制，对原表格按条件进行筛选，再对复制表格中的数据进行排序，排序后进行分类汇总，最后插入图表，并对工作簿进行保存。

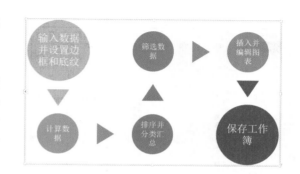

## 11.2.3 制作过程

下面详细讲解员工能力考核表的制作过程。

光盘
文件

效果 \ 第11章 \ 员工能力考核表.xlsx

实例演示 \ 第11章 \ 制作员工能力考核表

### 1. 输入数据并设置边框及底纹

在制作员工能力考核工作表时先前先启动 Excel 2013，然后在新建的工作表中输入数据及设置背景及边框。其具体操作如下：

**STEP 01：** 新建工作簿

启动 Excel 2013，在打开的界面中选择"新建空白工作簿"选项，便可新建一个名为"工作簿1"的空白工作簿。

*读书笔记*

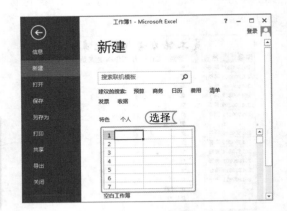

**STEP 02：** 输入表格和表头名称

1. 在"Sheet1"工作表中选择 B2 单元格，输入文本"员工能力考核评比表"。
2. 在 B3:H3 单元格区域中分别输入文本。

提个醒

在多个单元格中输入数据时，可直接选择所有的单元格，依次输入文本，切换单元格时，按 Tab 键进行切换即可。

**STEP 03：** 输入编号和其他数据

1. 在 B4 单元格中输入编号"201300301"，按住 Ctrl 键后，快速填充其数据至 B15 单元格中。
2. 在 C4:G15 单元格区域中分别输入其他数据。

## STEP 04： 合并单元格

1. 在工作表中选择 B2:H2 单元格区域。
2. 选择【开始】/【对齐方式】组，单击"合并后居中"按钮，将选择的单元格进行合并，其字体进行居中。

读书笔记

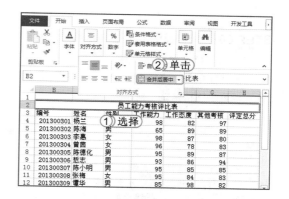

## STEP 05： 设置字体

1. 保持合并后的单元格成选中状态，选择【开始】/【字体】组，在"字体"下拉列表框中选择"华文行楷"，将其字号设置为"26"。
2. 选择 B3:H3 单元格，将其字号设置为"14"，并将其加粗。

## STEP 06： 调整行高

1. 选择 B3:H15 单元格区域，选择【开始】/【单元格】组，单击"格式"按钮。
2. 在弹出的下拉列表中选择"行高"选项，打开"行高"对话框，在"行高"数值框中输入数值"18.4"。
3. 单击 确定 按钮，完成行高的设置。

## STEP 07： 调整列宽

1. 选择 B3:H15 单元格区域，选择【开始】/【单元格】组，单击"格式"按钮。在弹出的下拉列表中选择"列宽"选项，打开"列宽"对话框，在"列宽"数值框中输入数值"10"。
2. 单击 确定 按钮，完成列宽的设置。

327
72⊠ Hours
62 Hours
52 Hours
42 Hours
32 Hours
22 Hours
12 Hours

**STEP 08:** 准备设置边框和底纹

选择所有带数据的单元格区域，单击鼠标右键，在弹出的快捷菜单中选择"设置单元格格式"命令，打开"设置单元格格式"对话框。

提个醒　设置边框和底纹也可在弹出的浮动面板中进行简单的设置，分别单击"边框"⊞▼和"底纹"按钮▲▼，在弹出的下拉列表中进行设置。

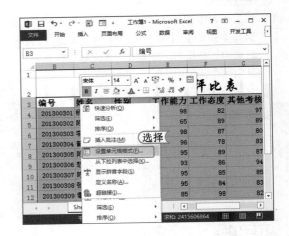

**STEP 09:** 设置边框

1. 在打开的对话框中选择"边框"选项卡。
2. 在"样式"列表框下选择一种线条样式。
3. 在"颜色"下拉列表框中选择"蓝色，着色 1，淡色 40%"选项。
4. 在"预置"栏中，单击"外边框"按钮⊞和"内部"按钮⊞。
5. 单击 确定 按钮，完成边框设置。

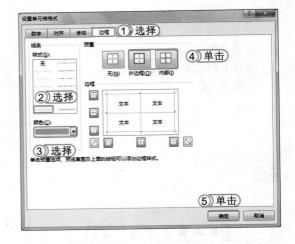

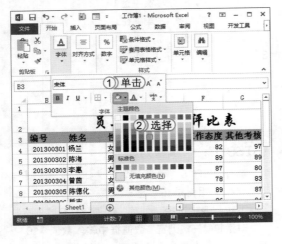

**STEP 10:** 设置底纹

1. 返回工作表中选择 B3:H3 单元格区域。选择【开始】/【字体】组，单击"填充颜色"按钮▲▼。
2. 在弹出的下拉列表中选择"蓝色，着色 1，淡色 60%"选项，完成所选择单元格区域的底纹设置。

**2. 计算数据**

输入数据并设置了边框及底纹后，则可对输入的数据进行相应的计算，其具体操作如下：

**STEP 01：** 计算评定总分

1. 选择 H4 单元格，在编辑栏中输入公式 "=SUM(E4:G4)"。

2. 按 Enter 键，便可在所选单元格中计算出考核的总分数。

> **提个醒**
> 公式 "=SUM(E4:G4)" 的主要功能是求出工作能力、工作态度及其他考核的总分。

**STEP 02：** 计算其他单元格中的数据

选择 H4 单元格，将鼠标光标移至该单元格的右下角，按住鼠标左键，向下拖动鼠标至 H15 单元格中，便可快速地计算出其他单元格中的评定总分。

读书笔记

3. 筛选数据

完成整个工作表的数据输入及计算后，便可进行下一步操作，对数据进行筛选，其具体操作如下：

**STEP 01：** 复制数据

1. 选择所有数据所在的单元格区域，按 Ctrl+C 组合键复制数据。

2. 选择 B17 单元格，按 Ctrl+V 组合键将复制后的单元格进行粘贴。

> **提个醒**
> 在复制数据后，将会在粘贴数据的位置出现一个 🖺(Ctrl)·按钮，单击该按钮，在弹出的下拉列表中可选择粘贴数据的方式。

329

72☒
Hours

62
Hours

52
Hours

42
Hours

32
Hours

22
Hours

12
Hours

## STEP 02： 添加筛选按钮

1. 选择 B18:H30 单元格区域。
2. 选择【数据】/【排序和筛选】组，单击"筛选"
   按钮，为表格添加筛选按钮。

读书笔记

## STEP 03： 筛选前 10 条数据

1. 在"评定部分"列中，单击"筛选"按
   钮。
2. 在弹出的下拉列表中选择【数字筛选】/【前
   10 项】选项，便会自动打开"自动筛选前 10
   个"对话框。

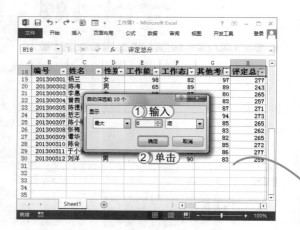

## STEP 04： 设置筛选前 6 条数据

1. 在打开的对话框中的第 2 个数值框中输
   入"6"。
2. 单击 确定 按钮，便可筛选出考核评定总分最
   高的前 6 名。

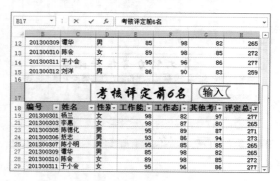

## STEP 05： 重命名表头

选择 B17 单元格，在单元格中输入文本"考核评
定前 6 名"。

提个醒

在进行筛选时，如果排名相同的记
录也会显示出来，所以筛选前 6 名，并非就只
显示出前 6 条记录。

### 4. 对数据进行排序和分类汇总

筛选数据后，便可以开始对工作表中的数据先排序，再对排序后的数据进行分类汇总，以方便审核时使用。其具体操作如下：

**STEP 01：** 排序数据

1. 在工作表中选择B3:H15单元格区域,选择【数据】/【排序和筛选】组，单击"排序"按钮，打开"排序"对话框。
2. 取消选中 数据包含标题(H) 复选框。
3. 在"主要关键字"下拉列表框中选择"列D"选项，其余保持默认设置。
4. 单击 确定 按钮，完成数据排序操作。

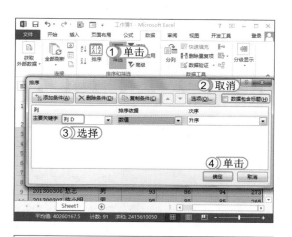

**STEP 02：** 打开"分类汇总"对话框

1. 在工作表中选择 B3:H15 单元格区域。
2. 选择【数据】/【分级显示】组，单击"分类汇总"按钮，打开"分类汇总"对话框。

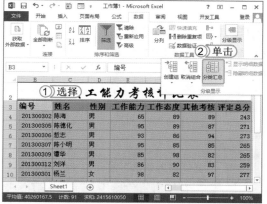

读书笔记

**STEP 03：** 设置分类汇总

1. 在打开对话框的"分类字段"下拉列表框中选择"性别"选项。
2. 在"汇总方式"下拉列表框中选择"计数"选项。
3. 在"选定汇总项"列表框中选中 编号 复选框。
4. 单击 确定 按钮，完成分类汇总操作。
5. 返回到工作表中查看其分类汇总后的效果。

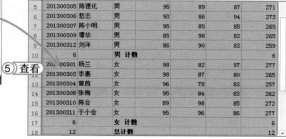

### 5. 插入并美化图表

在对数据进行分类汇总后，为了能方便直观地查看数据，还需要使用图表对分类汇总后的数据进行展示，其具体操作如下：

**STEP 01：** 打开"插入图表"对话框

选择 B3:H18 单元格区域，选择【插入】/【图表】组，单击"扩展"按钮，打开"插入图表"对话框。

读书笔记

**STEP 02：** 设置分类汇总

1. 在打开的对话框中选择"所有图表"选项卡。
2. 在左侧窗格中选择"柱形图"选项。
3. 在右侧窗格上方选择"堆积柱形图"选项，便可在下方选择第一种图表形状。
4. 单击 ▇▇ 按钮，完成图表的插入。

> **提个醒** 在"插入图表"对话框中，不管选择哪种类型的图表，都会在该对话框右侧显示出该类型中所有图表的样式，用户可选择适合的图表样式插入。

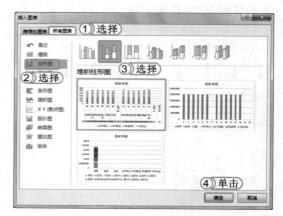

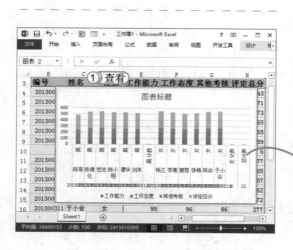

**STEP 03：** 查看插入图表效果并移动位置

1. 返回工作表中便可查看到插入图表所在的默认位置。
2. 选择图表，将其拖动到没有数据的单元格区域上。

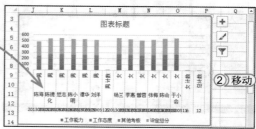

## STEP 04： 设置图表样式

选择图表，选择【设计】/【图表样式】组，在"快速样式"下拉列表中选择"样式8"选项。

*读书笔记*

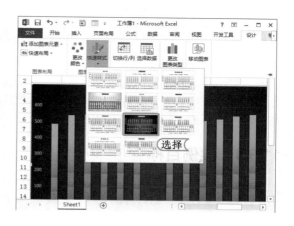

## STEP 05： 更改图表标题并设置文本颜色

1. 选择图表上的图表标题，将其修改为"员工能力考核图"。

2. 选择整个图表，选择【格式】/【艺术字样式】组，单击"文本填充"按钮▲。

3. 在弹出的下拉列表中选择"绿色，着色6，淡色60%"选项，完成颜色设置。

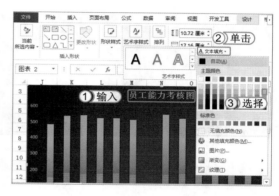

### 6. 保存工作簿

完成所有的操作后，对工作簿进行保存操作，以避免数据丢失。其具体操作如下：

## STEP 01： 打开"另存为"对话框

1. 选择【文件】/【保存】命令，在右侧面板中选择"计算机"选项。

2. 单击"浏览"按钮，打开"另存为"对话框。

## STEP 02： 保存工作簿

1. 在打开的对话框中选择保存工作簿的路径。

2. 在"文件名"文本框中输入工作簿的名称"员工能力考核表.xlsx"。

3. 单击 保存(S) 按钮，完成工作簿的所有操作。

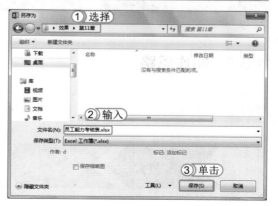

62
Hours
▲

52
Hours
▲

42
Hours
▲

32
Hours
▲

22
Hours
▲

12
Hours
▲

## 11.3 上机1小时：制作"销售计划"演示文稿

销售计划是在对企业市场营销环境进行调研分析的基础上，按年度制定的企业及各业务单位的对营销目标以及实现这一目标所应采取的策略、措施和步骤的明确规定和详细说明。销售计划对企业至关重要，它直接影响到当年的销售业绩，因此企业在年初时，都会对产品全年的销售进行一个整体的规划。

### 11.3.1 实例目标

通过本案例的制作，可全面巩固 PowerPoint 2013 的各种操作方法，添加幻灯片并输入数据、设置动画效果、幻灯片的切换，以及保存并打包演示文稿等知识。其最终效果如下图所示。

### 11.3.2 制作思路

制作本例的重点就是为演示文稿添加内容，包括文本、图片、表格、SmartArt 图形以及形状等，难点是为幻灯片中的对象设置动画效果。本例的制作思路如下图所示。

添加幻灯片并输入数据 ▸ 设置动画效果 ▸ 幻灯片的切换 ▸ 保存并打包演示文稿

## 11.3.3 制作过程

下面将详细讲解"销售计划"演示文稿的制作过程。

光盘文件

素材 \ 第11章 \ 图片 \
效果 \ 第11章 \ 销售计划.pptx、销售计划
实例演示 \ 第11章 \ 制作"销售计划"演示文稿

### 1. 添加幻灯片并输入文本

在输入文本前，要先启动 PowerPoint 2013，并在 PowerPoint 中添加相应的幻灯片，然后才能在幻灯片中输入相应的数据，其具体操作如下：

**STEP 01：** 新建演示文稿

1. 启动 PowerPoint 2013，在打开的界面中选择"空白演示文稿"选项。
2. 新建一个名为"演示文稿1"的演示文稿。

**提个醒** 在主界面中还可选择其他模板，创建模板演示文稿，也可登录用户账号，创建联机演示文稿。

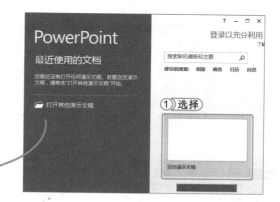

**STEP 02：** 应用主题

选择第1张空白幻灯片。选择【设计】/【主题】组，单击"其他"按钮，在弹出的下拉列表中选择倒数第7个选项即可。

**提个醒** 也可以在"主题"组中，单击下拉按钮，在下拉列表框中进行选择需要应用的主题样式。

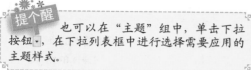

读书笔记

335

72图
Hours

62
Hours

52
Hours

42
Hours

32
Hours

22
Hours

12
Hours

STEP 03: 输入文本并调整位置

1. 选择标题占位符，输入文本"销售计划"，拖动占位符，将其居中。
2. 选择副标题占位符，输入文本"美特家电有限公司"，拖动占位符，将其居中。

STEP 04: 添加幻灯片

1. 选择第 1 张幻灯片。
2. 按 Enter 键，添加一张新的幻灯片。
3. 选择标题占位符，输入文本"目录"。选择副标题占位符，按 Delete 键，将其删除。

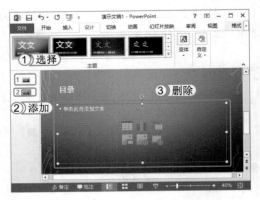

STEP 05: 打开"插入图片"对话框

1. 选择第 2 张幻灯片。
2. 选择【插入】/【图像】组，单击"图片"按钮，打开"插入图片"对话框。

读书笔记

STEP 06: 插入图片

1. 在打开的对话框中选择需要插入图片的路径并将需要插入的图片选中。
2. 单击 插入(S) 按钮，完成图片插入的操作。
3. 返回到幻灯片中便可查看到插入的图片。

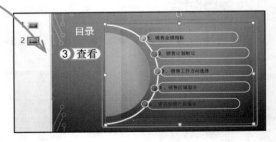

**STEP 07：** 调整图片位置

选择插入的图片，将鼠标移至图片上，当鼠标光标变为 形状时，按住鼠标左键拖动鼠标至合适的位置后，释放鼠标左键即可。

提个醒　　这里插入的图片，实际也可通过插入圆形、矩形等形状组合、编辑而成，从而满足不同用户对于目录的个性化需求。而且合理操作形状，可组合成更多复杂、立体的示意图效果。

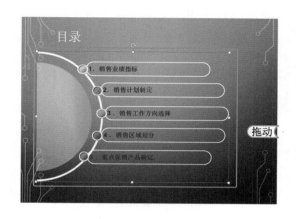

**STEP 08：** 添加幻灯片

1. 选择第 2 张幻灯片。

2. 按 Enter 键，添加一张新的幻灯片，选择标题占位符，输入文本"销售业绩指标（一）"。

3. 选择副标题占位符，按 Delete 键，将其删除。选择【插入】/【文本】组，单击"文本框"按钮 。

4. 在弹出的下拉列表中选择"横排文本框"选项。

337

72⊠
Hours

62
Hours

52
Hours

42
Hours

32
Hours

22
Hours

12
Hours

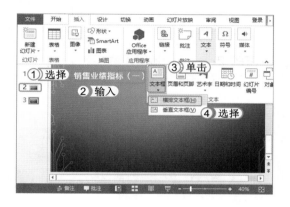

**STEP 09：** 输入文本并进行设置

1. 在幻灯片中按住鼠标左键拖动至相应大小后，释放鼠标，输入文本"年度总体工作目标"。

2. 选择文本框中的文本，将其字体设置为"华文中宋"，字号设置为"24"，颜色设置为"蓝色"。

**STEP 10：** 调整文本框位置

选择文本框，按住鼠标左键将其拖动至合适的位置，释放鼠标即可。

**STEP 11：** 插入 SmartArt 形状

1. 选择【插入】/【插图】组。单击 "SmartArt" 按钮，打开 "选择 SmartArt 图形" 对话框。
2. 选择 "流程" 选项卡，在右侧窗格中选择 "步骤上移流程" 选项。
3. 单击 确定 按钮，完成插入形状的操作。

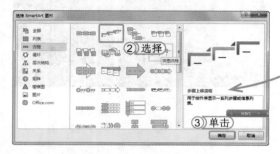

**STEP 12：** 添加形状并输入文本

1. 选择插入中的一个小形状，选择【设计】/【创建图形】组，单击 "添加形状" 按钮。便会在形状中多一个相同的形状。
2. 单击每个形状中的文本，依次输入文本。

> **提个醒**　在移动形状的过程中，若按住 Shift 键可水平移动形状。

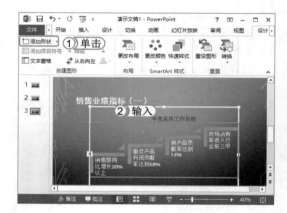

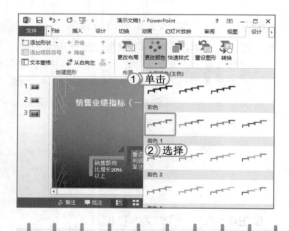

**STEP 13：** 更改形状颜色

1. 选择形状，选择【设计】/【SmartArt 样式】组，单击 "更改颜色" 按钮。
2. 在弹出的下拉列表中的 "彩色" 栏中选择 "彩色 - 着色" 选项。

> **提个醒**　用户也可选择单个形状后，选择【格式】/【形状样式】组，单击 "形状填充" 按钮，对形状进行颜色单独填充。

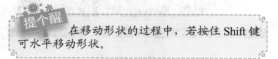

读书笔记

## STEP 14： 添加幻灯片

1. 选择第 3 张幻灯片。
2. 按 Enter 键，添加一张新的幻灯片，使用相同方法添加 5 张新幻灯片。

> **提个醒**
>
> 在制作演示文稿时，用户可以选择先添加所有的幻灯片后进行制作，也可选择一张一张地进行制作。

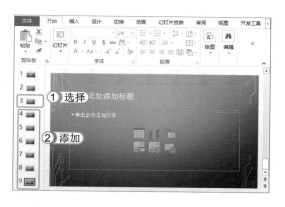

## STEP 15： 输入文本并插入表格

1. 选择第 4 张幻灯片。选择标题占位符，输入文本"销售业绩指标（二）"。
2. 在副标题占位符中，单击"表格"按钮，打开"插入表格"对话框。
3. 分别在"列数"和"行数"数值框中输入数字"9"和"5"。
4. 单击 确定 按钮，完成表格插入操作。

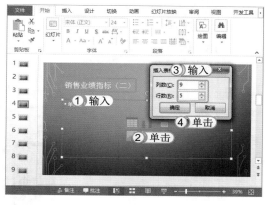

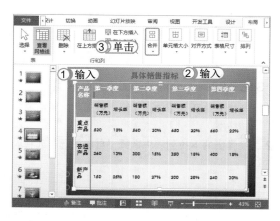

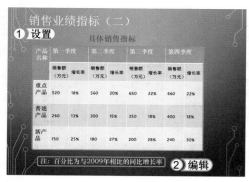

## STEP 16： 输入数据并合并单元格

1. 在表格中选择第一个单元格，并输入数据"产品名称"。
2. 在表格中的每个单元格的相应位置输入其他数据。
3. 在表格中选择第一列的前两个单元格，选择【布局】/【合并】组，单击"合并单元格"按钮，将选中的单元格进行合并。选择其他需要合并的单元格，使用相同的方法进行合并。

## STEP 17： 设置表格

1. 选择表格中的所有数据，将其进行水平和垂直居中对齐。
2. 拖动表格的大小至合适的位置，并在表格左下角添加一个文本框，输入文本"注：百分比为与 2012 年相比的同比增长率"。

**STEP 18:** 制作其他几张幻灯片

使用相同的方法制作出其他几张幻灯片。返回幻灯片中查看其效果。

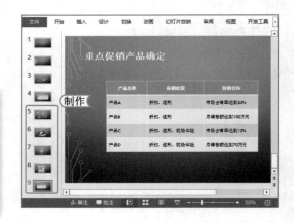

## 2. 设置动画效果

在为所有的幻灯片输入数据后，可为幻灯片中的表格或形状添加相应的动画效果，以丰富整个幻灯片的内容。其具体操作如下：

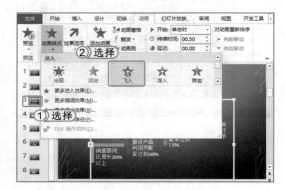

**STEP 01:** 设置形状动画

1. 选择第 3 张幻灯片中的形状。
2. 选择【动画】/【动画】组，单击"其他"按钮，在弹出的下拉列表中的"进入"栏中选择"飞入"选项，完成形状动画的设置。

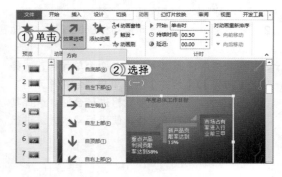

**STEP 02:** 设置动画出现时的位置

1. 选择【动画】/【动画】组，单击"效果选项"按钮。
2. 在弹出的下拉列表中选择"自左下部"选项。

**STEP 03:** 设置表格的动画效果

1. 选择第 4 张幻灯片中的表格。
2. 选择【动画】/【动画】组，单击"其他"按钮，在弹出的下拉列表中的"进入"栏中选择"弹跳"选项，完成表格的动画效果。

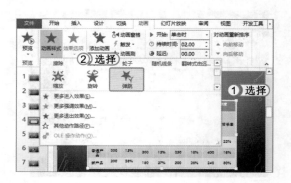

## STEP 04：　设置动画效果

1. 选择第 5 张幻灯片。
2. 选择第一个形状，选择【动画】/【高级动画】组，单击"添加动画"按钮 ★。
3. 在弹出的下拉列表中的"进入"栏中选择"浮入"选项。

读书笔记

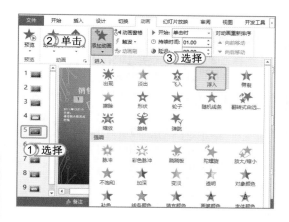

## STEP 05：　设置动画时间

1. 继续单击"添加动画"按钮 ★，在弹出的下拉列表中的"进入"栏中选择"飞出"选项。
2. 在【动画】/【计时】组中将动画的开始时间设置为"上一动画之后"，持续时间设置为"01.50"，延迟时间设置为"01.50"。

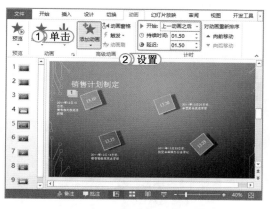

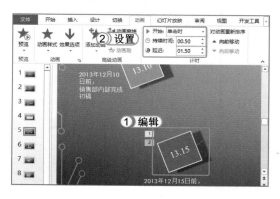

## STEP 06：　设置动画和计时

1. 选择第 2 个形状，为其设置进入动画效果为"旋转"，退出动画为"飞出"效果。
2. 将动画的开始时间设置为"单击时"，将飞出动画的持续时间设置为"00.50"，延迟时间设置为"01.50"。

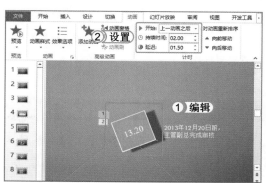

## STEP 07：　设置动画和计时

1. 选择第 3 个形状，为其设置进入动画效果为"擦除"，退出动画效果为"弹跳"效果。
2. 将动画的开始时间设置为"上一动画之后"，持续时间设置为"02.00"，延迟时间设置为"01.50"。

341

72 ☒
Hours

62
Hours

52
Hours

42
Hours

32
Hours

22
Hours

12
Hours

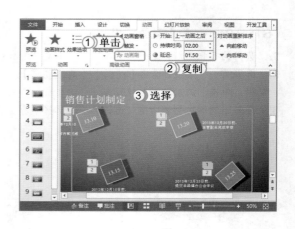

**STEP 08:** 复制动画

1. 选择第 3 个形状，选择【动画】/【高级动画】组，单击"动画刷"按钮 ★。
2. 单击第 4 个形状，即可复制形状 3 的所有动画效果。
3. 选择第 5 张幻灯片中的所有形状，单击"添加动画"按钮 ★，在弹出的下拉列表中的"进入"栏中选择"飞入"效果。

### 3. 幻灯片的切换

在制作完幻灯片后，应对其幻灯片的切换效果进行设置，在幻灯片放映时增加幻灯片的播放效果，其具体操作如下：

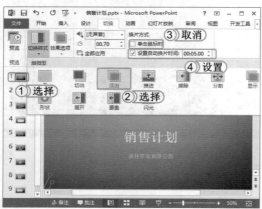

**STEP 01:** 设置幻灯片切换方式

1. 选择第 1 张幻灯片。
2. 选择【切换】/【切换到此幻灯片】组，单击"其他"按钮，在弹出的下拉列表中选择"淡出"选项。
3. 选择【切换】/【计时】组，在"换片方式"栏中取消选中 单击鼠标时复选框。
4. 选中 设置自动换片时间 复选框，并在其后的数值框中输入"00:05.00"。

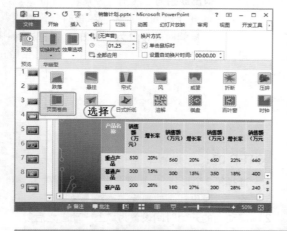

**STEP 02:** 设置其他幻灯片的切换方式

选择其他的幻灯片，使用相同的方法为其他几张幻灯片设置切换效果。

> **提个醒** 在设置其他幻灯片的切换效果时，选中 单击鼠标时复选框，因为每张幻灯片的播放时间与解说者的时间应该相等，所以播放时可直接由解说者单击鼠标进行控制。

**经验一箩筐——设置切换效果**

如果要对多张幻灯片设置相同的切换效果，可通过选择所有的幻灯片，选择【切换】/【切换到此幻灯片】组，单击"其他"按钮，在弹出的下拉列表中选择要切换的效果。

### 4. 保存并打包演示文稿

制作完整个演示文稿后，还需要对其进行保存并打包的操作，避免演示文稿的丢失，并且还能方便在其他没有安装 PowerPoint 2013 的电脑上进行播放。其具体操作如下：

**STEP 01：** 打开"另存为"对话框

1. 选择【文件】/【另存为】命令，选择"计算机"选项。
2. 单击"浏览"按钮 ，打开"另存为"对话框。

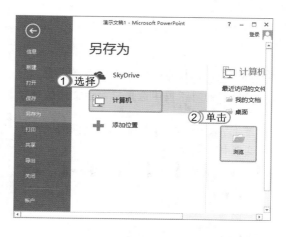

**STEP 02：** 设置保存位置及文件名

1. 在打开的对话框中选择需要保存演示文稿的位置。
2. 在"文件名"文本框中输入演示文稿的名称"销售计划"，保存类型为默认设置。
3. 单击 保存(S) 按钮，完成保存演示文稿的操作。

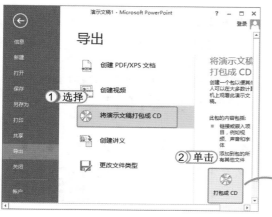

**STEP 03：** 打开"复制到文件夹"对话框

1. 选择【文件】/【导出】命令，选择"将演示文稿打包成 CD"选项。
2. 单击"打包成 CD"按钮 ，打开"打包成 CD"对话框。
3. 单击 复制到文件夹(F)... 按钮，打开"复制到文件夹"对话框。

**STEP 04：** 打开"选择位置"对话框

1. 在打开对话框的"文件夹名称"文本框中输入"销售计划"。
2. 单击 浏览(B)... 按钮，打开"选择位置"对话框。

**STEP 05：** 设置打包文件的存放位置

1. 在打开的对话框中选择打包后文件的存放位置。
2. 单击 选择(E) 按钮，返回到"复制到文件夹"对话框中。

*读书笔记*

**STEP 06：** 取消打包后打开文件夹

1. 在"复制到文件夹"对话框中取消选中 ☐ 完成后打开文件夹(O)复选框。
2. 单击 确定 按钮，返回到"打包成 CD"对话框中。

**STEP 07：** 关闭对话框和演示文稿

1. 在"打包成 CD"对话框中，单击 关闭(C) 按钮，关闭该对话框。
2. 返回到演示文稿中，单击窗口右上角的"关闭"按钮 ×，将演示文稿关闭，完成整个例子的操作。

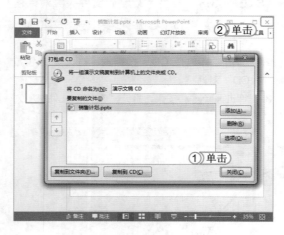

*读书笔记*

# 11.4 练习 3 小时

本章主要对 Word 2013、Excel 2013 以及 PowerPoint 2013 三大软件中的知识进行了相关的操作，下现将以制作"市场规划倡导书"文档、"迪家空调销售情况"工作簿，以及"招聘宣讲会"演示文稿为例,让用户练习掌握各大软件的相关操作,以达到在实际工作学以致用的目的。

## ① 练习 1 小时：制作"市场规划倡导书"文档

制作"市场规划倡导书.docx"文档时，选择在新建的空白文档中设置文档页面，输入文本，设置文本格式，并对文本进行分栏及首字下沉，对相应的文字加上项目符号。在文本中插入分节符，再设置页面背景，插入图片，并对插入的图片进行编辑，最后保存文档，其效果如下图所示。

**甜源饮业市场规划倡导书**

**一、背景与实施方案**

经过 2013 年的奋斗，甜源饮业成功改制并建立起了一套行业内较为先进的合作伙伴制销售系统。依托于这合作伙伴制系统，甜源饮业所属销售公司 2013 年成功地完成了 10 个亿的销售额。

然而，在甜源饮料崛起的同时，也遭到了市场各类饮料的阻击，2014 年我们将面对更大的竞争压力，因为 2014 年我们将要完成 20 个亿的销售目标。要实现这样的销售额的翻番，我们需要更有竞争力的销售

管理与系统架构操作平台的支持！

**二、全新架构的信息管理**

信息系统的科学化运作是其他系统得以科学化运作的基础，因此建议销售系统改革从信息系统开始。

随着集团经营品牌的不断加增和市场竞争的不断加剧，产品经营管理的难度也不断增加。为保持并提高竞争力，销售公司再次进行重组，将组织架构和员工素质提升至更高的层次。然而，要发挥出新系统的真正实力，一流硬件还需配置一流软件。因此，系统流程也需要随之进行全面升级。

科学全面的信息收集系统，是做出正确判断，形成决策的前提条件。每一个职能部门的每一个岗位的每一个判断，都必须依靠过硬的数据支持——事前依靠客观事实来说话，事后还是要依靠客观事实来验证成败。而公司要建设完善的信息系统

要求全体人员共同努力，达到以下几个目标：

▲ 帮助公司决策层迅速掌握公司经营指标进展程度，寻找阻碍进展的障碍所在，并通过数据分析给出销售业绩提升建议。

▲ 帮助营销计划组准确理解我本公司在竞争中所处的位置，使各项计划更加合理。

▲ 帮助品牌管理组从消费者角度进行思考，深入理解公司品牌经营现状和趋势并检测公关促销执行效果。

▲ 为渠道管理组提供准确渠道资讯，掌握各渠道真实情况。

▲ 为各分公司层面的管理决策提供必要的数据支持。

▲ 使公司的信息组自身职责更分明，流程更简洁，数据的提供更及时。

**光盘文件**

素材 \ 第 11 章 \ 图片 \
效果 \ 第 11 章 \ 市场规划倡导书.docx
实例演示 \ 第 11 章 \ 制作"市场规划倡导书"文档

**提个醒** 在制作文档前，先把纸张的方向调整为"横向"；在文本中插入图片时，将图片的环绕方式设置为"上下型环绕"。

345

72 图
Hours

62 Hours

52 Hours

42 Hours

32 Hours

22 Hours

12 Hours

## ② 练习1小时：制作"迪家空调销售情况"工作簿

在制作"迪家空调销售情况.xlsx"工作簿时，先在空白工作表中输入数据，并对相应的单元格进行操作，如合并、调整行高和列宽等，并对输入的数据进行字体的设置，对工作表所在的数据设置边框和底纹，最后选择数据插入图表，并对其进行相应的设置。

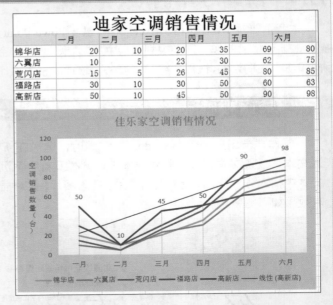

## ③ 练习1小时：制作"招聘宣讲会"演示文稿

在制作"招聘宣讲会.pptx"演示文稿时，可先输入幻灯片中的文本、插入形状和图片，再设置幻灯片的背景及样式，然后为图片和表格等设置动画，最后为幻灯片设置切换效果，其最终效果如下图所示。

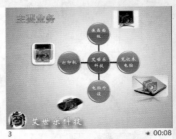
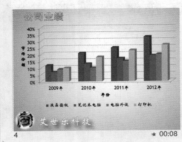

附录 **A** 秘技连连看

# 一、Word 2013 制作技巧

## 1. Word 2013 的常用快捷键

### Word常用快捷键

| 操 作 键 | 含 义 | 操 作 键 | 含 义 | 操 作 键 | 含 义 |
|---|---|---|---|---|---|
| Ctrl+A | 全选 | Ctrl+B | 加粗 | Ctrl+D | 字体格式 |
| Ctrl+E | 居中对齐 | Ctrl+F | 查找 | Ctrl+G | 定位 |
| Ctrl+H | 替换 | Ctrl+I | 斜体 | Shift+Ctrl+J | 分散对齐 |
| Ctrl+K | 超级链接 | Ctrl+L | 左对齐 | Ctrl+= | 下标和正常切换 |
| Ctrl+M | 首行缩进 | Ctrl+P | 打印 | Shift+Ctrl+B | 粗体 |
| Ctrl+R | 右对齐 | Ctrl+T | 首行缩进 | Ctrl+J | 两端对齐 |
| Ctrl+U | 下划线 | Shift+Ctrl+A | 大写 | Shift+Ctrl+I | 列表样式 |
| Shift+Ctrl+A | 大写 | Shift+Ctrl+N | 降级为正文 | Shift+Ctrl+P | 定义字符大小 |
| Shift+Ctrl+C | 格式拷贝 | Shift+Ctrl+T | 减小首行缩进 | Shift+Alt+A | 显示所有标题 |
| Shift+Ctrl+H | 应用隐藏格式 | Shift+Ctrl+Z | 默认字体样式 | Shift+Alt+P | 插入页码 |
| Shift+Ctrl+M | 减少左缩进 | Shift+Alt+D | 插入日期 | Ctrl+Alt+K | 自动套用格式 |
| Ctrl+Alt+P | 页面视图 | Ctrl+Alt+I | 预览 | Ctrl+Alt+O | 大纲视图 |

## 2. 输入带圈字符

　　使用 Word 2013 制作一些特殊文档时，有时需要输入带圈字符，这时可以根据 Word 2013 提供的带圈字符功能进行输入。其方法是：在打开的文档中，将鼠标光标定位到需要输入带圈字符的位置，选择【开始】/【字体】组，单击"带圈字符"按钮㊣，打开"带圈字符"对话框，在"样式"栏中选择需要的样式，在"文字"文本框中输入相应的文本，在"圈号"列表框中选择需要的符号样式，再单击 确定 按钮即可。

## 3. 快速复制或移动文本

　　在 Word 2013 中移动或复制文本，可直接利用鼠标拖动的方法进行移动或复制，在移动文本时，直接选择需要移动的文本，按住鼠标左键进行拖动至目标位置，释放鼠标即可；如果要进行复制，在移动的同时按 Ctrl 键即可。

## 4. 利用 Insert 键改写文本

　　在修改文本时，将插入点定位到需要修改的文本前，按 Insert 键后，输入正确的文本，即可将错误的文本更改为正确的文本。

## 5. 使用自动更正功能输入

　　使用 Word 制作文档的过程中，如果用户经常需要输入同一句话或词组时，可使用系统提供的自动更正功能进行输入，以提高工作效率。其方法是：在文档中打开"Word 选项"对话框，选择"校对"选项卡，在"自动更正选项"栏中单击 自动更正选项(A) 按钮，打开"自动更正"对话框，默认选择"自动更正"选项卡，选中☑键入时自动替换(T)复选框，在"替换"文本框中输入需要自动更正的文本，如"公司"，在"替换为"文本框输入替换成的文本，如"幸福一生婚庆公司"，单击 添加(A) 按钮添加词条，然后依次单击 确定 按钮关闭对话框，在文档中输入"公司"，即可键入"幸福一生婚庆公司"文本。

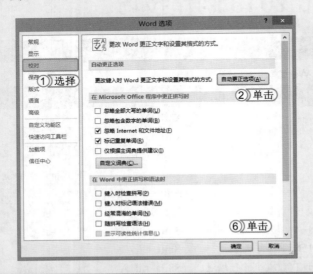

## 6. 使用自动修复功能

　　在打开 Word 文档时，如系统弹出"不能打开文件，文件已损坏"提示信息，部分用户觉得束手无策，利用 Word 自带的修复功能就可自动修复受损的文件。其方法为：选择【文件】/【打开】命令，选择"计算机"选项，单击"浏览"按钮 ，打开"打开"对话框，选择需要修复的文档，单击 打开(O) 按钮右侧的下拉按钮 ，在弹出的下拉列表中选择"打开并修复"选项即可。

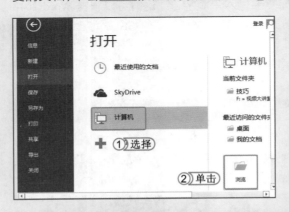
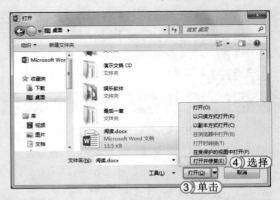

## 7. 快速删除文档中多余的空行

　　在制作有些办公文档时，偶尔会从网上复制或下载需要的资料，但这些复制的文本和下载的文档中带有大量的空行，如果手动删除，会十分缓慢，这时使用 Word 的替换功能可快速将文档中多余的空行删除。其方法是：在文档中选择【开始】/【编辑】组，单击"替换"按钮 ，打开"查找和替换"对话框，默认选择"替换"选项卡，切换到英文输入状态，在"查找内容"下拉列表框中输入"^p^p"，在"替换为"下拉列表框中输入"^p"，单击 全部替换(A) 按钮进行替换，替换完成后，在打开的提示对话框中将显示替换的数量，单击 确定 按钮关闭对话框即可。

## 8. 高级查找和替换

在 Word 文档中所使用的"查找和替换"功能，一般都会用来查找或替换文档中相同的文本内容。其实该功能还可以结合"通配符"查找和替换相似的内容及格式。其方法为：打开要进行查找和替换操作的文档，按 **Ctrl+H** 组合键，打开"查找和替换"对话框，选择"替换"选项卡，单击 更多(M) >> 按钮，展开高级选项，单击 特殊格式(E)▼ 按钮，在弹出的下拉列表中便可选择特殊格式符，在"替换为"文本框中也可设置为特殊符号，或使用文本加通配符。最后单击 全部替换(A) 按钮即可。

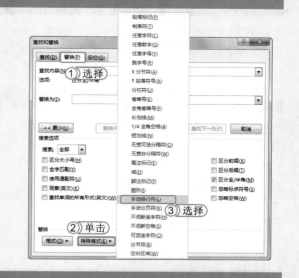

## 9. 为样式设置快捷键

在文档中如果设置了自定义样式，而且在文档中会多次使用到该样式，可通过选择需要多次使用的文档样式，单击鼠标右键，在弹出的快捷菜单中选择"修改"命令，打开"修改样式"对话框，单击 格式(O)▼ 按钮，在弹出的下拉列表中选择"快捷键"选项，打开"自定义键盘"对话框，在"请按新快捷键"文本框输入新的快捷键（直接在键盘上按快捷键，自动填写到该文本框中，并且快捷键中如果带数字，则必须按数字键盘上的数字才可以添加），单击 指定(A) 按钮即可。

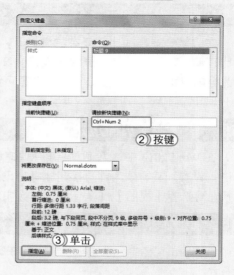

349

72⊙
Hours

62
Hour

52
Hour

42
Hour

32
Hour

22
Hour

12
Hour

## 10. 快速定位

在文档中可通过快捷键进行快速定位，如将插入点定位到某行中，按 Home 键即可快速定位到该行行首，按 End 键，则可定位到该行行尾；按 Ctrl+Home 组合键可定位到文档开始，如果按 Ctrl+End 组合键，则可快速定位到文档末尾；如果按 Ctrl+PageDown 组合键可以将光标插入点移动到原光标所在节的下一节；如果按 Ctrl+PageUp 组合键则可以将光标插入点移动到原光标所在节的上一节。

## 11. 快速添加分页符

在制作文档时，可使用快捷键快速在文档中添加分页符。其方法是：将插入点定位到需要插入添加分页符的位置，按 Ctrl+Enter 组合键便可快速插入分页符，此时插入点将自动跳转到下一页的开始。

## 12. 快速统计文档字数

如果在编辑文档时，需要对文档中的字数进行统计，可使用 Word 文档中自带的字数统计功能实现。其方法为：选择【审阅】/【校对】组，单击"字数统计"按钮 ，打开"字数统计"对话框，在其中便可查看该文档的页数、空格数、字数和行数等相关信息。

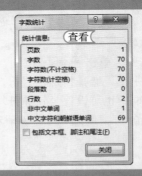

## 13. 快速去掉自动编号

在编辑文档时，如果不想使用自编号功能，却启用了该功能，如在编辑 Word 文档时，如果输入"一、使用方法"等具有编号性质的文本时，按下 Enter 键，系统会自动将其变为编号的形式，并在下一行添加"二、"字样，如果不想使用编号（如要先输入正文文本），自动添加的编号反而会带来很大的不便。其实只要在此时按 Ctrl+Z 组合键，即可撤销 Word 2013 中自动生成的编号。

## 14. 快速设置行距

在编辑一些样式比较复杂的文档时，经常需要调整行距，但打开"段落"对话框进行设置比较麻烦，可通过快捷键快速设置。其方法为：按 Ctrl+2 组合键快速将选择的文本行距改变为当前行距的 2 倍；按 Ctrl+1 组合键可恢复原来的单倍行距。若需设置为 1.5 倍行距，可按 Ctrl+5 组合键。

## 15. 快速调整页面边距

在 Word 2013 中，为了方便用户快速地对文档进行页面边距设置，可通过标尺直接在文档中进行设置。其方法为：直接用鼠标拖动文档左侧和上方的标尺按钮即可，如果没有显示出标尺，可选择【视图】/【显示】组，选中☑标尺复选框即可。

## 16. 隐藏段落标记

在 Word 文档中，系统默认显示回车符、空格符和其他段落符号，有时会影响到操作，为了避免操作受到影响，可在 Word 中将其隐藏。其方法为：选择【文件】/【选项】命令，打开"Word 选项"对话框，选择左侧的"显示"选项卡，在右侧界面的"始终在屏幕上显示这些格式标记"栏中取消选中 ☐ 显示所有格式标记(A) 复选框即可。

## 17. 清除页眉中的线条

在 Word 中，如果为文档添加了页眉，那么将会在页眉中出现黑色的线条，可通过进入页眉的编辑状态后，选择【开始】/【样式】组，单击"其他"按钮▼，在弹出的下拉列表中选择"清除格式"选项，即可将页眉中的黑色线条清除。

## 18. 添加超级链接

在 Word 中可为文档中的文字添加超级链接，快速跳转到想查看的文本中，其方法为：选择需要添加超级链接的文本，单击鼠标右键，在弹出的快捷菜单中选择"超链接"命令，打开"插入超链接"对话框，在该对话框中选择需要链接的对象，如当前文档的某个文本位置、计算机中的其他文档、电子邮件等，然后单击 确定 按钮。

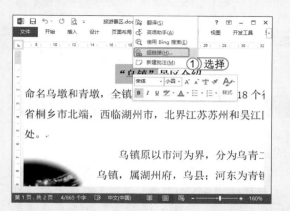

## 19. 取消超级链接

如果文档中不需要超级链接时，可选择需要取消的超级链接文本，单击鼠标右键，在弹出的快捷菜单中选择"取消超链接"命令；如果需要取消所有超级链接文本，可按 Ctrl+A 组合键，选择所有文本，再按 Shift+Ctrl+F9 组合键，取消所有的超级链接。需要注意的是，该快捷键是将文档中所有的域文本转换为普通的文本，所以在使用时要确保文档中是否有其他重要的域文本。

## 20. 导出和替换文档中的图片

若想使用 Word 文档中的图片，或将文档中的图片替换成另一张图片，可选择需要导出的图片，单击鼠标右键，在弹出的快捷菜单中选择"另存为图片"命令，便可打开"保存文件"对话框，在打开的对话框中选择保存路径，将其保存即可；如果是要将其

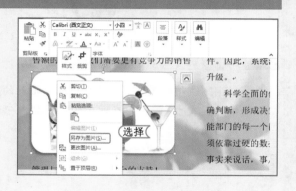

62
Hours
▲

52
Hours
▲

42
Hours
▲

32
Hours
▲

22
Hours
▲

12
Hours

替换，选择要替换的图片，单击鼠标右键，在弹出的快捷菜单中选择"更改图片"命令，便可在文档的右侧打开"插入图片"面板，在打开的面板中可选择本地图片，也可以搜索联机图片后，选择合适的图片将已有的图片进行替换。

## 21. 将图片以链接的方式嵌入文档

　　文档中的图片一般都是插入的，如果想使图片内容发生变化后自动更新，可以以链接的方式插入所需图片。其方法是：在文档中选择【插入】/【插图】组，单击"图片"按钮，便可打开"插入图片"对话框，在其中选择需要插入的图片后，然后单击 插入(S) 按钮右侧的 按钮，在弹出的下拉列表中选择"插入和链接"选项，即可将该图片将以链接的方式嵌入到文档中。

## 22. 快速选择文档中的图片

　　在长文档中，如果需要选择多个图片或形状时，可使用"选择"面板快速选择图片或形状，其方法为：选择【开始】/【编辑】组，单击"选择"按钮，在弹出的下拉列表中选择"选项窗格"选项，便可在文档的右侧打开"选择"面板，当前页的所有图片或形状都会以名称的形式显示，此时只需使用鼠标单击需要选择的图片或形状的同时，按 **Ctrl** 或 **Shift** 键进行间隔选择或连续选择，但需要注意的是，如果图片或形状是嵌入到文本中的则不能进行多个选择操作。

## 23. 裁剪形状

　　在对 Word 中插入的图片进行裁剪操作时，除了可手动进行裁剪外，还可按一定的比例进行裁剪，或将图片裁剪为任意的形状，其方法分别介绍如下。

　　🔑 将图片裁剪为任意形状：在文档中选择插入的图片，选择【格式】/【大小】组，单击"裁剪"按钮下方的 按钮，在弹出的下拉列表中选择"裁剪为形状"选项，在弹出的子列表中选择所需形状样式即可。

　　🔑 按一定比例裁剪图片：在文档中选择插入的图片，选择【格式】/【大小】组，单击"裁剪"按钮下方的 按钮，在弹出的下拉列表中选择"纵横比"选项，在弹出的子列表中选择所需选项即可。

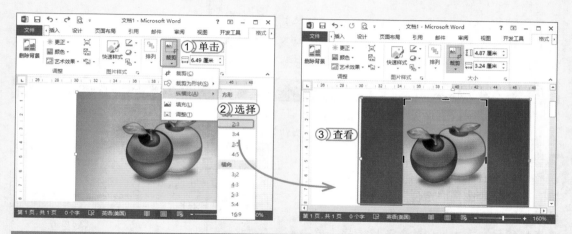

## 24. 快速为图片添加版式

在 Word 2013 中提供了多种图片版式，用户可根据需要为图片应用相应的版式。其方法是：在文档中选择需要应用图片版式的图片，选择【格式】/【图片样式】组，单击"图片版式"按钮，在弹出的下拉列表中选择需要的图片版式，然后对其编辑即可。

## 25. 快速组合图片

在 Word 2013 中，用户可将插入的多张图片进行组合，方便移动或制作特殊效果，其方法为：选择需要组合的多张图片，按 Ctrl+G 组合键便可进行组合（组合前需将图片的环绕方式设置为"浮于文字上方"），如果要取消组合只需按 Shift+Ctrl+G 组合键即可。

## 26. 删除图片背景

在 Word 2013 中，如果插入的图片存在背景而使文档效果不佳，此时可将背景删除。其方法为：选择需要删除背景的图片，选择【格式】/【调整】组，单击"删除背景"按钮，进入编辑状态进行调整，调整完成后，单击按钮即可。

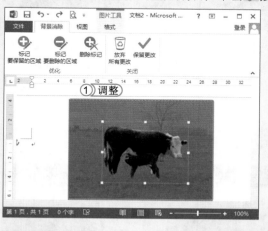 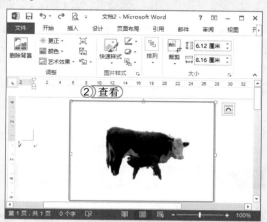

## 27. 巧用书签进行快速定位

Word 2013 中提供了书签功能，使用它可方便用户在浏览长文档时快速定位到相应的位置。其方法是：将文本插入点定位到文档中需要插入书签的位置，选择【插入】/【链接】组，单击"书签"按钮▶,打开"书签"对话框,在"书签名"文本框中输入书签名称,单击 添加(A) 按钮,再次打开"书签"对话框,选择需要定位的书签,单击 定位(G) 按钮,此时文档中的文本插入点将快速定位到选择的书签位置,然后关闭"书签"对话框即可。

### 28. 在文档中快速查找表格

如果在长文档中插入了表格,需要对表格进行编辑,可通过定位功能快速定位到要查找到的表格。其方法为:打开需要定位的表格,按 Ctrl+G 组合键,打开"查找和替换"对话框并选择"定位"选项卡,在"定位目标"列表框中选择"表格"选项,在"输入表格编号"文本框中输入表格编号,单击 定位(T) 按钮即可。

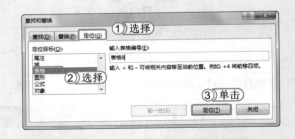

### 29. 避免表格断行跨页

默认情况下,在 Word 文档中是允许表格跨页显示的,但也可以避免这种情况。其方法为:选择整个表格,单击鼠标右键,在弹出的快捷菜单中选择"表格属性"命令,打开"表格属性"对话框,选择"行"选项卡,取消选中 □允许跨页断行(K) 复选框,单击 确定 按钮。此时如果上一页最后一行容不下其中的文本,该行中的所有文本将跳转到下一页显示。

### 30. 打印带背景的文档

在制作 Word 文档时,有时为了美观或阅读,为文档页面添加了边框和页面,但默认打印时,并不会将页面背景和边框打印出来,如果用户需要将背景和边框一起打印出来,需要进行相应的设置。其方法是:打开"Word 选项"对话框,在左侧选择"显示"选项卡,在右侧的"打印选项"栏中选中 ☑ 打印背景色和图像(B) 复选框,再单击 确定 按钮,然后再执行打印操作即可。

# 二、Excel 制作技巧

## 1. Excel 常用快捷键

### Excel 常用快捷键

| 操作键 | 含 义 | 操作键 | 含 义 |
|---|---|---|---|
| Ctrl+P | 显示"打印"对话框 | Shift+F11 | 插入新工作表 |
| Ctrl+PageUp | 移动到工作簿中的上一张工作表 | Ctrl+PageDown | 移动到工作簿中的下一张工作表 |

续表

| 操作键 | 含义 | 操作键 | 含义 |
|---|---|---|---|
| Ctrl+Home | 移动到工作表的开头 | Ctrl+End | 移动到工作表的最后一个单元格 |
| Alt+PageDown | 向右移动一位 | Alt+PageUp | 向左移动一位 |
| Shift+Ctrl+Page Down | 选中当前工作表和下一张工作表 | Shift+Ctrl+Page Up | 选择当前工作表和上一张工作表 |
| Ctrl+PageDown | 取消选择多张工作表 | Home | 移动到行首或窗口左上角的单元格 |
| Shift+Ctrl+& | 对选择的单元格应用外边框 | Shift+F4 | 重复上一次查找操作 |
| End | 移动到窗口右下角的单元格 | End+ 箭头键 | 在一行或一列内以数据块为单位移动 |
| Ctrl+ 空格 | 选择整列 | Shift+ 空格 | 选择整行 |
| Ctrl+6 | 在隐藏、显示对象和显示对象占位符之间进行切换 | Shift+Ctrl+* | 选择活动单元格周围的当前区域 |
| Ctrl+[ | 选取由选中区域的公式直接引用的所有单元格 | Ctrl+] | 选择包含直接引用活动单元格的公式的单元格 |
| Alt+Enter | 在单元格中换行 | Ctrl+Enter | 用当前输入项填充选择的单元格区域 |
| Ctrl+Y | 重复上一次操作 | Ctrl+D | 向下填充 |
| Ctrl+R | 向右填充 | Shift+Ctrl+: | 插入时间 |
| Ctrl+; | 输入日期 | Shift+F3 | 在公式中显示"插入函数"对话框 |
| Alt+= | 使用 SUM 函数插入"自动求和"公式 | Ctrl+Delete | 删除插入点到行末的文本 |
| Shift+Ctrl++ | 插入空白单元格 | Ctrl+9 | 隐藏选择行 |
| Shift+Ctrl+% | 应用不带小数位的"百分比"格式 | Shift+Ctrl+^ | 应用带两位小数位的"科学记数"数字格式 |
| Shift+Ctrl+# | 应用含年、月、日的"日期"格式 | Shift+Ctrl+$ | 应用带两个小数位的"货币"格式 |
| Shift+Ctrl+@ | 应用含小时和分钟并标明上午或下午的"时间"格式 | Shift+Ctrl+) | 取消选中区域内的所有隐藏列的隐藏状态 |

## 2. 快速输入相同的数据

当需要输入相同数据的单元格区域不连续时,就无法运用快速填充的方法来实现了。这时可利用 Ctrl 键选择需要输入相同数据的单元格或单元格区域,直接输入需要的数据,然后按 Ctrl+Enter 组合键即可。

## 3. 快速输入相邻单元格的相同数据

在 Excel 电子表格中,若需要在当前单元格四周相邻的某个单元格中输入相同的数据,其方法为:按 Ctrl+D 组合键,将上方的数据填入当前单元格中;按 Ctrl+R 组合键,将左侧的数据填入当前单元格。

## 4. 记忆输入数据

Excel 2013 与 Word 2013 一样都具有记忆输入的功能,即在同一列的单元格中重复输入该列上方某个单元格中出现过的数据时,Excel 将自动显示其余相同的数据内容,此时只需按

355
72
Hours
62
Hours
52
Hours
42
Hours
32
Hours
22
Hours
12
Hours

Enter 键，便可快速输入。如果同列中存在多个含有相同内容的数据，则可按 Ctrl+↓组合键，在弹出的下拉列表中选择需要输入的数据即可。

## 5. 自动保存工作簿

Excel 2013 与 Word 2013 一样，都可设置自动保存，避免在制作工作表时，丢失数据。其方法为：选择【文件】/【选项】命令，打开"Excel 选项"对话框，在左侧窗格中选择"保存"选项卡，在右侧窗格中选中☑ 保存自动恢复信息时间间隔(A) 复选框，并在该复选框后，输入间隔保存的时间。单击 确定 按钮即可。

## 6. 快速关闭多个工作簿

用户打开了多个工作簿，在不需要时，可将多个工作簿同时关闭。其方法为：在任务栏中选择 Excel 工作簿的图标，单击鼠标右键，在弹出的快捷菜单中选择"关闭窗口"命令，打开提示保存对话框，单击 保存(S) 按钮或按 Shift 键的同时，使用鼠标单击"关闭"按钮✖即可。

## 7. 冻结窗口

在 Excel 2013 中，如果数据过多时，在浏览数据时其表格表头则会被隐藏，不方便浏览，此时可以使用冻结窗口的方法将其冻结，其方法为：选择【视图】/【窗口】组，单击"冻结窗格"按钮⊞，在弹出的下拉列表中选择"冻结首行"选项（也可选择其他选项冻结相应的单元格）即可，如果要取消则重复执行操作即可。

## 8. 快速选择数据

在 Excel 表格中可以通过使用快捷键来快速选择表格中的数据，如选择连续的数据，使用鼠标选择的同时按 Shift 键；如选择不连续的数据，则使用鼠标选择的同时按 Ctrl 键；如选择所有数据所在的单元格，将插入点定位到数据所在的单元格，按 Shift+Ctrl+8 组合键即可。

## 9. 批量替换单元格样式

在 Excel 中同样可以使用查找和替换功能对其特殊格式进行替换。其方法为：按 Ctrl+F 组合键，打开"查找和替换"对话框，单击 选项(T) << 按钮，展开高级选项功能，在"查找内容"文本框后单击 格式(M) ▾ 按钮，在弹出的下拉列表选择"从单元格选择格式"选项，此时可单击要替换的单元格。使用相同的方法在"替换为"文本框中设置好单元格

样式，最后单击 全部替换(A) 按钮完成操作。

## 10. 快速执行重复操作

在 Excel 2013 中，如果需要将一个操作重复执行多次，可按快捷键完成，以提高工作效率。如在工作表中填充相同颜色的底纹，可通过选择需要填充底纹的单元格进行颜色填充操作，再选择下一处需要填充相同颜色的单元格，按 F4 键即可快速填充相同颜色的底纹。

## 11. 快速转换相对引用与绝对引用

在 Excel 2013 中，引用单元格的操作频率相当的高，有时为了工作的实际需求，需要将相对引用转换成绝对引用，或将绝对引用转换成相对引用，得到计算精确的数据，此时可选择需要转换的单元格，将插入点定位到编辑栏中，然后按 F4 键进行转换。

## 12. 快速输入系统日期

在 Excel 中，可使用快捷键快速输入系统当前日期，避免输入时，输入错误的日期格式将插入点定位到要输入日期的单元格中，按 Ctrl+; 组合键，便可快速输入当前系统的日期和时间。如果按 Shift+Ctrl+; 组合键，则会输入当前系统的时间。

## 13. 快速定位含有条件格式的单元格

当需要查看工作表中含有条件格式的单元格时，可通过定位条件功能来进行快速定位。其方法为：在工作表中选择【开始】/【编辑】组，单击"查找和替换"按钮 🔍，在弹出的下拉列表中选择"定位条件"选项，打开"定位条件"对话框，在"选项"栏中选中 ⊙条件格式(T) 单选按钮，再单击 确定 按钮，即可快速选择工作表中含有条件格式的单元格区域。

## 14. 自动求和

Excel 为用户提供了十分智能的自动求和功能，只要表格中需要进行求和的数据在水平或垂直方向上并排在一起，即可通过自动求和来进行计算。其方法为：选择求和结果的单元格，选择【开始】/【编辑】组，单击"求和"按钮 Σ，系统自动判断求和区域，然后按 Enter 键即可自动计算出其总值。

## 15. 限制特定单元格文本输入的长度

在单元格中输入较长的数据时，可先设置数据验证来显示单元格中文本输入的长度，这样可避免输入错误。其方法为：选择需要限制输入文本长度的单元格或单元格区域，选择【数据】/【数据工具】组，单击"数据验证"按钮 ☑，打开"数据验证"对话框，选择"设置"选项卡，在"允许"下拉列表中选择"文本长度"选项，在"数据"下拉列表中选择所需选项，在"长度"文本框中输入所需文本长度，单击 确定 按钮即可。当在设置的单元格中输入未满设置的文本长度时，将打开提示对话框，提示输入的数值不合法。

## 16. 快速选择图表中的某区域

　　图表的组成部分很多，在编辑和美化图表的过程中，经常需要单独对某个区域进行编辑和美化操作，但在选择时，有些部分又不易选择，容易选错，这时可通过一个下拉列表来快速、准确地选择图表的某个区域。其方法是：选择图表，选择【格式】/【当前所选内容】组，单击"图表区"下拉列表框后面的下拉按钮▼，在弹出的下拉列表中显示了所选图表的各个区域，选择相应的选项，即可选择图表对应的区域。

## 17. 快速调换 x 轴和 y 轴位置

　　默认情况下，图表的数据系列一般都是数据源中的一行，若有需要，也可通过设置将其切换为数据源中的一列。其方法是：选择图表，选择【设计】/【数据】组，单击"切换行 / 列"按钮🔲即可。

## 18. 快速输入分数

　　在 Excel 中如果直接输入分数形式的数据，按 Enter 键，会自动变为日期数据，此时有两种方法可解决此问题。

🔑 **文本类型的分数**：如果输入文本类型分数，则不能参与计算，其方法为：将插入点定位到需要输入分数的单元格中，先输入"'"（英文状态下），再直接输入"3/5"，按 Enter 键即可。

🔑 **数字类型的分数**：如果输入数字类型的分数，则可参与计算，其方法为：将插入点定位到需要输入分数的单元格中，先输入零和空格，再直接输入"3/5"，按 Enter 键即可。

## 19. 利用筛选快速删除空白行

　　在制作表格时，有可能会漏输数据而存在空白行，此是可通过筛选的方法快速删除多余的空白行。其方法为：选择【数据】/【排序和筛选】组，单击"筛选"按钮▼，然后再单击单元格右侧出现的下拉按钮▼，在弹出的下拉列表中选中☑（空白）复选框，单击 确定 按钮，此时将筛选出所有的空行，单击鼠标右键，在弹出的快捷菜单中选择"删除行"命令即可。

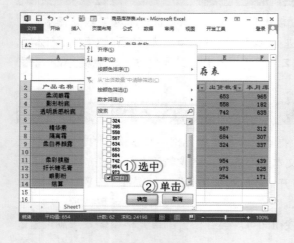

## 20. 将图表保存为网页文件

在 Excel 2013 中可以将制作好的图表另存为网页文件。其方法是：打开"另存为"对话框，在"保存类型"下拉列表框中选择"网页（*.htm，*.html）"选项，再选中◉ 选择(E):图表 单选按钮，然后单击 保存(S) 按钮，打开"发布为网页"对话框，单击 发布(P) 按钮将图表保存为网页，然后即可通过浏览器进行浏览。

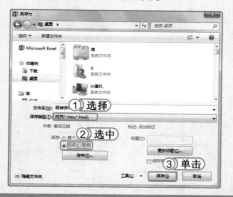

72
Hours

## 21. 将图表保存为模板

用户也可将制作好的图表保存为模板，这样再次创建同类型图表时，可以在该模板图表的基础上进行修改和编辑。其方法是：选择制作好的图表，单击鼠标右键，在弹出的快捷菜单中选择"另存为模板"命令，打开"保存图表模板"对话框，此时"保存类型"下拉列表框中自动选择"图表模板文件"选项，默认文件保存的路径，设置文件名，完成后单击 保存(S) 按钮即可。

62
Hours

## 22. 快速打印工作表背景

在 Excel 中，为了让整个工作表看起来更加美观，可在工作表中添加相应的背景图，但默认情况下并不会打印出背景，此时可选择插入背景后的单元格，按 **Ctrl+C** 组合键进行复制，在新的空白工作表中单击鼠标右键，在弹出的快捷菜单中选择"选择性粘贴"命令，在弹出的子菜单中选择"图片"命令，将粘贴的单元格作为图片形式存在于工作表中，即可将其打印。

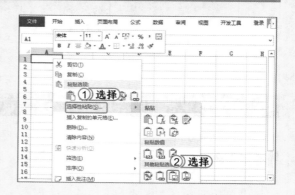

52
Hours

42
Hours

# 三、PowerPoint 制作技巧

32
Hours

## 1. PowerPoint 常用快捷键

### PowerPoint 常用快捷键

| 操作键 | 含义 | 操作键 | 含义 |
|---|---|---|---|
| Ctrl+D | 生成对象或幻灯片的副本 | Ctrl+J | 段落两端对齐 |

22
Hours

12
Hours

续表

| 操作键 | 含 义 | 操作键 | 含 义 |
| --- | --- | --- | --- |
| Ctrl+E | 段落居中对齐 | Ctrl+L | 使段落左对齐 |
| Ctrl+R | 使段落右对齐 | Ctrl+M | 插入新幻灯片 |
| Shift+Ctrl++ | 应用上标格式 | Ctrl+= | 应用下标格式 |
| Shift+Ctrl+F | 更改字体 | Shift+Ctrl+P | 更改字号 |
| Shift+Ctrl+G | 组合对象 | Shift+Ctrl+H | 解除组合 |
| Shift+Ctrl+"<" | 大字号 | Shift+Ctrl+">" | 减小字号 |
| Shift+F4 | 重复最后一次查找 | Alt+I+P+F | 插入图片 |
| Alt+R+R+T | 置于顶层 | Alt+R+R+K | 置于底层 |
| Alt+R+R+F | 上移一层 | Alt+R+R+B | 下移一层 |
| Alt+R+A+L | 左对齐 | Alt+R+A+R | 右对齐 |
| Alt+R+A+T | 顶端对齐 | Alt+R+A+B | 底端对齐 |
| Alt+R+A+C | 水平居中 | Alt+R+A+M | 垂直居中 |
| Ctrl+A | 全选 | Ctrl+X | 剪切 |

**放映幻灯片时使用的常用快捷键**

| 操作键 | 含 义 | 操作键 | 含 义 |
| --- | --- | --- | --- |
| F5 | 进入全屏放映状态 | Esc | 退出放映状态 |
| B 或。 | 黑屏或从黑屏返回幻灯片放映 | W 或， | 白屏或从白屏返回幻灯片放映 |
| S 或 + | 停止或重新启动自动幻灯片放映本 | Ctrl+P | 重新显示隐藏的指针或将指针改变成绘图笔 |
| E | 擦除屏幕上的注释 | Ctrl+H | 立即隐藏指针和按钮 |
| M | 排练时使用鼠标单击切换到下一张幻灯片 | Shift+Tab | 转到幻灯片上的最后一个或上一个超级链接 |
| O | 排练时使用原设置时间 | H | 到下一张隐藏幻灯片 |

## 2. 让文本框根据内容自动调整

　　在 **PowerPoint 2013** 中，插入了文本框后，输入过多文本时有可能会出现文字溢出的情况，用户可设置文本框格式，使其根据文字的多少自动调整文本框的大小。其方法为：选择文本框，单击鼠标右键，在弹出的快捷菜单中选择"设置形状格式"命令，打开"设置形状格式"面板，在面板中选择"文本选项"选项卡，然后单击"文本框"按钮▤，在弹出的下拉列表中选中◉ **根据文字调整形状大小**(F)单选按钮即可。

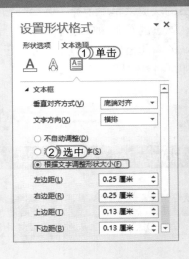

### 3. 快速设置图片背景为透明色

在制作幻灯片时，经常会遇到需要将插入的图片背景设置为透明的情况，此时除了使用 Photoshop 等软件进行处理外，还可在 PowerPoint 2013 中进行快速处理。其方法为：选择需要设置的图片，选择【格式】/【调整】组，单击"颜色"按钮，在弹出下拉列表中选择"设置透明色"选项，将鼠标指针移至图片背景上单击鼠标左键，便可将图片设置为透明色。

### 4. 分组管理幻灯片

当演示文稿中的幻灯片过多时，用户可将演示文稿中的幻灯片进行分组显示，这样不仅结构清晰，还更便于管理。其方法为：打开需要分组显示幻灯片的演示文稿，将鼠标光标定位到需要分界的幻灯片上方，选择【开始】/【幻灯片】组，单击"节"按钮，在弹出的下拉列表中选择"新增节"选项，即可新增一个节，然后在新增节名称上单击鼠标右键，在弹出的快捷菜单中选择"重命名节"命令，在打开的对话框中的文本框中输入节名称，并确认即可，使用相同的方法根据需要进行添加节即可。

### 5. 保存幻灯片中的图片

在网上下载的演示文稿或者其他人制作的演示文稿中，不乏有一些好看的图片素材，用户可以将有用的图片以文件的形式保存到电脑中，以供日后使用。其方法是：在幻灯片中选择需保存的图片，单击鼠标右键，在弹出的快捷菜单中选择"另存为图片"命令，在打开的"另存为图片"对话框中设置图片的保存位置、保存名称和保存类型，设置完成后再单击 保存(S) 按钮即可。

### 6. 快速更改字体字号

在制作幻灯片时，如果要设置其字体大小，可以使用快捷键进行操作，以提高制作幻灯片的效率，其中按 Shift+Ctrl+》组合键是增大字号；按 Shift+Ctrl+《组合键则是减小字号。

### 7. 快速插入多张图片

在制作幻灯片时，如果需要多张图片时，可同时将多张图片插入到幻灯片中，以提高工作效率。其方法为：打开"插入图片"对话框，同时选择多张图片，单击 插入(S) 按钮，将其选择的多张图片插入到幻灯片中，或是打开存放图片的文件夹，选择需要插入的图片，按住鼠标左键，将其拖动到幻灯片中。

### 8. 在母版中应用多个主题

在制作演示文稿的过程中，有时会需要以不同的背景主题来体现不同的内容，可为演示文

361

72 ☒
Hours

62
Hours

52
Hours

42
Hours

32
Hours

22
Hours

12
Hours

稿应用多个主题。其方法为：进入到幻灯片母版的编辑状态，选择【幻灯片母版】/【编辑主题】组，单击"主题"按钮，在弹出的下拉列表中选择所需的主题，然后再选择【幻灯片母版】/【编辑母版】组，单击"插入幻灯片母版"按钮，插入新的母版，为新母版应用主题格式后，就可看到母版中同时存在两个不同的主题。

## 9. 保存当前演示文稿的主题

　　对于用户自己设计的演示文稿主题，也可将其保存在电脑中，这样就可将该主题直接应用到其他演示文稿中。保存当前演示文稿主题的方法是：在打开的演示文稿中选择【设计】/【主题】组，单击按钮，在弹出的下拉列表中选择"保存当前主题"选项，在打开的对话框中设置保存名称，其保存位置和保存类型都是默认的，设置完成后单击 保存(S) 按钮即可将其保存到电脑中，并且该主题将同时显示在"主题"下拉列表中的"自定义"栏中。

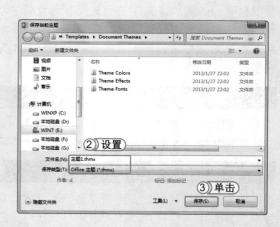

## 10. 快速替换图片

　　在制作和编辑演示文稿的过程中，当发现编辑的图片发生错误时，可使用 PowerPoint 提供的更改图片功能，快速将错误的图片更改为正确的图片。其方法为：在幻灯片中选择需要更改的图片，选择【格式】/【调整】组，单击"更改图片"按钮，在打开的对话框中选择正确的图片插入即可。

## 11.　快速更新图片

在演示文稿中插入图片后，对系统中的图片进行了修改，但演示文稿中的图片并不会自动更新，用户可通过相关设置使其同步更新。其方法为：选择【插入】/【插图】组，单击"图片"按钮，打开"插入图片"对话框，查找到需要插入的图片并将其选中，单击按钮右侧的下拉按钮，在弹出的下拉列表中选择"链接到文件"选项即可插入选中的图片，当系统图片更改时，所对应的幻灯片中的图片也将进行同步更新。

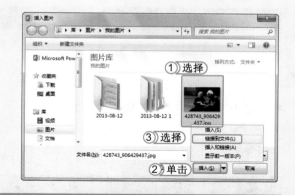

## 12.　图片瘦身

在幻灯片中插入图片时，通常都是以内嵌形式存在的，这将使文件的容量增大，给携带和传送文件带来不便，此时可通过 PowerPoint 2013 中的压缩图片功能对其进行压缩。其方法为：选择需要压缩的图片，选择【格式】/【调整】组，单击"压缩图片"按钮，打开"压缩图片"对话框，在其中取消选中 仅应用于此图片(A) 复选框，选中 电子邮件(96 ppi)：尽可能缩小文档以便共享(E) 单选按钮调整图片的分辨率，单击 确定 按钮将开始压缩图片，压缩完成后演示文稿将变小。

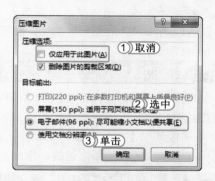

## 13.　快速制作相册

在幻灯片中，为了展示不同的图片，可在演示文稿中制作相册进行显示。其方法为：选择【插入】/【图像】组，单击"相册"按钮，打开"相册"对话框，单击 文件/磁盘(F)... 按钮，在打开的对话框中选择需要制作为相册的图片，单击 插入(S) 按钮，返回到"相册"对话框中，在"相册中的图片"列表框中选择需要制作为相册的图片，单击 创建(C) 按钮即可。

## 14.　将 SmartArt 图形转化为其他对象

在 PowerPoint 中，还可将制作的 SmartArt 图形转化为文本和形状对象，其转换方法分别介绍如下。

🔑 将 SmartArt 图形转化为文本：在幻灯片中选择需要转化的 SmartArt 图形，选择【设计】/【重置】组，单击"转换"按钮，在弹出的下拉列表中选择"文本"选项即可。

363

72
Hours

62
Hours

52
Hours

42
Hours

32
Hours

22
Hours

12
Hours

🔑 将 SmartArt 图形转化为形状：在幻灯片中选择需要转化的 SmartArt 图形，选择【设计】/【重置】组，单击"转换"按钮🔃，在弹出的下拉列表中选择"形状"选项即可。

## 15. 隐藏声音图标

在幻灯片中插入声音文件后会出现一个声音图标，在放映中可能会影响演示文稿的美观性，这时可根据需要让该图标在放映演示文稿时隐藏起来。其方法为：选择声音图标，选择【播放】/【音频选项】组，选中☑放映时隐藏复选框，即可在放映幻灯片时隐藏声音图标。

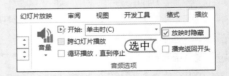

## 16. 在编辑状态预览动画效果

在幻灯片中，添加了动画效果后，可直接在编辑幻灯片对象的动画效果的状态下进行预览。其方法为：为某个对象添加动画效果后，选择【动画】/【预览】组，单击"预览"按钮⭐，即可查看到添加的动画效果。如果单击"预览"按钮⭐下方的下拉按钮▾，在弹出的下拉列表中还可以选择"自动预览"选项，即可在添加了动画效果后，自动进入预览状态。

## 17. 使用动画刷快速复制动画效果

当需要对其他对象设置相同的动画效果，或对不同幻灯片间的多个对象设置相同动画时，可通过动画刷快速应用相同的动画效果。其方法是：选择已设置好动画效果的对象，选择【动画】/【高级动画】组，单击"动画刷"按钮✱，此时，鼠标光标将变成🖌形状，然后拖动鼠标光标在需要应用该动画效果的对象单击即可。

## 18. 让文字逐行动起来

在幻灯片中，如果文字太多，一次性显示不利于用户的观看，此时可让文字逐行显示，以提高文字的阅读性。其方法为：将插入点定位到需要逐行显示的每一行文字后，按 Enter 键，将每行分段。选择每段文本为其添加动画，将其开始时间设置为"上一动画之后"，并为其设置相应的持续时间和延迟时间即可。

## 19. 让演示文稿暂时不播放动画

在幻灯片中为对象添加动画效果能起到美化幻灯片的效果，但是动画过多会降低播放速度。用户可在预览幻灯片内容时，将其设置为暂时不播放幻灯片中的动画效果。其方法为：选择【幻灯片放映】/【设置】组，单击"设置幻灯片放映"按钮🖳，打开"设置放映方式"对话框，在"放映选项"栏中选中☑放映时不加动画(S)复选框，单击 确定 按钮即可。

## 20. 制作电影字幕式片尾动画

在幻灯片中添加字幕动画，可增加幻灯片放映效果。在制作时将要显示的文本添加到一个文本框中后再进行设置，其方法介绍如下。

🔑 **使用路径方法**：为文本框添加"直线"路径动画，在效果选项中设置路径方向为向下、向左或右等，并设置其持续时间和延迟时间，然后将路径拖至幻灯片编辑区外，并根据字幕多少调整其长短。

🔑 **使用系统动画**：在 PowerPoint 2013 中为用户提供了一种"字幕式"进入动画效果。其方法为：打开"更改进行效果"对话框，在"华丽型"栏中选择"字幕式"选项，单击 确定 按钮即可。

## 21. 擦除墨迹

在制作幻灯片时，在幻灯片中勾画了重点后，才发现其位置错误，此时可通过擦除墨迹的方法将其解决。其方法为：打开演示文稿后，选择绘制标注的幻灯片，此时绘制的标注是作为一个独立的对象存在的，可直接将其进行选择，按 Delete 键将其删除。或在放映幻灯片时单击鼠标右键，在弹出的快捷菜单中选择【指针选项】/【橡皮擦】命令，在有标记的位置单击鼠标左键将其擦除。

## 22. 放映幻灯片时隐藏鼠标光标

在放映幻灯片的过程中，如果不使用鼠标控制幻灯片的放映，鼠标光标会一直放在屏幕上，影响放映效果，此时可通过设置隐藏鼠标光标的方法解决此问题。其方法为：在放映的幻灯片上单击鼠标右键，在弹出的快捷菜单中选择【指针选项】【箭头选项】【永远隐藏】命令，便可将鼠标光标进行隐藏。

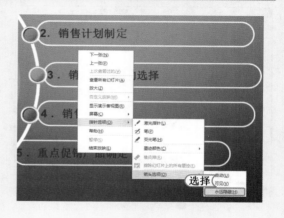

365

72⃣
Hours

62
Hours

52
Hours

42
Hours

32
Hours

22
Hours

12
Hours

## 23. 当鼠标光标指向对象后发出声音

在 PowerPoint 2013 中，在播放演示文稿时，为了增强演示文稿的放映效果，可以设置鼠标光标指向特定的对象后发出提示声音。其方法为：选择对象后，选择【插入】/【链接】组，单击"动作"按钮★，打开"操作设置"对话框，选中☑ **播放声音(P):** 复选框，并在其下拉列表框中选择声音类型，单击 ![确定]按钮即可。

## 24. 自定义放映幻灯片

对于制作的演示文稿，用户也可根据需要自定义放映演示文稿中的幻灯片。其方法是：选择【幻灯片放映】/【开始放映幻灯片】组，单击"自定义放映"按钮🖳，在弹出的下拉列表中选择"自定义放映"选项，在打开的对话框中单击 ![新建(N)...]按钮，打开"自定义放映"对话框，在左侧的列表框中选择需要放映的幻灯片选项，单击 ![添加(A)]按钮，将其添加到右侧的列表框中，再依次单击 ![确定]按钮，此时放映幻灯片将只放映添加的幻灯片。

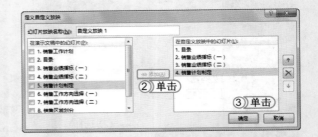

## 25. 隐藏不播放的幻灯片

在制作完的演示文稿中，如果有不需播放的幻灯片时，可将其隐藏。其方法为：选择需要隐藏的幻灯片，选择【幻灯片放映】/【设置】组，单击"隐藏幻灯片"按钮◢后所选择的幻灯片呈半透明状，且左上角显示隐藏标记。再次单击则取消隐藏操作。

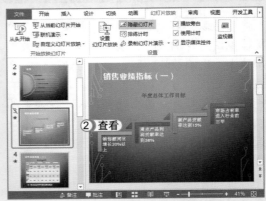

## 26. 快速定位幻灯片

　　在放映演示文稿的过程中，经常需要从一张幻灯片切换到另一张幻灯片，通过单击鼠标进行切换需要按幻灯片顺序进行，如果想自由定位播放的幻灯片，可通过快捷菜单进行。其方法是：在放映的幻灯片上单击鼠标右键，在弹出的快捷菜单中选择"定位幻灯片"命令，在弹出的子菜单中将显示演示文稿的所有幻灯片，选择相应的选项，即可切换到所选幻灯片中。

## 27. 取消以黑色幻灯片结束

　　默认情况下，演示文稿在结束时其屏幕总会以黑屏提示放映结束方式，结束整个演示文稿的放映，通过设置放映方式可解决这个问题。其方法为：选择【文件】/【选项】命令，打开"PowerPoint选项"对话框，在左侧窗格中选择"高级"选项卡，在"幻灯片放映"栏中取消选中☐以黑色幻灯片结束(E)复选框，单击 确定 按钮即可完成设置。设置完成后当再次放映演示文稿时，幻灯片放映结束后将直接返回演示文稿的普通视图状态。

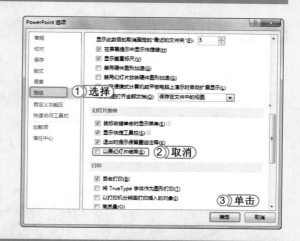

## 28. 将幻灯片保存为放映格式

　　演示文稿制作完成后，可直接将制作好的演示文稿保存为放映模式，用户可双击文件图标直接进行放映，而不再出现幻灯片编辑窗口，以避免课件内容被他人编辑改动。其方法为：选择【文件】/【另存为】命令，打开"另存为"对话框，在保存类型下拉列表框中选择"PowerPoint放映"选项，单击 确定 按钮即可。

367

72时
Hours

62
Hours

52
Hours

42
Hours

32
Hours

22
Hours

12
Hours

# 附录 B　就业面试指导

## 1. 简历制作指导

简历是招聘单位对求职者的直观印象，所以简历的成功与否在一定程度上决定了求职的成败。特别是新入社会的大学毕业生，对于简历的制作更不能马虎，因为在工作经验几乎为零的情况下，简历的作用更为重要。为制作出好的简历，可参考以下几点建议。

（1）完整简历包含的内容

一个完整简历一般包含封面、求职信、个人简历表和个人成绩证明等。

（2）合理参考，拒绝"拿来主义"

现在网络上有很多简历的模板，所以一些求职者首选将模板的内容稍加修改，就变成一份自己的简历，这些简历就成为"生产线"的产品，毫无特色，也突显不出个人的特点。招聘单位的人力资源代表，看多了这类的简历，所以网络上的简历，可以合理参考，但不能直接使用。如对于没学过美术的求职者，可参考其封面设计风格。如对于个人简历表的格式不明白的求职者，可参考其结构组成。或者，求职者可通过网络下载多个简历，对比其优劣后，再将其合并、策划出自己的个性简历。

（3）真实、诚恳的简历更能吸引他人

虽说这是一个"酒香也怕巷子深"的时代，但是一个包装过度的简历，会给他人虚假、华而不实的印象。所以简历的内容真实、诚恳反而可为自己"加分"。这表现在"求职信"上，也表现在"个人简历表"的"个人总结"上。在撰写这些文字时，可以先说自己的优点，再适当说说自己的不足以及困惑。而且写作时，最好结合自己的实际经历，这样才能展现出真实性。比如大多数人在简历中都喜欢加上"有团队精神，亲和力强"，如果在"求职信"中说说自己在工作和学习中，和其他人一起做了什么，遇到了什么问题，最终如何解决，自己在其中起了什么作用，又学会了什么，从而展示了自己的"团队精神，亲和力强"，这样才有真正的说服力。

（4）"个人简历表"制作要点

"个人简历表"是大多数用人单位首先查看的内容，所以要求"个人简历表"简洁明了，一页展示即可，在制作"个人简历表"时还应注意如下情况：

🔑 尽可能多用项目符号表示，使简历易于阅读。

🔑 一定要列出联系方式，以便于对方找到你。

🔑 针对不同的应聘职位可对"个人简历表"的内容进行再次编辑，更多地突出自己适合该职业的优点。

🔑 突出重点，重点内容可加黑或用不同的字体或颜色显示。

🔑 不用或少用人称代词"我、我的"。

🔑 按重要性顺序列出工作经验，在列出工作时，其排列顺序可参考：职位／头衔、公司名称、地点和日期。

🔑 根据情况，少列或不列出用人单位不需要考察的内容，如体重、视力、出生日期、出生地、婚姻状况、民族、健康状况和工资信息等。

🔑 设计有度，忌花哨。

🔑 认真校对简历内容，错误拼写不仅会给人不专业的印象，也给人马虎、不仔细的印象。

### （5）个人成绩证明

个人成绩证明主要是为了增加"求职信"和"个人简历表"中所获奖励的真实性，即将前面所说的奖励的奖状、证书用复印件展示出来。

这不是所有简历必备的内容，在制作时，可将多项奖励的复印件以一页或几页显示，再稍作美化和排版。不必一页一张增加简历的厚度，在浪费资源的同时，也不能达到其应有的效果。

## 2. 面试着装礼仪

俗话说，"人靠衣装"，一个人的衣着仪表和外在气质会最快形成了一个人的第一印象。第一印象往往会影响他人对你的评价和判断。男士和女士由于性别的不同，所以面试时着装及礼仪要求也有所不同。

### （1）男士篇

虽然面试不同的职业，其着装有所差别，总体说来，除一些特殊职位外，男士的着装要注意以下几点：

🔑 衣服要自然得体，深色的西装是最佳选择，如天气热，干净整洁的浅色衬衣搭配深色长裤即可。

🔑 头发、胡须不能过长，过长的头发和胡须会显得面试者不精神。

🔑 不穿运动鞋或凉鞋，皮鞋是比较好的选择，但应注意皮鞋干净。

🔑 不佩戴任何首饰，指甲一定要剪短。

### （2）女士篇

女士的着装显得比男士复杂一些，整体说来女士着装以整洁美观、稳重大方和干练为原则，服饰色彩、款式应与求职者的年龄、气质、发型和拟聘职业相协调、相一致。总体说来女士在着装时应注意以下几点：

🔑 服装的选择得体：一般以西装，套裙为最通用、最稳妥的着装。切忌穿太紧、太透和太露的衣服。求职实践表明，不论是应聘何种职业，相对保守的穿着会比穿着开放的被视为更有潜力。在颜色方面，不一定非要选择深色套装，白色、黄色、灰色或条纹都是不错的选择。最好不选择粉红色，它往往给人以轻浮、虚荣的印象。

🔑 鞋袜要合适：鞋子的选择应与服装匹配，但不要穿长而尖的高跟鞋，中跟鞋是最佳选择，设计新颖的靴子也会显得自信而得体。与鞋子相对的是袜子，如着裙装，就必须装长腿丝袜，其中肉色作为面试是最适合的。

🔑 饰物少而精：饰物主要起搭配和画龙点睛的作用，所以，饰物一定不能太多，且饰物不能太大，显得过于累赘和奢华。一个小的手提包，搭配一条设计简洁的项链即可。切忌戴过多的戒指、耳环和手镯。如还显单调，女性求职者可考虑搭配一条颜色相对亮丽的丝巾，从而在庄重的同时，不失活泼、亲切。

🔑 妆容淡而美：对于女性求职者，化妆一定要坚持淡雅的原则，切不可浓妆艳抹。

🔑 指甲也要注意：应保持干净，指甲应修剪好，千万不要留长长的指甲，另外不要涂艳丽的指甲油。

不管是男士还是女士，着装固然重要，但最关键的还是自身的仪态和气质。保持自信，抬头挺胸，步履坚定，亲切问好，眼神接触，面带微笑……尽量放松，自然。同时面试时，要注意站姿和坐姿。

## 3. 自我介绍及交谈技巧

如果说着装礼仪是面试的第一张名片，那么语言就是第二张名片。用人单位一般都会要求求职者进行简单的自我介绍，自我介绍一般以 1~3 分钟为宜。自我介绍的内容大概可围绕"我是谁"、"我做过什么"、"我做成过什么"、"我想做什么"这几点进行依次展开。在介绍时，可用第一、第二、第三来依次表达，表现自己条理清晰。

在与用人单位进行交谈时，首先，要突出个人的优点和特长，并要有相当的可信度。特别是具有实际管理经验的要突出自己在管理方面的优势，最好是通过自己做过什么项目这样的方式来叙述，语言要概括、简洁、有力，不要拖泥带水，轻重不分。另外，谈话应注意谦虚、不虚假、诚实可信，适当的幽默也能为面试加分。

## 4. 面试常见问题

面试时，不同的用人单位，其面试要点和切入点可能有所不同，除了应聘者的自述外，用人单位与你交谈时，或在交谈的最后可能会问一些问题，下面列出常见的面试问题，这些问题虽然都没有标准答案，但其目的都是考察应聘者的应变能力、工作能力以及工作态度。想好这些问题的回答方法，可能会为你的成功面试增加砝码。

- 🔑 你有什么优点？我们为什么要聘用你？
- 🔑 为什么从原来的公司离职？
- 🔑 如果你被录用，你对公司有什么要求？
- 🔑 对应聘的这项工作，你有哪些可预见的困难？
- 🔑 在五年内，你的职业规划是什么？
- 🔑 即将应聘的工作与你的职业规划相抵触吗？你是如何看待职业规划的？
- 🔑 现在应聘的工作与你学习的专业并不相同，你是怎么看待的？
- 🔑 假如你成功应聘这个职位，但工作一段时间后发现不适合这个职位，你准备怎么办？
- 🔑 你认为这项工作有什么吸引你的东西？同时公司有没有吸引你的东西？
- 🔑 你是否可以接受加班？
- 🔑 你欣赏哪种性格的人？你的座右铭是什么？
- 🔑 如果工作遇到了困难，你准备如何解决它？
- 🔑 与领导的意见有分歧时，你应该怎么做？
- 🔑 如果知道一个同事的工资比你高，你自认为工作能力比他强，你准备怎么办？
- 🔑 领导交代你一项任务，要求明天必须交出来，结果加了通宵都没有完成，你准备怎么办？
- 🔑 你努力帮客户解决问题却被投诉，你努力和同事之间和睦相处却被打小报告，你怎么办？

# 附录 C  72 小时后该如何提升

在创作本书时，虽然我们已尽可能设身处地为您着想，希望能解决您遇到的所有与本书相关的问题，但我们仍不能保证面面俱到。如果您想学到更多的知识，或在学习过程中遇到了困惑，还可以采取下面的渠道：

## 1. 加强实际操作

俗话说："实践出真知。"在书本中学到的理论知识未必能完全融会贯通，此时就需要按照书中所讲的方法，进行上机实践，在实践中巩固基础知识，加强自己对知识的理解，以将其运用到实际的工作生活中。

## 2. 总结经验和教训

在学习过程中，难免会因为对知识不熟悉而造成各种错误，此时可将易犯的错误记录下来，并多加练习，增加对知识的熟练程度，减少以后操作的失误，提高日常工作的效率。

## 3. 加深对知识的了解，学会灵活运用

在本书中主要对 Office 2013 的三大组件进行了讲解。在 Word 2013 中可以通过图文混排的方式，制作出各种宣传海报；在 Excel 2013 中可以通过公式与函数进行数据的分析与计算，通过分类汇总对数据进行汇总，通过图表、数据透视表 / 图等对数据进行统计分析；在 PowerPoint 2013 中可以通过学习动画与媒体的功能，制作出满足实际办公需求的动态演示文稿。总而言之，在学习这些知识的过程中，不仅要重点学习，还要对这些知识进行深入的探索与研究，将制作的效果以最简单的方式进行处理，实现真正的办公自动化。如以下列举的问题就需要用户深入研究并进行掌握：

🔑 如何灵活快速地编辑长文档。

🔑 哪些函数进行嵌套可以达到事半功倍的效果。

🔑 哪种类型的数据适合哪种图表。

🔑 如何结合动画效果让演示文稿更加生动，吸引观众。

## 4. 吸取他人经验

学习知识并非一味地死学，若在学习过程中遇到了不懂或不宜处理的内容，可多看看专业人士制作的文档模板，借鉴他人的经验进行学习，这不仅可以提高自己制作文档的速度，更能增加文档的专业性，提高自己的专业素养。

## 5. 加强交流与沟通

俗话说："三人行，必有我师焉。"若在学习过程中遇到了不懂的问题，不妨多问问身边

的朋友、前辈，听取他们对知识的不同意见，拓宽自己的思路。同时，还可以在网络中进行交流或互动，如加入办公软件的技术 QQ 群、在百度知道或搜搜中提问等。

## 6. 学习其他的办公软件

Word、Excel 以及 PowerPoint 是 Microsoft 办公软件中的三大组件，常被用于办公文档、电子表格及电子教案的处理，但在实际的办公过程中，往往还会涉及其他软件的使用，如 Access 数据管理和 Outlook 电子邮件的收发等。此时可以搭配这些软件一起进行学习，提高自己的办公能力。

## 7. 上技术论坛进行学习

本书已将 Office 2013 三大组件的功能进行了全面介绍，但由于篇幅有限，仍不可能面面俱到，此时读者可以采取其他方法获得帮助。如在专业的学习网站中进行学习，如学习 Excel 可到 Excel Home、Excel 技巧网、Excel 精英培训网等。这些网站各具特色，能够满足不同用户的需求。

**Excel Home**

网址：http://club.excelhome.net。

特色：Excel Home 是国内具有较大影响力的，以研究与推广 Excel 为主的网站。它提供了大量 Excel 的学习教程、应用软件和模板。用户可在该网站中下载需要使用的表格，并咨询不懂的问题。

**Excel 精英培训网**

网址：http://www.excelpx.com。

特色：Excel 精英培训网主要是以 Excel 学习板块来进行划分的，如 Excel 学习教程、Excel 论坛、Excel 群组和 Excel 博客等，在其中可以查看 Excel 中常见的问题解决办法以其他用户分享的软件使用技巧等。

## 8. 还可以找我们

本书由九州书源组织编写，如果在学习过程中遇到了困难或疑惑，可以联系九州书源的作者，我们会尽快为您解答，关于九州书源的联系方式已经在前言中进行了介绍，这里不再赘述。